黄土高原旱地玉米种植

李 洪　张翠红　韩永明　主编

中国农业科学技术出版社

图书在版编目（CIP）数据

黄土高原旱地玉米种植 / 李洪，张翠红，韩永明主编．— 北京：中国农业科学技术出版社，2016.9

ISBN 978-7-5116-2743-8

Ⅰ．①黄…　Ⅱ．①李…　②张…　③韩…　Ⅲ．①玉米－栽培技术　Ⅳ．① S513

中国版本图书馆 CIP 数据核字（2016）第 215778 号

责任编辑　于建慧
责任校对　马广洋

出 版 者　中国农业科学技术出版社
　　　　　北京市中关村南大街 12 号　邮编：100081
电　　话　（010）82109194（编辑室）（010）82109702（发行部）
　　　　　（010）82109702（读者服务部）
传　　真　（010）82106629
网　　址　http://www.castp.cn
经 销 者　各地新华书店
印 刷 者　北京富泰印刷有限责任公司
开　　本　710mm × 1 000mm　1/16
印　　张　17.5
字　　数　305 千字
版　　次　2016 年 9 月第 1 版　2016 年 9 月第 1 次印刷
定　　价　60.00 元

《黄土高原旱地玉米种植》
编 委 会

策　划：

曹广才（中国农业科学院作物科学研究所）

主　编：

李　洪（山西省农业科学院高寒区作物研究所）

张翠红（延安市农业科学研究所）

韩永明（山西省农业科学院玉米研究所）

副主编（按汉语拼音排序）：

邓红梅（陕西省延安市黄龙县农业局）

王瑞军（山西省农业科学院高寒区作物研究所）

王彧超（山西省农业科学院高寒区作物研究所）

其他作者（按汉语拼音排序）：

杜　娟（延安市农业科学研究所）

郭　妙（山西省大同市园林局城墙带状公园管理处）

贾润成（延安市农业科学研究所）

王　剑（延安市农业科学研究所）

武国平（山西省农业科学院玉米研究所）

殷建军（山西省农业科学院高寒区作物研究所）

张爱玲（西安市种子管理站）

张　强（延安市农业科学研究所）

作者分工

前言……………………………………………………………………李　洪

第一章

　第一节　……………………………………………………邓红梅，张翠红

　第二节　……………………………………………邓红梅，张翠红，张爱玲

第二章

　第一节　……………………………………………………王瑞军，殷建军

　第二节　……………………………………………………王彧超，郭　妙

第三章

　第一节　……………………………………………………………李　洪

　第二节　……………………………………………………………李　洪

　第三节　……………………………………………………………李　洪

第四章

　第一节　……………………………………………………………张翠红

　第二节　…………………………张翠红，张　强，王　剑，杜　娟，贾润成

第五章

　第一节　……………………………………………………韩永明，武国平

　第二节　……………………………………………………………韩永明

　第三节　……………………………………………………………韩永明

附录Ⅰ…………………………………………………………………张翠红

附录Ⅱ…………………………………………………………………张翠红

全书统稿………………………………………………………………曹广才

前言
PREFACE

玉米是世界和中国主要粮食作物之一。据《中国农业年鉴》记载，2013年中国玉米种植面积已超过5亿亩。

黄土高原干旱区、半干旱区、半湿润区种植玉米历史较长，其种植面积、总产量均居粮食作物首位，目前已成为第一大粮食作物。当前，畜牧业和加工业发展迅速，对玉米需求量日益增大，玉米已成为粮食总产量贡献最大的作物。玉米籽粒是良好的饲料，可直接作为猪、牛、羊、鸡等畜禽饲料。世界上约80%的玉米用作饲料，中国已达70%。以玉米为原料的饲料，每2~3kg玉米即可换回1kg的肉食。玉米秸秆可替代部分玉米籽粒，作为反刍动物的良好饲料。此外，玉米加工副产品也是重要的饲料资源。玉米是畜牧业主要的饲料来源，养殖业是消化玉米的主渠道，玉米在畜牧业发展中占有举足轻重的地位。

黄土高原区是全国玉米适宜生长区，发展玉米生产具有明显的区域优势。该区玉米种植按播种季节可分为春播特早熟区、春播早熟区、春播中晚熟区、夏播中早熟区等。当前玉米生产主要受土地和水资源等自然因素、价格和农民种植积极性等社会因素以及品种和生产技术等因素所影响。为了充分挖掘玉米增产潜力，提高玉米单产水平，大力发展配合饲料工业，稳步发展现代玉米工业，始终把"高产稳产多抗广适"玉米品种作为推广的首选目标，适当规模发展不同类型的特用玉米对丰富人们的菜篮子，调整人们的食品结构、改善人们的营养状况、丰富果菜品种资源都有着十分重要的意义。同时，特用玉米价值比普通玉米高得多，种植特用玉米给广大生产者带来的收益要比种植普通玉米

注：1亩=667平方米。全书同。

大得多，有着巨大的社会效益和经济效益。

为此，山西省农业科学院高寒区作物研究所、延安市农业科学研究所、山西省农业科学院玉米研究所等多家科研院所于2015年上半年开始针对黄土高原区玉米种植分布范围广、生态类型复杂、品种和栽培技术区域特征鲜明等特点，组织有实践经验的专家及技术骨干，在考察和调研的基础上，编写此书。2015年7月组织相关科研单位玉米专家制订了编写计划，经过大家共同努力，完成了本书的编写工作。

《黄土高原旱地玉米种植》一书的内容涉及黄土高原玉米种植区栽培的诸多理论和技术问题。全书由5章组成，分别综述了黄土高原环境特征和自然条件特点、黄土高原玉米生产、黄土高原玉米品种资源和生长发育、黄土高原玉米栽培技术、黄土高原特用玉米栽培特点、特用玉米综合利用和加工等内容。

本书内容上注重有关基本知识、基本理论和基本方法与技术，同时也力求反映本领域现代科技水平。本书是集体编著的科技著作，在统稿过程中尽量做到全书体例的统一。编写上强调理论联系实际，注重信息量丰富，文字表达力求简练，内容上深入浅出，结构上力求系统完整。希望此书的出版能对推动黄土高原区玉米生产发展起到积极作用。

参考文献按章编排，以作者姓名的汉语拼音字母顺序和国外作者的字母顺序排列，同一作者的文献则按发表或出版年代先后为序。本书编写过程中参考了大量的相关文献和资料，在此谨对相关作者和编者表示感谢。本书的编写和出版是在中国农业科学院作物科学研究所曹广才研究员的悉心指导下，李洪、张翠红、韩永明主编下，全体编者和中国农业科学技术出版社编辑人员共同努力、协作的成果。参编人员所在单位给予了积极支持，在此表示衷心感谢。

书中的不当或疏漏之处，敬请同行专家和读者指正。

李洪

2015年9月

目录
CONTENTS

第一章
黄土高原概述

第一节　环境特征和自然条件特点

一、地理位置

（一）黄土高原的位置和范围

综合已有资料，中国黄土高原是世界第一大黄土型高原，也是中国的第三大高原。位于中国中部偏北，在中国北方地区和西部地区的交界处，东起太行山，西至乌鞘岭，南连秦岭，北抵内蒙古高原（大致以长城为界）。北纬34°~40°，东经103°~114°。东西1 000余km，南北750km。主要包括山西、陕西北部、甘肃（除陇南市、平凉市大部分地区、庆阳市的宁县和正宁县外）、青海、宁夏回族自治区（全书简称宁夏）、河南、内蒙古自治区（全书简称内蒙古）等6省（区）46个地（盟、州、市），282个县（旗、市、区），面积约62万km^2，海拔800~3 000m。黄土高原大部分为厚层黄土覆盖，经流水长期强烈侵蚀，逐渐形成千沟万壑、地形支离破碎的特殊自然景观。地貌起伏，山地、丘陵、平原与宽阔谷地并存，四周为山系所环绕，如东部的太行山、西部的日月山、南部的秦岭、北部的阴山。黄土高原面积广阔，土层深厚，地貌复杂，水土流失严重，世所罕见。黄土高原大面积地区被黄土覆盖，沉淀了从西北吹向东部的沙尘。北方最重要的黄河从黄土高原蜿蜒流过。黄土高原主要在黄河的中游地带，由于地势西北高，东南低，黄土高原境内形成了黄河中游重要的自西北向东南流向的黄河支流，主要有渭河、泾河、洛河、汾河等。这些河流汇入到黄河的附近，形成一些小平原。平原地带土壤肥沃，农业发达，特别是渭河平原和汾河谷地，是黄土高原人口最密集，农业最发达的地区。

黄土高原地处中国第二级阶梯及由第二级阶梯向第三级阶梯的过渡地带。从地形来看，是东部平原向西部山地的过渡带。黄土高原位于中国东部沿海和西北内陆之间，处在来自太平洋的东南季风和暖湿气流向西北吹送的通道中，故气候带有明显的过渡性，为中国东南沿海温暖湿润的季风气候向西北内陆干旱气候过渡的半湿润、半干旱的温带大陆性气候。在干湿地区分布上，是中国湿润地区向干旱地区的过渡带。本区干旱、半干旱面范围大，降水不稳定，干旱、风沙频繁。这种过渡性的气候和地形对地表植被和农业有深远的影响。从植被来看，这里是森林向草原的过渡带，导致天然草地和旱作农业生产能力低且不稳定，同时地表黄土及风沙物质也不稳定。植被依次出现森林草原、草原和风沙草原。土壤依次为褐土、垆土、黄绵土和灰钙土。山地土壤和植被地带性分布也十分明显。从土地利用形式上看，这里是农业耕作区和畜牧业交错的地带，土地利用受降水波动和历史上农耕、游牧民族交替控制的影响，表现为有农有牧，时农时牧的变动，导致土地退化加剧。

（二）黄土高原地表景观

可用千沟万壑来形容黄土高原的地表形态。黄土是第四纪以来经过风的吹扬、搬运、堆积形成的。黄土疏松多孔，粉沙质，质地均一，垂直节理发育，因而易被冲刷，加之其所在的黄土高原地区降水在年内高度集中，多暴雨，特别容易造成严重的水土流失。广大的地面被长期冲刷形成众多的沟谷，沟谷切割地表形成黄土高原特有的黄土塬、黄土墚、黄土峁。这几种黄土地貌的共同特点是黄土层的边缘被流水强烈冲刷、切割，不同之处在于黄土塬顶部平坦、黄土墚顶部狭窄成长条，而黄土峁是孤立的黄土丘，根本原因在于它们处在不同的发展阶段。

（三）黄土高原的地形、地貌、地势

黄土高原在 800 万年前曾是一片湖泊，经过千万年的风沙堆积，湖水干枯，黄土渐渐地累积成了高原。黄土高原除了一些裸岩的高山以外，基本上构成了连续的黄土盖层，堆积了 60~200m 厚的黄土，是一种细腻、均匀、颗粒大小只有 1mm 的几十分之一的土质。黄土高原地形破碎，到处都是一条条深深的沟谷和土山。主要地形地貌是：陇东、陕北高原包括六盘山以东，吕梁山以西，渭河北山以北，长城以南的地区，是一个盆地型高原，长城内外广大地面发生由西北向东南倾斜式的整体抬升，并加大了长城以南的斜度，于是泾

河、洛河与晋陕之间的黄河从三趾马红土堆积面切下，形成以渭河地堑谷为汇集的扇状水系。由于谷坡的不断扩展，谷地间的形态有些成为面积或大或小的平台，有些成为长条形或椭圆形的丘陵。在黄土堆积最厚的中心地区，泾河、洛河中游，马连河和蒲河间有几片相对平坦的塬面，如董志塬、洛川塬等，陇中祖厉河中游、延水关到禹门口的黄河两侧、晋东南漳河中游等地保留部分窄条的“黄土残塬”。塬的顶面比较平整，四周受沟谷侵蚀，形成陡峻的边坡。目前，平整的黄土塬已残存不多，塬面已不及黄土覆盖面积的 1/10。大部分地区已被分割成千沟万壑的丘陵沟壑区，其面积约占黄土高原覆盖面积的 9/10，梁峁分布区地面非常破碎，丘陵顶部面积小，很少超过 2km^2，峁的面积仅有 0.25km^2 左右。大体上，陇中梁多于峁，多见具有大面的凹斜坡的长梁，陕北与晋西梁多于峁的比例较小，则以具有较大面积的凸斜形坡的短梁居多。在延水关以北的黄河沿岸及其较大支流的下游，梁、峁面积大致相等。黄土高原被水蚀切割的程度和速度十分惊人。从地面分割度为 20%~43%，黄土丘陵沟壑区一般可达 4~8km/km^2。由于黄土结构疏松，抗蚀力差，垂直节理发育，极易崩塌。加上植被覆盖很差，又多暴雨，侵蚀切割非常强烈。发源和流经这里的河流含沙量都很高，成为黄河泥沙的主要来源。每年进入黄河的泥沙相当于尼罗河、密西西比河、亚马逊河和长江 4 条大河输沙量的总和。严重的水土流失，形成了黄土高原千沟万壑、光山秃岭、灾害频繁、地瘠民贫，使黄河中游成为集中连片的贫困地区。平均 1km^2 平均每年冲走表土 300~400t，肥土大量流失，耕地越种越薄。长期的水土流失，从根本上恶化了农业生产的基本条件。黄土高原地区经济发展与生态环境严重失调的局面由来已久，而且随着人口的增加，经济的发展，水土流失问题和资源紧缺的形势将更加严峻。

1. 地势

黄土高原地区总的地势是西北高、东南低。六盘山以西地区海拔 2 000~3 000m；六盘山以东、吕梁山以西的陇东、陕北、晋西地区为典型的黄土高原，海拔 1 000~2 000m；吕梁山以东、太行山以西的晋中、晋东北地区由一系列的山岭和盆地构成，海拔 500~1 000m，个别山岭超过 1 000m。

2. 地形

黄土高原按地形差别分陇中高原、陇东高原、陕北高原、山西高原和豫西山地等区。

3. 地貌

分布在黄土高原区的典型黄土地貌可分为两大类，即谷间地貌和沟谷地貌。黄土地貌总的特征是地面非常破碎，表现在沟谷密度（单位面积的沟谷总长度）和地面分割度（沟谷面积占流域面积的百分数）两项数值很高。例如，晋西个别地区沟谷密度为 8km/km^2，地面分割度达 43.70%。地势起伏频率大也是黄土地貌的一个特征，地面频繁出现 200~300m 的起伏。上述两个特征是中国其他地区所罕见的。

该区宏观地貌类型有丘陵、高塬、阶地、平原、沙漠、干旱草原、高地草原、土石山地等，其中，山区、丘陵区、高塬区占 2/3 以上。东南部主要为黄土丘陵沟壑区和黄土高塬沟壑区，西北部主要为风沙、干旱草原和高地草原区；银川平原、河套平原、汾渭平原地形相对平缓。

山、原（塬）、川三大地貌类型是黄土高原的主体。耸峙在高原上的山地，犹如海洋中的孤岛。例如，六盘山以西的陇中高原上的屈吴山、华家岭、马衔山，陇东、陕北高原上的子午岭、白于山、黄龙山等；原（塬）是指平坦的黄土高原地面，著名的有甘肃东部的董志塬，陕西北部的洛川塬。塬面宽阔，适于机械化耕作，是重要的农业区。但是塬易受流水侵蚀，沟谷发育，分割出长条状塬地，成为山梁，称为“梁”地。如果梁地再被沟谷切割分散孤立，形状犹如馒头状的山丘，当地称为“峁”。由“梁”和“峁”组成的黄土丘陵，高出附近沟底大都在 100~200m，水土流失严重，是黄河泥沙来源区；川是深切在塬面下的河谷平原。在梁峁地区地下水出露，汇成小河、河水带来的泥沙在这里沉积，在两岸形成小片平原，称它为“川”。

（四）黄土高原的类型

黄土高原包括河北西部、山西大部、陕西中北部、甘肃中东部、宁夏南部及青海东部等地。根据地貌的形成过程和自然特征的差异特点，可分为陇中高原，陇东、陕北高原，山西高原，渭北黄土高原。

1. 陇中高原

又称陇西高原。位于六盘山以西，是一个新生代的坳陷盆地，属盆地型高原。海拔 1 500~2 000m。地形破碎，多梁、峁、沟谷、垄板地形。

2. 陇东、陕北高原

包括六盘山以东，吕梁山以西，渭河北山以北，长城以南的地区，也是一个盆地型高原。海拔 800~1 200m。经强烈侵蚀，除少数残留的黄土塬（董志塬、洛川塬）外，大部地区已成为破碎的梁峁丘陵。其间只有少数基岩低山突起在高原之上，状似孤岛。

3. 山西高原

包括五台山、恒山以南，伏牛山以北，太行山以西，吕梁山以东的地区。

由一系列褶皱断块山与陷落盆地组成。山地有吕梁、恒山、五台、中条及太行等山，盆地有大同、忻县、太原、临汾、运城等。除河谷平原外，大部地区海拔在 1 000~1 500m，石质山地构成高原的主体，黄土堆积仅限于盆地及山间谷地，分布范围约占全区面积的 40%。

4. 渭北黄土高原

位于渭河北山与秦岭之间，西起宝鸡。

（五）黄土高原水土流失

黄土高原是中国最典型的水土流失严重的地区。黄河因流经黄土高原，便形成了世界上含沙量最大的河流。黄河每年向下游的输沙量达 16 亿 t，如果堆成宽、高各 1m 的土堆，可以绕地球 27 圈多。这些泥沙 80% 来自黄河中游的黄土高原，可见黄土高原水土流失的严重性。据统计，目前，黄土高原水土流失面积达到 25 万 km^2，约占黄土高原面积的 80%，而且水土流失现象还在持续进行。严重的水土流失给黄土高原带来严重的生态环境问题，地表被切割成千沟万壑，加速了风蚀、水蚀、重力侵蚀的相互交融，增大了雨洪及干旱灾害的产生频率，植被破坏、植物退化、生态功能急剧衰退，形成了恶性循环。而人类不合理的经济活动又加剧了生态环境的恶化。因此，严重的水土流失是黄土高原地区乃至黄河流域的头号生态环境问题。黄土高原是中国水土流失最为严重的地区，主要的原因如下。

1. 自然原因

（1）地形　地面破碎，地面坡度较大，沟谷密度大，植被稀疏。黄土高原在植被未遭受人类破坏以前，沟谷系统已经在发展，水土流失现象实际上已存在。黄土高原由黄土丘陵、黄土台塬和石质山组成，地面地形破碎，地形落差普遍，一旦遇上大雨或暴雨，黄土受坡度的影响特别容易坍塌，故不利于水土保持。

（2）土质　由于黄土高原地区的黄土主要为风成黄土，黄土颗粒细小粉粒占黄土总重量的 50%，质地结构疏松，富含碳酸钙、多空隙，孔隙度大、透水性强、许多物质易溶解于水、遇水易受流水侵蚀崩解、抗冲抗蚀性弱。黄土是来源于中国西北地区、中亚、蒙古高原上极小的粉尘随西北风吹送、携带、沉淀下来的。在黄土高原这种干燥、半干燥的气候条件下，这些粉尘相互之间的结合并不紧密，所以黄土具有多空隙、结构疏松的特点，并且垂直节理发育明显，这样的黄土层又比较透水，颗粒小又决定了黄土容易溶于水，黄土的这些特性，使黄土高原特别容易受流水的侵蚀作用。

（3）气候　黄土高原气候干燥，年均气温 6~14℃，年均降水量 200~750mm，降水集中在 7—9 月，降水量之和占全年降水量的 80% 左右。7—8 月多暴雨。从东南向西北，气候依次为暖温带半湿润气候、半干旱气候。黄土高原位于中国东部季风区的边缘地带，夏季风影响的时间较短且不稳定，导致本地区降水集中，往往以暴雨的形式表现出来，加剧了水土流失的为害。

（4）植被　地表光秃裸露，缺少植被的保护。植被具有良好的涵养水源，保持水土的作用。大面积的植被覆盖对防止水土流失，保持土壤肥力，调节气候具有重要的作用。而目前中国黄土高原森林覆盖率不足 10%，远低于世界平均水平，高原绝大部分面积是支离破碎的黄土，风沙漫卷，暴雨来临泥沙俱下，加剧了水土流失。

2. 历史原因

从人类文明开始，由于历代战乱，历史上长期、持续性的乱砍滥伐和盲目开荒过度放牧，导致黄土高原的植被遭到严重的破坏。

3. 人地矛盾

人多地少，生产方式落后。黄土高原农耕历史悠久，人口众多，随着人口的不断增长，人多地少的矛盾日益突出，加剧了人类破坏性和毁灭性的开发。导致森林日益减少，土壤日渐贫瘠。

4. 现代人类经济活动

黄土高原煤炭资源丰富，人类的修路、开矿等工程建设破坏地表。随着社会经济的发展，修路、开矿等活动络绎不绝。黄土高原人口众多，对道路网的需求大，刺激了修路的发展。黄土高原煤炭资源特别丰富，开发煤炭资源是当地经济发展的重要内容。但这些经济活动不可避免地破坏地表，甚至导致永久性的不可恢复。

（六）黄土高原人地关系恶性循环

黄土高原人口增长与自然环境之间存在的持续性恶性循环。实际上，在历史上，黄土高原这种破坏性活动从来没有停止过，只不过历史上黄土高原森林覆盖率高，生态承载力强，而人类一旦突破生态承载的极限，只会造成不可恢复的恶性循环。黄土高原从森林郁郁葱葱、河流清澈、土壤肥沃的富庶农垦区演化为今天的黄土高原，应该值得人们的警醒。

（七）水土流失的严重后果

黄土高原水土流失特别严重，其导致的为害主要表现如下。

1. 沙淤积下游河床，威胁黄河防洪安全

黄土高原水土流失面积45.4万km^2（水蚀面积33.7万km^2、风蚀面积11.7万km^2），是中国乃至世界上水土流失最严重、生态环境最脆弱的地区。黄河每年经陕县下泄的泥沙约16亿t，泥沙中90%来自黄土高原，约有4亿t沉积在下游河床泥沙大量堆积，致使河床每年抬高8~10cm。这也是导致黄河下游河床平均高出地面4~6m，其中，河南开封市黄河河床则高出市区13m，形成著名的“地上悬河”，直接威胁着下游两岸人民生命安全。

2. 土壤肥力下降，制约了社会经济的发展

严重的水土流失，扩大并且加深黄土高原上的沟壑，带走肥沃的泥土，使植被更加难以生存，致使恶性循环。耕地减少。每年随泥沙流失的N、P、K养分约3 000万t，导致土壤肥力下降，粮食产量低而不稳。为了生存人们不得不开荒种地，陷入“越穷越垦，越垦越穷”的恶性循环，严重制约了社会经济的发展。

3. 生态环境的恶化

水土流失破坏了原有植被，恶化了生态环境，加剧了土地和小气候的干旱程度以及其他自然灾害的发生。生态环境恶化→制约社会经济发展→贫困加剧→单纯追求多产粮食→毁林开荒→水土流失加重→生态环境恶化。据甘肃省18个县连续44年的资料，旱年或大旱年17年，占38.6%，其他灾害年份19年，占43.2%。严重的水土流失，造成大范围的地表裸露，形成沙漠，一遇大风，沙尘四起，形成沙尘暴。历史上，由于地表植被破坏，形成沙漠，造成陕西北部的榆林城三次被迫搬迁。

二、自然条件

（一）气候

1. 黄土高原气候总体动态变化

黄土高原位于中国中部偏北，在北方地区和西部地区的交界处，地理坐标北纬34°~40°，南北跨纬度6°，处于中纬度范围内。纬度位置决定了全区的热量带以暖温带为主，具有冬冷夏热、冬夏温差大的温度特点。同时，由于各地纬度的差异，从南而北太阳高度角由大到小，形成南北气温的差别。若考虑太阳高度角与理论白昼时间长短的季节变化，则夏季南部比北部太阳高度角大，而白昼时数却较北部短，结果天文辐射量却相差不大；冬季则相反，南部太阳高度角仍较北部大，而白昼时数也较北部长些，因而天文辐射量相差较明显。这种天文辐射量的季节差异，是造成陕西黄土高原夏季气温南北相差不大，冬季相差较大的一个原因。介于东经 103°~114°，东西跨经度 11°向东及东南靠近气候湿润的亚洲大陆东部沿海区，向西及西北靠近亚洲大陆腹地干燥区，处在沿海与内陆之间的过渡位置，因而同时受海洋及大陆的影响，干湿程度上处于明显的急剧变化的地位，使这里表现出以半干旱为主的大陆性季风气候。其气候特点是：气温年较差、日较差大，降水稀少；夏季高温多雨，冬季寒冷干燥，光热资源丰富，降水分布不均。

（1）光资源丰富，日照时间长，光合有效辐射强　年总辐射量由东南部的 5 000mJ/m^2 到西北部的 6 300mJ/m^2，光合有效辐射为 2 250~2 750mJ/m^2；日照时数为 2 200~3 200h；日照百分率由 50% 增加到 70%。

（2）热量资源丰富，但地区差异明显　东南部年平均气温为 14℃，≥ 10℃积温为 4 500℃；北部地区年平均气温为 4℃，≥ 10℃积温为 2 000℃；青海日月山以东年平均气温为 2℃，≥ 10℃积温只有 1 000℃。无霜期由东南的 200d 减少到北部和西北的 150d 和 100d。在种植制度上，由一年二熟或两年三熟到一年一熟或只能种植短季作物。温度日较差大是黄土高原热量资源最突出的特点之一。

（3）降水分布很不平衡　总的趋势是东南向西北递减、山区多于平原。东南部年降水量在 600mm 以上，属半湿润气候；中部广大黄土沟壑区年降水量为 400~600mm。400mm 等雨量线自本区东北斜贯西南。此线以东、以南受夏季风影响较强，属于半湿润易旱气候；此线以西以北，受夏季风影响较弱，属西北干旱气候。西北部的河套地区年降水量为 200mm 左右。受地形因素影响，多雨中心多分布在山区的迎风坡，雨量一般都在 500mm 以上。

黄土高原地区属于东部季风区，（暖）温带（大陆性）季风气候，年降水量 200~750mm。

冬春季受来自高纬内陆偏北风极地干冷气团影响，盛行极地大陆气候，寒冷干燥多风沙；夏秋季受西太平洋副热带高压和印度洋低压海洋暖湿气团的影响，炎热多暴雨，雨热同季。多年平均降水量为 500mm 左右，约有 2/3 集中于夏季。总的趋势是从东南向西北递减，东南部 600~800mm，中部 400~600mm，西北部 200~300mm。以 200mm 和 400mm 等年降水量线为界，西北部为干旱、半干旱区，中部为半亚湿润区，东南部为半湿润区。全年四季分明，天气多变，随着纬度的增高，冬、夏气温变幅相应增大。

2. 大陆性季风气候

黄土高原在中纬度范围内，在中国的西北内陆。在一年中受极地大陆气团及热带海洋气团交替影响，形成干湿过渡的大陆性季风气候。黄土高原位于大陆腹地，气候较干旱，降水不多且集中，蒸发强烈，水源短缺。泾阳、富平、蒲城一带亩均不足 100m^3。由于季风气候的影响，降水的年变率大，年内分配不均。因此，地表径流的年际变化大，年径流变差系数 Cv 值在 0.4 以上，径流的年内分配集中，汛期（7—10 月）径流量占年径流量的 60%~70% 或更多，甚至集中于几场大暴雨中，形成丰水年雨涝洪灾，少水年干旱缺水。

3. 气候的基本特征

光照充足，太阳辐射强；冬季寒冷，夏季炎热；春季升温迅速，秋季降温迅速，春秋冷空气活动频繁，气温日较差大；夏、秋多雨，春、冬少雨，一年干湿季节分明；年降水量不多，降水变率大，常出现干旱；春季风大。

黄土高原是温和半湿润气候区向温和半干旱、温和干旱气候区的过渡带，兼具中温带和暖温带气候特征，由北向南逐渐过渡，大部分地区处于干旱、半干旱区。这里既是气候变化敏感区，又是生态环境脆弱带，还是黄河中上游水土保持重点区域。该区域是雨养农业区，农牧林业生产和生态环境对气候条件的依赖性极强，气候变暖与干旱环境变化对黄土高原经济影响重大。

王毅荣（2004）研究表明，黄土高原大气系统中降水量总趋势是南多北少，东多西少，由东南向西北递减，山区的年降水量明显高于周围较低的地方。年降水从西到东基本在 180~600mm。降水的季节性十分明显，主要集中在夏季，秋季次之，春季较少，冬季降水最少。降水的年际变化也很大，最多的年份区域平均为 704.7mm，最少的年份区域平均为 321.8mm。各地降水变率北部大，南部小，但都在 250% 以上。降水变化趋势，呈减少趋势，下降速度高原东部明显快于西部，山西高原一带最大，以 >4mm/a 的速度下降，陇东高原一带以 <1.5mm/a 的速度下降。半干旱区和半湿润区有整体南移的趋势。作物生长期降水量递减率在 −2mm/a 左右，冬季降雪量略呈上升趋势。高原区域内各地域降水的年际变化差异也很大，存在 5 个次区域，即黄土高原北部、山西高原地带、渭北高原地带、陇中盆地、六盘山地带 5 个区，各区之间存在显著差异。在 40 年的变化中，年降水存在 2~4 年和 8 年左右的年际振荡和 15 年左右和 25 年左右的年代际振荡。多雨期（转折前），振荡强、年降水变幅大；少雨期（转折后），振荡弱、年降水变幅小。转折后不仅降水量减少，而且降水量的变幅也减小。转折前后降水特征明显不同，各区降水量变率在减小。

年平均气温可以给出一地气候总的冷热概念。黄土高原年平均气温 8.8℃，春季为 10.0℃，夏季为 20.9℃，秋季为 8.8℃，冬季为 −4.6℃。年、季气温的年际变化全区一致，高原中部变化幅度最大。气温上升速度年平均气温为0.26℃/10a，冬季升温最快，达0.51℃/10a，秋季次之，为0.24℃/10a，春季为0.19℃/10a，夏季升温最慢为0.07℃/10a。年气温增度黄土高原腹地较大。年、夏季、冬季气温在90年代最高，其中，1997—2000年，是20世纪最高的几年。总的地理分布特点是南高北低，东高西低，由东南向西北递减。本区东南部的三门峡达13.87℃，是年平均气温最高的地区。乌鞘岭和五台山的年平均气温低于0℃，其中，五台山多年平均气温为-3.47℃，是本区的最冷点。黄土高原年平均气温分布明显受到海拔高度和地形的影响，乌鞘岭、五台山和华山都是闭合的冷中心，年平均气温远低于周围其他站点。从黄土高原区多年平均气温的气候倾向系数分布可以看出，黄土高原近50年来的气温是在逐渐上升的。气温上升幅度较大的地区以山西的五台山、陕北、宁夏的东南部以及甘肃的东部为主。

黄土高原干旱的演变趋势是该区一致向严重发展，1961—2000年的40年中，最旱的是1997年，在黄土高原的大多数地方成了百年不遇的严重干旱，年中处于干旱时段的有1970年12月至1973年2月和1979年12月至1983年6月，干旱时间最长的是1991年1月至2000年12月，长达10年之久，可以说20世纪90年代是最为干旱的10年，而黄河流域历史上曾发生两次连续年的干旱期（即1632—1642年和1922—1932年）。2~4年就出现一次严重干旱。暴雨在高原的东部出现的概率明显高于西部。在天水—固原—环县以东2年内至少出现1次暴雨，在西安—临汾—榆社以东的地区基本每年都出现暴雨。在渭河上游、六盘山一带2~5年出现1次，在贵得—西宁—景泰一带暴雨最少，三四十年一遇。

（1）温度　自然因素的影响加上人类活动的干扰，加剧了气候变化的速度，气候变化研究已成为目前国际及国内科学界的热点之一。姚引壁（2005）研究表明，近百年来，地球气候系统正在经历一次以全球变暖为中心的显著变化，而且变暖在20世纪的最后20多年里加速了。从1860年以来全球平均气温升高（0.6±0.2）℃。IPCC气候变化评估报告指出，1890—1980年全球气温上升0.5℃，1951—1995年中国平均气温增高0.3℃，20世纪以来全球平均地表气温升高了0.4~0.8℃；王绍武（2013）等研究表明，中国西北地区的气候变化与全球气候变化基本一致，目前仍属于暖期，相对湿度与降水量的变化是紧密联系的，且西北东区相对湿度呈下降趋势。于淑秋等（1990）分析指出，西北地区气候在1986年前后发生了一次明显跃变；在全球气候变暖的同时，中国西北地区的气候呈现西湿东干的分布型态。蔡新玲等（2007）研究指出，近 42 年来陕北黄土高原地区降水量的变化是在波动中呈减少趋势，降水量的减少主要是秋季降水变化所引起；气温呈上升趋势，各季中以冬季增温最显著；该区从 20 世纪 90 年代以后向暖干发展，90 年代是最暖的 10 年，1998 年是最暖年份。20 世纪北半球温度的增幅，可能是过去 1 000 年中最高的，全球变暖使中纬度地区趋于干旱。

黄土高原地区位于中国北部，欧亚大陆南部，地理上为过渡性地区。黄土高原的气候系统是一个很复杂的系统，气候圈可以形成月度、季度、年际、年代际以及 100 年以上时间尺度的气候变化。王毅荣（2004）研究表明，黄土高原气候系统中岩石圈和大气圈的相互影响，大气系统中的降水量具有明显的地域和季节性降水年际变率大的特点。时间变化上降水呈减少趋势，平均每年减少 2.5mm 左右，高原东部下降速度明显快于西部，年降水存在 2~4 年的年际震荡。年、季气温的年际变化全区以一致变暖为主，高原中部变动幅度大于周边。气温上升速度年平均为 0.26℃ /10a，冬季升温最快，夏季升温最慢。干旱频繁，暴雨较多。年降水量和植物生长季降水量均呈递减的趋势，年降水量递减率为 -2.095mm/a，递减率高于全国同期值，高原中东部递减率大于西部；但冬季降水量略呈上升趋势。年平均气温和夏季平均气温变率呈增大趋势，而冬季气温变率减小。黄土高原降水量变率呈减小的趋势。黄土高原中部 7 条主要河流径流量呈明显的下降趋势，年河流径流量以每年 0.4851 亿 m^3/a 的速度下降。气候暖干化导致土壤含水量下降，风沙加大，植物存活率降低，植被覆盖率下降，地表土质更趋疏松，是黄土高原区域生态环境趋于恶化的重要原因之一。

黄土高原气候的形成既有经、纬度作用，又受地形干预，内陆为典型大陆季风气候。春季多风沙；夏季短暂且炎热；秋季多暴雨；冬季寒冷干燥、降水稀少。黄土高原年平均温度为 3.6~14.3℃，1 月最低气温为 -36~12℃，7 月最高气温可达 28~36℃，气温年较差一般在 28℃左右，且温度分布空间差异较大，东部地区平均气温高于西部地区，但总体仍为冬季严寒，夏季暖热。

黄土高原地区年均气温在秦岭以北的地区中，以东南部分最高，15℃上下，向西由于高度增加而下降。如关中同一纬度的天水谷地（海拔 1 170m）为 1.6℃，岷县附近（海拔 2 246m）为 7.8℃；向北由于纬度和高度的同时增加，因而年均温急剧下降。如榆林（海拔 1 120m）为 9.3℃，和本地区边缘相邻的大同市（海拔 1 048.8m）则为 7.2℃。但在本区西北边沿由于海拔较低，年均温比高原的中部为高，如庆阳、平凉、固原等处都在 10℃以下，而靖远、中卫、吴忠等处反在 10℃以上。年均温的高低，不但在很大程度上显示着植物生长季节的长短，也影响了作物的分布，同时也和本区内土壤黏化过程的强弱有着密切的联系，对于土壤分布规律，将和降水因素一样同样起着强有力的制约作用。全区气温日较差一般比较显著，但南部较小，其年平均值为10~12℃，和黄淮平原相似，西北部则可达16℃，较相同纬度的华北平原高。在一年内，春末日较差最大，如延安在1951年5月间有一天竟达29.4℃。显著日较差，有利于岩石的物理风化，尤其在山区，裸露基岩比较松脆易碎，黄土地区土壤质地均匀，含黏粒较少，面粉沙粒极多等，可能与此有一定联系。

黄土高原气候暖干化以陇东地区为例，陇东1968—2009年年平均气温总的变化呈上升趋势，年平均气温每10a升高0.41℃，其中，冬季、春季升温更为明显，达到每10a升高0.54℃和0.56℃，陇东年平均气温的年代际变化显示，20世纪60—90年代初期陇东年平均气温呈下降趋势，1994年以后气温开始上升，1998年明显上升，升高幅度超过1℃。此后连续5a偏高幅度在0.9℃以上，2006年偏高幅度为1.6℃，达到历史最高。近10年平均气温比20世纪60年代、70年代、80年代、90年代分别偏高1.7℃、1.1℃、1.1℃和0.5℃。陇东气温变化的空间分布是陇东北部和南部增温明显，增温幅度最大的是西峰，年平均气温每10年升高0.46℃。从长期变化看，西峰站从60年代末到90年代初期年平均气温处于偏低的态势，1994年开始上升，1998年以后持续偏高，2006年以后显著偏高，并且2006年偏高的幅度达到2.0℃，为历史最高。陇东年平均气温10年际的变化显示，20世纪60年代年平均气温在9℃以上的面积占陇东总面积的10%，70—80年代各占34%，90年代占86%，21世纪初的10年占100%；年平均气温在10℃以上的面积占陇东总面积的47%。暖干化趋势明显。

在全球气候变暖的大环境下，黄土高原气候暖干化趋势明显，气候暖干化导致一系列环境演变，蒸发加大，湖泊萎缩，河流量减少，内陆河退化，荒漠化加剧，风沙加大，水土流失加剧，水质恶化，生物多样性受损，山坡灾害范围扩大，发生频繁，生态功能降低，虽然个别地区降水量有增加的趋势，但增加量微不足道，不能改变半干旱、干旱区的生态环境面貌。黄河断流其根本原因固然是人为净耗地表水造成的，但断流规律与黄土高原降水量减少和气温增高变化基本吻合，说明气候暖干化使黄河中上游地表径流量明显减少，加剧了黄河断流。

在全球变暖的背景下，黄土高原气候发生了很大的变化。主要体现为气温上升，降水量减少，气候向暖干方向发展。黄土高原的气候既受经、纬度的影响，又受地形的制约，冬季寒冷干燥，夏季炎热湿润，雨热同期。1982—2006年黄土高原年气候变暖趋势明显，年均温由8.5℃上升至9.9℃，升温明显。平均增温速度较小的地区为黄土高原西北部边缘的青海境内和甘肃西南部等地区；年均增温速度最快的是黄土高原中部陕、甘、宁、晋接壤地区等。气候的暖干化致使地区旱情加重，加剧了黄土高原土壤干层的进一步发展，对黄土高原植树造林产生了较大影响。

目前，黄土高原气候环境，对全球气候变化响应的敏感区主要集中在高原中部附近，水热组合变化导致明显的暖干化趋势，秋季暖干旱化趋势突出，等雨量带总体南移，干旱趋于加重；夏季高原西部湿润化、东部干旱化。区域性暴雨事件趋于减少，过程雨量加大，高原中部暴雨非线性机制复杂于周边；土壤水分生长期波动式下降，蓄水期土壤水分波动式上升，总体以下降为主。气候生产力呈递减趋势，变化幅度南部明显大于北部；粮食产量对气候变暖响应不显著，植被生长季延长和生长加速。

气候暖干化趋势是中国北方及黄土高原沙漠化面积不断增大的一个背景因素。已有的研究表明，黄土高原地区暖干化、土壤干旱加重、气候生产力下降，气候转湿的迹象也不太明显。在西北气候研究中对黄土高原地区未引起足够重视，对黄土高原研究气候要素也比较单一。

（2）光照　太阳辐射是地球上一切生物的能量源泉。黄土高原区太阳辐射强，空气干燥，云量稀少、日照时间长。光能资源丰富，光合生产潜力大，能提供较多的太阳辐射能源，是中国辐射能源丰富的地区之一。全年日照时数为2 000~3 100h，北部在2 800h以上，较同纬度的华北地区多200~300h。陕北黄土高原日照充足，是中国日照时数较多的地区之一，光能资源丰富，年日照时数在2 300~3 000h。几乎是陕南大巴山区日照时数的2倍。陕北年总辐射和各月总辐射都是全省最多的地方，夏半年各月总辐射都在4.5亿mJ/m^{2}以上，为太阳能利用和植物生长提供了充足的能源。如以绥德为例，为2 620h，较上海约多500h，较广州约多600h。年日照时数的分布，具有南少北多，西少东多的特点。南部一般在2 500h以下，如黄龙仅2 393h；北部在2 800h以上，如绥德为2 620h。西部子午岭一带因受云量较多的影响，日照时数偏少，如志丹与延川两地纬度位置相近，但前者比后者的日照时数少242h。

一年中，春夏两季各月的日照时数明显较多，特别是4—8月各月一般都在200h以上，北部各县6月可达280h以上。春夏两季的日照时间长，有利于长日照作物生长和发育。

日照时数只是反映当地日照时间绝对值的多少，并不说明因当地天气原因而减少日照的程度。日照时数除了受云、雨、沙尘等天气条件影响而外，还受到天文条件影响。一地冬夏白昼时间长短有异，不同地点纬度位置不同白昼长短也不同。因此，只有实际日照时数与天文日照时数之比的日照百分率指标，才能清楚反映天气条件对日照时数的影响。例如，榆林的年平均日照百分率为66%，即意味着天气条件使其减少了34%的日照时间。

陕西黄土高原的平均年日照百分率在50%~66%。其分布，一般表现出南低北高的特点，但子午岭一带因受地势较高影响，云量多，使日照百分率偏低。黄龙、宜君、志丹、吴旗、安塞等地，日照百分率<55%；宜川、洛川、富县、甘泉、延安、延长、延川、子长、绥德等地均在55%~60%，子洲、吴堡、米脂、佳县及其以北均在60%~66%。一年中以冬季各月日照百分率最高，通常达60%~70%；而夏季各月日照百分率最低，通常为50%~65%。如榆林、延安、洛川三地，1月分别为71%、65%、67%；7月分别为63%、61%、56%。

高蓓等（2012）对陕西日照时数的研究指出，近50年来，陕西黄土高原年日照时数的变化主要呈减少趋势，减少区域主要位于长城沿线风沙区、丘陵沟壑区的中部、高原残塬区的大部和渭北旱塬区的大部；增加区域主要位于丘陵残塬区的西部与东北部、高原残塬区西南部和渭北旱塬区局部。从四季变化趋势来看，除春季日照时数呈增加趋势外，其他季节均呈现出不同程度的减少趋势。其中，以夏季减幅最显著，平均减少24.34h/10a。陕西黄土高原年、季日照时数气候趋势系数呈上升趋势的区域，主要分布在米脂、子洲、绥德、延安、延长和安塞，其余区域为下降趋势。近50年来，陕西黄土高原年日照时数在1972年和2003年发生突变，并存在5~7年的振荡周期。近年来，大气污染严重，混浊程度加大，从而增强了大气对太阳光的反射及吸收作用，使太阳辐射减小，由此造成年日照时数减少。

（3）降水　黄土高原河流众多，沟壑纵横，沟壑面积约占总土地面积的50%。主要河流有黄河及其支流渭河、泾河、洛河、延河、无定河及窟野河等。河水主要来源于降水，降水分布的特点是南部多、北部少，山区多、平原谷地少。因此，径流的分布规律是自南向北减少，山区大于原区谷地。全区地表水资源105.56亿m^3，人均536m^3，亩均263m^3。

黄土高原的地区属温带季风气候区的边缘，大陆性和季风不稳定性更加突出。全年总雨量少，65%的雨水集中在夏季，降水的强度大，往往一次暴雨量就占全年雨量的30%，甚至更多，是造成黄土高原水土流失的原因之一。高原日照充足，高原从西北向东南，年均温度在8~14℃，无霜期为 120~200d，属暖温带。黄土高原地区属（暖）温带（大陆性）季风气候，年降水量 200~750mm。冬春季受极地干冷气团影响，寒冷干燥多风沙；夏秋季受西太平洋副热带高压和印度洋低压影响，炎热多暴雨。多年平均降水量为 466mm，总的趋势是从东南向西北递减，东南部 600~800mm，中部 400~600mm，西北部 200~300mm。以 200mm 和 400mm 等年降水量线为界，秦岭北坡由于受地形的影响，降水量可以达 800mm 以上，也是黄土高原降水最多的地方。

黄土高原的水系是以黄河为骨干，发源于黄土高原的河流约有 200 条，为黄河中游主要集水区域。较大的河流有渭河、汾河、洮河、祖厉河、清水河、北洛河、黄甫川、窟野河、无定河等，那里的河流水量不丰，年径流量只有 185 亿 m^3（黄河干流除外），河流受汛期影响较严重，洪峰急涨急落，汛期水量占全年水量的 7% 以上，高原浅层地下水贫乏，大部分地区地下水的埋藏很深，多在 60m 以下。黄土高原地区面积大于 1 000km^2 的直接入黄支流有 48 条，其中，水土流失严重且对干流影响较大的支流有洮河、湟水、庄浪河、祖历河、清水河、浑河、杨家川、偏关河、皇甫川、清水川、县川河、孤山川、朱家川、岚漪河、蔚汾河、窟野河、秃尾河、佳芦河、湫水河、三川河、屈产河、无定河、清涧河、昕水河、延河、汾川河、仕望川、汾河、泾河、北洛河、渭河、伊洛河 32 条支流，以及内蒙古"十大孔兑"。

黄土高原地区降水年际变化大，年降水总量，南北相差约在 500mm 以上，且绝大部分以降雨的形式下降，降雪较少，且比较集中而多暴雨，因而水土流失都为暴雨所引起，雪融水的侵蚀作用，仅在东南近山两侧地带出现。南部降水较多，约在 500~700mm，年雨线常作东西走向，北部和西部降水较少，常在 350mm 以下，西北浜河一带甚至不足 200mm，年雨线则作东北—西南走向。区内降水量的变化，除局部地区和山地外，常和气温的分布相一致，这样就多少缓冲了降水不同的差异，且降水季节一般都在夏季，丰水年的降水量为枯水年的 3~4 倍；年内分布不均，汛期（6—9 月）降水量占年降水量的 70% 左右，且以暴雨形式为主。每年夏秋季节易发生大面积暴雨，24h 暴雨笼罩面积可达 5 万 ~7 万 km^2，河口镇至龙门、泾洛渭汾河、伊洛沁河为三大暴雨中心。形成的暴雨有两大类，一类是在西风带内，受局部地形条件影响，形成强对流而导致的暴雨，范围小、历时短、强度大，如 1981 年 6 月 20 日陕西省渭南地区的暴雨强度达每小时 267mm。另一类是受西太平洋副高压的扰动而形成的暴雨，面积大、历时较长、强度更大。如 1977 年 7—8 月，在晋陕蒙接壤地区出现了历史罕见的大暴雨，笼罩面积达 2.5 万 km^2。日降水量大的如安塞（7 月 5 日，225mm）、子洲（7 月 27 日，210mm）、平遥（8 月 5 日，365mm），暴雨中心内蒙古乌审旗的木多才当（8 月 1 日）10h 雨量高达 1 400mm。

山西省是中国水资源匮乏情况最为严重的省份之一，也是水资源与人口数量、耕地面积极不均衡的地区之一。根据相关统计，2006 年年末全省水资源总量仅为全国的 0.4%，而人口总数和耕地面积却分别为全国的 2.6% 和 3.3%。山西省 1956—2000 年的平均水资源总量为 123.8 亿 m^3 且呈逐步下降趋势，进入 21 世纪以来，年水资源总量已不足 100 亿 m^3。随着人口总数的不断增多，水资源总量的日趋减少，人均占有量将更为不足。山西省地处内陆，其水资源的分布在时间上和空间上均极不均衡。在时间上，山西的降水呈季节性变化，全年的降水总量在 400~650mm，降水高峰集中在夏季的 6—8 月，且多为暴雨，降水量约占全年的 60% 以上。降水情况随着年际连枯或连丰，呈现极为严重的干旱周期性，如 1997—2001 年连续 5 年大旱。在空间上，全省的水资源分布受地理条件的影响，山区较多，盆地较少，东南部较为丰沛，西北部极度匮乏。山西有三个多雨区，一是晋东南太行山区和中条山区，二是五台山区，三是吕梁山区。

陕西黄土高原河流均属黄河水系。河流流经深厚的黄土地区。地面切割破碎，梁、峁、沟谷发育，沟壑纵横密布，每平方千米的沟壑长度 4~5km，沟壑面积占总面积的一半左右，水系分布成树枝状特征。水系的特点是河流均依地势高低，自西北流向东南，注入黄河；各河流中上游较宽阔，河口段狭小形成峡谷；上游及支流呈“V”字形河谷，中下游呈“U”字形河谷；河床比较大，水流急，洪水大，枯水小；暴雨洪水、骤涨骤落，水土流失严重，河流含沙量大；黄土林区河流，洪水不大，枯水较长，河流含沙量较小。按流域面积的大小分类统计，流域面积大于 100km^2 的河流有 331 条，大于 1 000km^2 的河流有 41 条，大于 10 000km^2 的河流有无定河、北洛河、泾河和渭河 4 条。

陕北黄土高原径流的分布具有南部多，北部少，山区多，平原谷地少的特点。这与年降水量分布的总趋势大体一致，径流与降水量的高低区彼此对应。南部秦岭山地降水量最多，年降水量可达 900mm，年径流深最高可达 600mm。北部黄土丘陵区，年降水量只有 450mm，年径流深均在 100mm 以下；降水量和径流深最低的定边内陆区，年降水量在 350mm 以下，陆面蒸发强烈，接近于年降水量，所以年径流深在 10mm 以下。陕北富县、甘泉一带稍林茂密，植物蒸腾作用旺盛，径流系数为 0.05，年径流深低于 25mm。

陕北径流的分布，还有自东部向西部减小的规律，东部的榆溪河、秃尾河及窟野河中、下游地区，地处暴雨中心，最大24h暴雨量达70mm。百年一遇最大24h暴雨量可达300mm。同时又得到沙区丰富的地下水补给，径流系数较高（为0.30），形成陕北最高径流区，年径流深可高于100mm。由此向西，年径流深逐渐减小，在定边内陆区，年径流深只有10mm。

4. 黄土高原气候分区

黄土高原地区属（暖）温带（大陆性）季风气候，冬春季受极地干冷气团影响，寒冷干燥多风沙；夏秋季受西太平洋副热带高压和印度洋低压影响，炎热多暴雨。多年平均降水量为466mm，总的趋势是从东南向西北递减，东南部600~700mm，中部300~400mm，西北部100~200mm。以200mm和400mm等年降水量线为界，西北部为干旱区，中部为半干旱区，东南部为半湿润区。

（1）中部半干旱区　包括黄土高原大部分地区。主要位于晋中、陕北、陇东和陇西南部等地区。年均温4~12℃，年降水量400~600mm，干燥指数1.5~2.0，夏季风渐弱，蒸发量远大于降水量。该区的范围与草原带大体一致。

（2）东南部半湿润区　主要位于河南西部、陕西渭北高原、甘肃东南部、山西南部。年均气温8~14℃，年降水量600~800mm，干燥指数1.0~1.5，夏季温暖，盛行东南风，雨热同季。该区的范围与落叶阔叶林带大体一致。

（3）西北部干旱区　主要位于长城沿线以北，陕西定边至宁夏同心、海原以西。年均温2~8℃，年降水量100~300mm，干燥指数2.0~6.0。气温年较差、月较差、日较差均增大，大陆性气候特征显著。风沙活动频繁，风蚀沙化作用剧烈。该区的范围与荒漠草原带大体一致。

（二）土壤

土壤是在多种成土因素，如地形、气候、植被、母质和人类活动等共同作用下形成的。中国典型黄土高原系指黄河中游厚层黄土连续覆盖地面的地区，面积约28万km^2。黄土高原地处中国第二级地形阶梯之上，是中国四大高原之一，也是世界上黄土沉积最厚、集中分布面积最大和黄土地貌最为典型的独特的地理单元。地域辽阔，自然条件复杂，气候多异，植被类型纷繁，土壤母质多变，加上农耕历史悠久，形成了丰富的土壤资源。黄土作为一种特殊的成土母质以及与之相关的自然环境，对土壤的形成产生十分复杂和深刻的影响。

1. 黄土高原土壤类型和结构

黄土高原气候、植被的分带性，决定了土壤分布和性质。森林地带主要土壤为褐土，包括山地褐土、山地棕壤。南部平原在多年耕作影响下形成了特殊的塿土，土壤有机质含量高，水肥条件好，生产力较高，土壤一般呈现褐色，中下部出现明显的黏化层。山地有粗骨土及少量淋溶褐土分布，森林草原地带主要为黑垆土带，如黑塿土、暗黑垆土及在黄土母质上发育的黄土类土壤，如黄绵土、黄善土、白善土等。典型的黑垆土（如林草黑垆土）腐殖质层厚，有机质含量在1%~3%，颜色暗棕褐，呈碱性反应，黄土类土壤属侵蚀土类，质地为壤土，肥力低，有机质含量多在0.6%~0.8%，耕性好，经改良生产潜力大。

草原地带发育了灰钙土，其北部边缘有栗钙土、棕钙土，质地由壤土向轻壤土过渡，腐殖质含量较高，碱性反应强烈，有钙积层，有利于牧草生长。

青藏高原的东北西宁周围及山地，主要分布栗钙土、浅栗钙土和高山草甸土，腐殖质层厚，含量高，含量为4%~6%，质地为轻壤土—壤土，有明显的钙积层，适宜牧草生长。

黄土高原土质松散，垂直节理发育，干燥时坚如岩石，遇水则容易溶解。黄土质地疏松，富含N、P、K等养分，自然肥力高，适于耕作。中国黄河中游地区所孕育的古代文明，大概就得益于此，因为它为当时生产力落后的社会提供了理想的基本生产资料。黄土的又一个特点是垂直节理发达，直立性很强，这又为当地居民提供了凿窑洞而居的便利条件。不过，黄土有一个很大的弱点，对流水的抵抗力弱，易受侵蚀，一旦土面天然植被遭受破坏和大面积土地被开垦，土壤侵蚀现象就会迅速蔓延发展，使原来平坦而连片的土地变成为一个个孤立的塬、垛等地形，出现千沟万壑、支离破碎的地面。

2. 黄土高原土壤肥力

黄土高原地区大部分为黄土覆盖，是世界上黄土分布最集中、覆盖厚度最大的区域。黄土颗粒细，土质松软，孔隙度大，透水性强，含有丰富的各种矿物质养分，利于耕作。因此，从物理和化学性质来说，黄土是性能优良的土壤，但是易遭冲刷，抗蚀、抗旱能力均较低，土壤肥力不高，制约了农业生产。黄土是经过风吹移而堆积的，颗粒多集中在不粗不细的粉沙粒（颗粒直径0.05~0.002mm），含量超过60%，沙粒和黏粒的含量都很少。同时，土壤经过长期耕垦和流失，有机质含量低，土壤中颗粒的胶结主要是靠碳酸钙，有机质和黏粒的胶结作用很小，碳酸钙是慢慢可被溶解的，同时水又容易渗进碳酸钙和土粒的接触界面，所以土壤很易在水中碎裂和崩解，导致严重冲刷。黄土高原地区有关土壤有机质、全N和有效P含量分级组合研究成果表明，极低养分地区面积占21.1%，低养分地区面积占19.4%，中等养分地区面积占26.7%。

3. 黄土高原土壤改良途径

良好的土壤结构可以提高土壤入渗能力，增强土壤抗侵蚀性，降低水土流失量。改良土壤结构、提高土壤抗侵蚀能力，成为黄土高原农业和生态环境领域研究的一个重要方面。生物炭可对土壤理化性质产生影响，其中，包括对土壤的结构和水分状况产生影响。结合黄土高原地区的气候、水分特点，生物炭的应用对土壤水分状况的改善有潜在应用价值，而其对土壤结构的改善则有可能提高土壤的抗蚀性，减少当地的水土流失。

（三）植被

1. 黄土高原植被类型

在中国的疆域中，位置中部偏北的黄土高原区，经受着东南季风湿气流的润泽，尤其是夏季水热同步到来，促使植物繁茂生长，而复杂的自然环境和受到周围其他植物区系的影响，更使黄土高原区的植物种类和地理成分丰富多样，区系的过渡性和地区性差异也表现得相当明显。黄土高原具大陆性气候特征，从东南向西北，依次为湿润半湿润暖温带、半湿润半干旱温带、干旱半干旱温带气候区。黄土高原地区地势西北高东南低，海拔一般在 1 000m 以上，最高点位于祁连山脉的冷龙岭，海拔 5 254m，最低点在河南省荥阳县境内，仅 98m，高度悬殊。黄土高原地区气候和地形的特点造成水热条件的显著差异，与之相适应的植被类型复杂多样。黄土高原植被有 11 个植被型组，23 个植被型，171 个群系。这 11 个植被型组分别是针叶林、阔叶林、灌丛、草丛、草原、草甸、荒漠、沼泽、沙生植被、栽培植被、荒漠及高山稀疏植被。植被类型自东南向西北，依次为森林植被、森林草原植被、温性草原植被、荒漠半荒漠植被。

黄土高原植被分布的地带性规律是毋庸置疑的，自南向北，自然植被呈森林向草原过渡的总体趋势。东部、南部的黄龙山、子午岭、吕梁山、霍山、渭北塬分布有温带落叶阔叶林和温带针叶林（如油松、白皮松、华北落叶松、桦树、青扦等）中部大部分地区（主要位于晋中、陕北、陇东和陇西南部）为半干旱草原带。其中，绥德、米脂、安塞以南地区植物有灌木绣线菊、酸枣、荆条、刺李、铁秆蒿，再向北，则以沙棘、锦鸡儿等耐旱灌木为主。西北部部分地区地貌逐渐向沙漠演变，以荒漠草原为主。

李斌等（2003）采用地理信息系统技术结合典范对应分析和数量区划的方法，研究植被与环境的关系。将黄土高原植被区进行划分，结果黄土高原被划分为 7 个植被区：暖温性落叶阔叶林亚区、温性落叶阔叶林亚区、森林草原区、典型草原亚区、荒漠化草原亚区、草甸草原亚区、荒漠半荒漠植被区。此项研究认为，黄土高原植被在地理分布上具有较强的地带规律性，这种分布与气候梯度之间的关系十分密切。纬向上，生态梯度中主要的制约因子是热量和水分因子，热量因子中的月平均最低气温、月平均最高气温、年均温对植被纬向分布都有很大的限制作用；水分因子中的年降水量对植被纬向分布的限制作用也较大。第一排序轴明确地反映了黄土高原的水热条件，即排序图从左向右，温度逐渐增高，降水量逐渐增加。由于黄土高原南北跨度大，沿南北方向气候的变化明显，使黄土高原植被表现出明显的纬向性递变；在经向上，生态梯度中主要的制约因子是热量因子、水分因子和风因子，热量因子中的全年日照时数、≥ 10℃积温、无霜期对植被经向分布都有很大的制约作用；水分因子中的全年最大蒸散量对植被经向分布的限制作用也较大。第二轴主要反映了植被区及植被类型的垂直分布，也就是排序图由下而上，海拔逐渐升高，因此水热条件也随之发生变化，植被区及植被类型主要体现了草原区域及草原植被的再分划，即由下而上，植被区由荒漠草原亚区向典型草原亚区再向草甸草原亚区发展。植被类型由荒漠草原植被向典型草原植被再向草甸草原植被发展。由于黄土高原地域广阔、东西跨度大，使黄土高原植被表现出明显的经向性递变。由于本区处在东南季风与西北大陆性气候的过渡地带，黄土高原的植被在气候、地貌等因素共同作用下，自东南向西北，从湿润的森林植被区过渡到干旱的荒漠半荒漠植被区。植被类型也由湿润的暖温性落叶林植被过渡到干旱的荒漠半荒漠植被。

黄土高原的植被与气候区域变化相适应。本区农业生产历史悠久，广大的黄土塬和黄土丘陵皆已开垦，天然植被保存较少，仅于谷坡和梁顶部有少量的次生植被。由于黄土地貌沟壑纵横，不同的地形部位往往出现不同的植物群落，所以在一个小范围内，植被往往以各种群落组合的形式出现。在水平地带上，自东南而西北出现下列的植被组合：侧柏疏林、榆树疏林与旱生灌丛的结合；以酸枣、荆条狼牙刺为主的旱生灌丛与白羊草草原的结合；白羊草草原与蒌蒿和铁秆蒿草原的结合；以赖草、早熟禾、鹅冠草为主的草原；长芒草草原与蒌蒿和铁秆蒿草原的结合；以长芒草为主的草原；以短花针茅为主的荒漠草原；以红砂、珍珠为主的草原化荒漠等类型。此外，在黄土高原的东北部地区，还分布着克氏针茅和大针茅草原。

黄土高原地区的山地上，保存着较完好的天然植被，而且具有明显的垂直分布。若以坐落在本区东南部的某些山地为例，自下而上分布着：侧柏疏林与旱生灌丛；以虎榛子、绣线菊、沙棘为主的灌丛；以山杨、白桦、辽东栎为主的落叶阔叶林与灌丛的结合；以云杉为主的亚高山针叶林；以杂类草为主的亚高山草甸；以及以蒿草为优势的高山芜原等。

2. 气候变化和生产活动对黄土高原植被的影响

植被作为重要的陆地生态因子，既是气候变化的承受者，同时又对气候变化有着积极的反馈作用，植被覆盖的高低在一定程度上指示着生态系统结构和功能的好坏。影响植被覆盖的因素复杂多样，其中，气候变化和人类活动是最为主要的因素。这就使植被与气候相互作用的研究成为生态研究的核心内容之一。

（1）气候变化对植被的影响　气候与植被一直处于一种动态平衡中，一旦气候（植被）发生变化，植被（气候）必然会随之发生响应。植被覆盖变化主要通过改变地气间的能量、水分和动量交换来影响气候变化的。植被相对于裸土有较低的反照率，其差异可达 0.15 以上，从而使植被吸收的太阳辐射比裸土多得多；同时，植被覆盖区域和裸土区域与大气的感热、潜热交换也有很大差异。植被可以滞留和截留 10%~40% 的降水并再次蒸发，减少了到达地面降水，增加了向大气的水汽输送，加快了水分循环，而且，植被还具有较大的粗糙度高度，能够对低层大气运动产生较大阻力；同时，较高的粗糙度会增加湍流通量，有助于向大气的能量和水汽输送。另一方面，植被覆盖的变化又要受到辐射、温度和降水等气候因子的影响。在热带湿润地区，其温度和降水条件一般都适宜于植被生长，但由于地面强的加热使得对流云较多，达到地面的太阳辐射差异较大，因此到达地面辐射是影响植被生长的最主要的因子。在干旱半干旱地区，由于其水分比较缺乏，降水则变为最主要的影响因子。在高纬度地区，由于温度常年较低，因此温度是高纬度地区影响植被生长的最主要因子。

植被是连接土壤、大气和水分的自然“纽带”，在全球气候变化中起到指示器的作用。同时，植被覆盖变化是生态环境变化的直接结果，它很大程度上代表了生态环境总体状况。植被和气候的关系一直是国内外全球变化研究的重要内容，植被生长和温度、降水等气候条件密切相关。信忠保（2007 年）研究认为，温度对植被覆盖的影响主要表现在对植被生长年内韵律的控制和对春秋季节植被生长期的增长，同时，通过加快蒸发加剧了土壤干旱化。从年际变化看，植被覆盖变化和降水变化具有很好的一致性，生长期的植被对降水具有很好的响应，并存在 1 个月的滞后现象。

1982—2007 年，陕北黄土高原丘陵沟壑区年平均温度呈极显著的上升趋势，平均每年增温 59℃。春季绿色度与温度之间存在着明显的正相关关系，夏季绿色度与温度之间存在着显著的负相关关系。说明春季温度升高，植被开始生长时间提前，明显增加了植被覆盖；夏季温度上升加速了地表蒸发过程，潜在地加剧了地表水分的缺乏，由此造成土壤干土层的发育，对植被生长具有明显的抑制作用。春季温度有上升趋势，绿色度也呈现增加的趋势，5月绿色度增加的显著性达到年内的第一个高峰；夏季温度上升趋势比春季更加显著，相反绿色度呈现出降低趋势；秋季9月温度变化为增加趋势，10月显现弱的降低趋势，而绿色度呈现增加趋势，并且增加的显著性在10月达到最大。这是因为退耕还林（草）前的耕地多，10月农作物都成熟收获了，绿色度很低，而10月林草茂盛，绿色尚未褪去，自然绿色度就高了。

（2）*人类活动对植被的影响*　植被覆盖变化是气候因素和人类活动共同作用的结果，人类活动已成为植被覆盖变化不可忽视的重要驱动因子。农业生产、生态建设等人类活动是影响植被覆盖变化的重要因素。黄土高原生态环境脆弱，气候暖干趋势日趋严重，使得植被的生长环境更加恶劣，人类正面积极驱动对于恢复改善植被覆盖必不可少。据西北农林科技大学研究人员的最新成果显示，自1999年开始实施的大规模植被建设促进了黄土高原的植被恢复。该区植被覆盖总体状况明显好转，呈现出明显的区域性增加趋势，其中，以丘陵沟壑区植被恢复态势最为明显，黄土高原易发生土壤侵蚀的坡地植被覆盖状况明显改善，对控制水土流失可产生积极影响。1999年，陕北各地在全国率先组织实施了以退耕还林（草）为主的生态建设工程，实行封山禁牧，统筹解决农户的长远生计问题。到2007年年底，仅延安市就完成国家计划内退耕还林（草）面积875.06万亩，分别占到全国退耕还林（草）面积的2.4%和全省的1/3；主要河流平均含沙量较1998年下降了8个百分点；水土流失综合治理程度由原来的20.7%提高到45%；农民人均纯收入由1999年1 381元增加到2 865元。昔日光秃秃的黄土山已郁闭成林，美丽如画。“天蓝、山绿、水清、人富”的生态目标开始显现。这些退耕还林的初步成效，随着时间的推移，其推进人类生态文明的深远意义会远远超出人们的预料。专家们评价：这是农耕文明以来这片黄土地上自然界最大的变化。百姓们高兴地唱到“山坡上栽树崖畔畔上青，羊羔羔养在家门中；草棵棵赛过粮苗苗，退耕带来好光景”。

在气候变化和人类活动双重影响下，黄土高原地区的植被覆盖在1981—2006年的年际间波动可以划分为4个阶段：20世纪80年代黄土高原地区降水相对丰沛，植被覆盖呈现明显的上升趋势。进入90年代后，随着气候干旱化趋势发展，植被覆盖不再上升而表现为小幅的波动。但1999—2001年的降水明显偏少，造成黄土高原地区植被覆盖迅速下降。自2002年以来，随着降水量的恢复和国家退耕还林还草政策的大规模实施，植被覆盖呈现出显著提高的趋势。黄土高原地区植被覆盖变化存在明显的空间差异，降水相对较少的黄土高原西北地区的植被 NDVI 呈现增加趋势，而降水相对较多地区的 NDVI 在逐步下降。内蒙古和宁夏沿黄农业灌溉区，鄂尔多斯草原以及兰州北部、清水河谷地和泾河流域植被覆盖显著提高；而从西峰、延安到离石一带的黄土丘陵沟壑区，以及六盘山、秦岭北坡等地区的植被覆盖明显退化。从不同植被类型来看，鄂尔多斯高原及其周边地区的沙地、草地的 NDVI 上升趋势非常显著，平原区水田、旱地等农作物的 NDVI 也在上升，而森林植被表现在对植被生长年内韵律的控制和对春秋季节植被生长期的增长，同时通过加快蒸散发加剧了土壤干旱化。信忠保等（2007）研究发现：从年际变化看，植被覆盖变化和降水变化具有很好的一致性。生长期的植被对降水具有很好的响应，并存在 1 个月的滞后现象。农业生产、生态建设等人类活动是影响植被覆盖变化的重要因素，近年来的植树造林、退耕还林还草等植被建设工作所带来的生态效益正在呈现。

3. 植被的动态变化对黄土高原气候的影响

黄土高原是世界上水土流失最严重的地区之一。由于其特殊的自然环境状况和人类长期的不合理开发利用，导致原本脆弱的生态环境日趋恶化，土地质量严重退化。而植被覆盖度能够反映黄土高原地区生态环境的整体状况。因此，及时、准确地评价黄土高原地区植被覆盖动态变化及其对气候变化和人类活动的响应，对评估区域生态环境、促进区域环境经济社会的可持续发展以及理解气候变化与陆地生态系统的相互关系都有着重要的意义。

信忠保等（2007）利用 GIMSS/NDVI 数据基于 Arc/Info 软件对黄土高原地区期间植被覆盖变化的时间过程和空间特征进行了研究。研究表明：1982—2003 年期间黄土高原地区的植被覆盖呈明显的上升趋势，但存在明显的空间差异。从年代来看，20 世纪 80 年代年均 NDVI 整体呈现稳定的增长，增长趋势明显，90 年代存在较大振幅的波动，变化趋势不明显，但 90 年代中期以来植被退化趋势非常显著。黄土高原地区植被覆盖变化存在明显的空间差异，植被覆盖显著增加的区域主要分布在黄土高原的北部：鄂尔多斯高原、山西北部、河套平原等地区；植被覆盖下降的区域主要分布在从西峰、延安向东到离石、临汾以至太原以西呈条带状分布。

地表植被变化与气候的密切关系表现在两个方面：一方面，气候变化影响着植被的生长和分布；另一方面，地表植被变化通过影响该地区的反射率、下垫面粗糙度、土壤湿度、叶面积指数等发生变化，在各种时间尺度上，通过生物物理反馈过程和地球生物化学反馈过程与大气进行广泛复杂的动量、热量、水汽及物质的交换，使得该地区水分循环和热量循环发生改变，最终导致区域气候的变化。

黄土高原地区植被覆盖度总体呈现由西北向东南逐渐增加的趋势，这与黄土高原地区的水热条件分布基本一致。22 年来黄土高原大部分地区植被活动在增强的同时，局部地区出现了植被退化或者恶化的现象。其中，植被覆盖显著增加的区域主要分布在黄土高原地区的北部：鄂尔多斯高原、山西北部、河套平原等地区，同时，在兰州的北部、渭河的支流葫芦河流域的中东部、泾河的中下游和北洛河的下游以及清水河谷地等区域也存在不同程度的植被覆盖增加趋势；植被覆盖下降的区域主要分布在从西峰、延安向东到离石、临汾以至太原以西呈条带状分布的黄土高原中部地区，六盘山山区以及秦岭北坡，同时，在包头—呼和浩特一带、银川南部青龙峡附近呈斑块状分布。这种负变化主要与局部地区气候恶化有关，也和人为活动有关。同时，这种植被退化和恶化也会反作用于气候系统，使局地气候条件劣变，从而使黄土高原地区局部生态环境变得更加脆弱。

黄土高原地区植被覆盖变化的驱动因素主要是气候因素和人为因素。气候驱动因素中主要的是降水因子和温度因子。人为驱动因素主要包括农业活动、土地利用方式和人类生态工程建设。气候因素和人为因素共同作用形成了黄土高原地区植被覆盖变化的时空演化格局，构建了交互作用驱动机制，并指出了人为因素特别是人类重大生态工程的作用。在区域尺度上，植被恢复的气候效应表现为大风日数减少，大气能见度好转，局部水土流失得到控制，在一定范围内遏制了土地沙漠化的扩展，高寒草甸产草量提高等方面。

第二节　黄土高原玉米生产

一、黄土高原的水资源

（一）天然降水

水资源是地球表层在较长时间内能够保持动态平衡，可通过工程措施能够供人类利用的淡水，通常指降水、地表水和地下水。水资源是人类社会发展必不可少的自然资源，是人类赖以生存的物质基础。黄土高原的水分资源包括大气降水、地表水（河流、湖泊、冰川等）和地下水。

黄土高原地区年降水量受地理位置及地形变化的影响，空间分布很不均匀，总的特点是南部多、北部少，山区多、平原谷地少，平均年降水量等值线自东南部的800mm递减到西北部的150mm。降水是地表水、地下水资源的主要补给来源，一个地区水资源优劣与该地区降水的多少有密切联系。黄土高原地区平均年降水量为442.7mm，折合降水资源总量为2 757亿m^3，在黄土高原70%左右的降水都集中在植物生长季节，如榆林气温高于10℃期间的降水量为312mm，占全年降水量的77%，兰州气温高于10℃期间的降水为252mm，占全年降水量的79%，而此时正是植物需水量最多、生长最旺盛的时候，对水分利用率较高，生产潜力相对增大。黄土高原降水多集中在6—9月，降水量占全年总降水量的60%~79%，且多暴雨，暴雨量可达年雨量的50%以上。黄土高原由于地势起伏不平，植被稀少，一旦暴雨出现，极易造成洪水灾害。

黄土高原天然降水年内分配不均，年、季间变化大。春季降水量占年降水量的8%~15%，夏季降水量最多，占年降水量的55%~65%，秋季降水量比春季略多，占年降水量的20%，冬季降水量最少，占年降水量的3%~5%。黄土高原降水的另一特点是年相对变率大，平均在20%~30%，多雨年雨量是少雨年雨量的3~10倍，北部个别地区甚至高达30~40倍，如太原的少雨年雨量仅50mm，而多雨年雨量可达700mm，毛乌素沙漠以北一次降水高达1 400mm。此外，季节降水年际变率也较大，除汾渭谷地区域季节降水年际变率低于40%以外，黄土高原大部分地区变率高达50%~90%，其中，夏季降水相对变率较小，为30%~40%，秋季为30%~50%。据1950—1980年306个县级气象站测量黄土高原年平均降水量为442.5mm，低于全国年平均降水量水平。汾渭盆地的年降水量为600~800mm，是黄土高原自然降水量最丰富的地区，从呼和浩特至乌审旗、吴旗、同心、兰州一线以东的黄土丘陵沟壑区和黄土源区的年降水量为400~600mm，以西至河套银川平原以东的年降水量为200~400mm，河套及银川平原及其西部降水量最少，只有150~200mm。

1. 山西省

是中国的一个内陆省份，属于中纬度大陆性季风气候。春季干燥少雨，蒸发量大；夏季受海洋暖湿气流影响，降水较多，尤其是7—8月，集中了全年降水量的60%左右，而且日降水量≥50mm的大暴雨有90%以上也都集中在夏季。冬季受干冷气团的影响，雨雪稀少。全省年均降水量为517.9mm。山西省是中国水资源匮乏情况最为严重的省份之一，也是水资源与人口数量、耕地面积极不均衡的地区之一。根据相关统计，2006年年末全省水资源总量仅为全国的0.4%，而人口总数和耕地面积却分别为全国的2.6%和3.3%。山西省1956—2000年的平均水资源总量为123.8亿m^3，且呈逐步下降趋势。进入

21世纪以来，年水资源总量已不足100亿 m^3。随着人口总数的不断增多，水资源总量的日趋减少，人均占有量将更为不足。水资源分布不均，山西省地处内陆，其水资源的分布在时间上和空间上均极不均衡。在时间上，山西的降水呈季节性变化，全年的降水总量在400~650mm，降水高峰集中在夏季的6—8月，且多为暴雨，降水量约占全年的60%以上。降水情况随着年际连枯或连丰，呈现极为严重的干旱周期性。例如1997—2001年连续5年大旱。在空间上，全省的水资源分布受地理条件的影响，山区较多，盆地较少，东南部较为丰沛，西北部极度匮乏。山西有三个多雨区，一是晋东南太行山区和中条山区，二是五台山区，三是吕梁山区。山西省地处黄土高原东翼，由于黄土覆盖，地势起伏，降水集中，植被稀少，致使其水土流失极为严重。据统计，全省水土流失面积约占全省总面积的68.9%。由于地表严重侵蚀，河流富含泥沙，水库淤积严重，致使不少水利工程难以充分发挥调控作用，河流的开发利用难度也大大增加。水土流失加重了土地贫瘠，降低了农业产量。也严重影响了蓄水设施的供水效益。

2. 甘肃省

境内的黄土高原分为陇东黄土高原和陇西黄土高原两部分，总面积11.39万 km^2。地表水和地下水极其匮乏，无外来水资源补充。本区年水资源总量227亿 m^3，人均616.6 m^3，自然降水作为本区旱地农业唯一可利用的潜在水资源，由于降水量有限，且时空分布不均，多集中于雨季（占56%），常与作物间供需错位。水资源从总量上讲又相对丰富，甘肃省黄土高原半干旱区多年平均降水量452.2mm，降水总量就有504.8亿 m^3，相当于黄河年径流总量的87.3%和9个刘家峡水库的库容。若将其降水径流1/10收集起来，就有近60亿 m^3 的水分可供利用，每公顷补灌300 m^3，就可使16.7 hm^2 的土地变成稳定高产田。可大大缓解水分亏缺现象，显著提高作物产量。天然降水是水资源的重要组成部分，是闭合地区水平衡唯一水量来源。

甘肃省黄土高原降水地区分布主要有山区高雨带、北部严重干旱区、中部干旱地区、陇东高原半干旱区4个区。

（1）山区高雨带　① 太子山高雨带。主要降水区位于临夏、和政以南，太子山以北。大夏河支流槐树关的新发站，13年平均降水量1032.5mm，为甘肃省中部地区之最。② 秦岭山地高雨带。年降水量均大于600mm，山区则大于700mm。郭七站13年平均降水量为927.9mm。阮家大庄14年平均降水量为774.2mm。③ 大盘山高雨带。年降水量均大于600mm，主山区大于700mm。泾源县的大南川站，14年平均为817.4mm。

（2）北部严重干旱区　主要分布在东西、会宁、兰州以北及环县等，年降水量小于400mm。白银、景泰以北少于200mm，均为甘肃省黄土高原最干旱地区。

（3）中部干旱地区　包括渭河干流以北，葫芦河以西之渭河流域、洮河下游地区，马连河洪德以下，曲子镇以上地区。年降水量最大在400~500mm，个别地段小于400mm。

（4）陇东高原干旱区　包括曲子镇以南泾河流域，年降水量分布较为均匀，地区差别较小。由北部的500mm逐渐递增至南部的600mm，只有南部灵台县、正宁县少数地段年降水量超过600mm。

甘肃黄土高原降水量的年内分配主要集中在汛期的6—9月，干旱地区6—9月降水量占年量的70%以上。夏季降水最集中的7—9月3个月的降水量一般占年量的50%~60%，干旱地区超过60%，高温季节也是降水比较集中的时间，这样的特点有利于甘肃黄土高原的农作物生长。降水季节分布的另一个特点是春末夏初4—6月降水量偏小，不能满足作物生长需求。“春旱”是黄土高原地区存在的普遍现象。

3. 陕西省

黄土高原年平均降水量在300~700mm，但绝大部分区域在400~600mm，仅局部地区多于600mm或少于400mm，全区平均约550mm，年降水量明显多于其北的内蒙古草原区。人们常把400mm等降水量线作为中国西北部牧业区同东南部农业区的分界线。本区除局部地区以外，几乎都在其东南，属于旱作农业区。由于年降水量相对较多，再加上有较优越的热量条件，牧草生长条件优于内蒙古草原区，相对较多的降水量对陕西黄土高原的牧业发展十分有利。年降水量分布的最主要特点是南部多于北部，如南部的铜川583mm，向北延安为550mm，最北的榆林仅414mm。降水量东西也有所不同，情况略显复杂。绥德以北，表现出年降水量东部多于西部，如东部的米脂为451mm，西部的定边仅324mm；因子午岭纵贯西部，受其影响，陕西黄土高原大部分地区表现出年降水量东部少于西部的特点。如偏东的延川为456mm，而偏西的志丹达528mm，又如黄龙为589mm，而其西的黄陵为630mm。全区年降水量最少的定边仅324mm，靖边、横山也都不足400mm。在长城沿线一带，南至吴旗、安塞、绥德一线以北，为400~500mm，如绥德为487mm、吴旗495mm。其余广大地区普遍在500~600mm，如清涧505mm、延安550mm、彬县553mm、永寿590mm。仅子午岭南段及南部的洛川、宜君一带年降水量超过600mm，最多在宜君，达711mm，是陕西黄土高原全区年降水量最多的地方。陕西黄土高原降水年内分配不均匀，年平均降水量各地差异很大，降水量多集中在夏季风盛行期间，仅有少量降水分配在冬季风盛行期间，这充分反映出大陆性季风气候的特点见表 1-1。降水量变化的突出特点是夏多冬少，秋多春少。对于农业生产来说，即使年降水总量能满足作物要求，但降水时间分配却很难与作物生育阶段的需水相吻合，因而采取水利措施调节农作物季节性供水，乃是各地农业生产的普遍需要。

表 1-1　陕西黄土高原降水量的年内分配（邓红梅，2016）

地点	年降水量（mm）	春季		夏季		秋季		冬季	
		降水量（mm）	占全年（%）	降水量（mm）	占全年（%）	降水量（mm）	占全年（%）	降水量（mm）	占全年（%）
榆林	415	60	15	247	60	98	23	10	2
米脂	451	53	12	268	60	118	26	12	3
子洲	427	52	12	269	63	92	22	15	4
吴堡	504	73	14	309	61	103	20	18	4
绥德	478	75	16	275	56	124	25	13	3
清涧	505	83	16	278	55	132	26	12	2
子长	517	85	16	292	56	130	25	11	2
安塞	492	68	14	286	58	122	25	16	3
延川	456	66	14	264	58	108	24	17	4
吴旗	495	85	17	270	55	130	26	11	2
志丹	528	83	16	298	56	136	26	10	2
延安	550	92	17	304	55	141	26	13	2
延长	530	83	16	295	56	134	25	17	3
甘泉	550	84	15	307	56	143	26	17	3
宜川	575	95	17	313	54	153	27	15	3
富县	577	100	17	297	51	163	28	17	3
洛川	622	116	19	316	51	169	27	21	3
黄龙	589	100	17	310	53	164	28	16	3
黄陵	630	106	17	334	53	169	27	21	3
宜君	711	137	19	354	50	198	28	21	3
铜川	588	117	20	284	48	170	29	18	3
长武	586	124	21	257	44	187	32	18	3
彬县	553	124	22	238	43	177	32	15	3
永寿	590	136	23	238	40	195	33	21	4

注：以上资料来源于《黄土高原志》中水资源篇。

（1）春季（3—5月） 正当长江以南地区进入雨季的时候，陕西黄土高原却正是干旱时期，自北而南降水量为50~120mm，仅占全年的15%~20%，如榆林春季降水量为60mm，占全年降水量的15%；延安92mm，占全年的17%；铜川117mm，占全年的22%。由于春季承继了冬季少雨季节，加上气温回暖快，土壤蒸发很强烈，因而春季农田水分不足是该区农业上存在的重大问题。

（2）夏季（6—8月） 是多雨季节，自北而南降水量为250~350mm，占全年降水量的40%~60%。如榆林夏季降水量为247mm，占全年的60%，延安304mm，占全年55%，铜川284mm，占全年的48%，彬县238mm，占全年的43%。夏季三个月中6月降水仍十分有限，而7—8月是夏季风极盛时期，降水集中程度甚高，短时间内的较多降水常造成严重水土流失。夏季由于气温高，蒸发旺盛，农作物需水量大，在此期间如降水量稍不足，或无降水天数略多，便会出现旱象，常严重影响作物产量。

（3）秋季（9—11月） 时夏季风南退，9月降水量仍然较多，而10月降水量则显著减少，秋季降水自北而南为90~180mm；占全年的20%~35%。如榆林秋季降水量98mm，占全年的28%；延安141mm，占全年26%；铜川170mm，占全年29%；彬县177mm，占全年的32%。秋季三个月中，9月降水量最多，10—11月则较有限。对于作物，秋季处于生育后期，土壤中也保留有夏季的水分，因而农业一般不大缺水。

（4）冬季（12月至翌年2月） 全区为寒冷干燥的冬季风所控制，降水十分稀少，自北而南仅10~20mm，占全年不足5%。如榆林冬季降水量仅10mm，占全年2%；延安13mm，占全年2%；铜川18%，占全年3%；彬县15mm，占全年3%。冬季降水以降雪为主，积雪对冬小麦安全越冬起保护作用，在陕西黄土高原北部，冬季平均绝对最低气温低于−22℃的地区，积雪对冬小麦安全越冬起重要作用。同时冬雪春融后可增加土壤水分，为春季作物生长提供有利条件，因而冬季降水稀少，但有无降水或降水量多少，对第二年作物生长影响很大。

陕西黄土高原的雨季开始较晚，而结束较早，雨季多于7月上旬开始，9月中、下旬结束，前后不过2~3个月。因之一年中7—9月降水尤为集中，表现出夏秋雨型的特点。

（二）地表水

黄土高原地表水的天然水质良好，大部分地区属重碳酸盐水，矿化度低，适宜于工农业用水及人畜饮用水。唯在定边西北部、芦河及大理河上游、洛河上游等地有小范围的氯化物水及硫酸盐水，矿化度大，不宜于灌溉饮用。黄土高原处在东南季风影响区的边缘，是东南湿润季风气候向西北内陆干旱气候过渡带。该地区生态环境和农业生产对降水量变化的响应十分敏感，是典型的气候变化敏感地带，也是生态和农业脆弱地区。黄土高原地区河流有黄河、海河及内陆闭流水系，主要河流是黄河。流域面积在1 000km^{2}以上，直接汇入黄河的支流有48条。其中，水土流失严重、对干流影响较大的支流有32条。黄土高原自产河川径流量443.71亿m^3，其中，黄河流域392.83亿m^3，海河流域47.51亿m^3，内陆河3.37亿m^3，入境水量210.92亿m^3。黄河自龙羊峡进入黄土高原地区，流经青海、甘肃、宁夏、内蒙古、陕西、山西，于河南省花园口流出黄土高原地区，黄河流域在本区的面积52.27万km^2，占黄土高原地区总面积的84%。流域面积在1 000km^{2}以上，直接汇入黄河的支流有48条。其中，水土流失严重、对干流影响较大的支流有32条，包括洮河、湟水、庄浪河、祖历河、清水河、浑河、杨家川、偏关河、皇甫川、清水川、县川河、孤山川、朱家川、岚漪河、蔚汾河、窟野河、秃尾河、佳芦河、湫水河、三川河、屈产河、无定河、清涧河、昕水河、延河、汾川河、仕望川、汾河、泾河、洛河、渭河、伊洛河。海河流域位于黄土高原东部，流域面积5.91万km^2，占黄土高原地区总面积的9.4%，在黄土高原的水系主要是永定河上游桑干河、滹沱河上游及漳河上游，河流比较短，径流较小。内陆河闭流区位于鄂尔多斯高原毛乌素沙地、陕宁蒙接壤区。流域面积4.2万km^2，占黄土高原地区总面积的6.6%，流域内有大小不等的咸水湖，占河流流域面积比例不大。整个黄土高原地区地表水资源105.56亿m^3，人均536m^3，亩均263m^3。黄土高原地表水的主要补给途径是天然降水，也有一部分径流，径流的分布是自南向北减少，山区大于原区谷地。

1. 山西省

是全国严重缺水省份之一，有十年九旱之称。水资源总量较少、分布不均和流失严重。在山西省，地表水主要有河流和湖泊。山西省境内的河流有1 000余条，其中，流域面积在100km^{2}以上的有240条，≥4 000km^{2}的河流有9条。这些河流分属于黄河、海河两大水系。黄河流域水系主要分布于山西省南部和西部地区，总流域面积为97 138km^2，占全省总流域面积的62%。≥4 000km^{2}的是汾河、沁河、涑水河、昕水河和三川河。海河水系主要分布于山西省北部及东部地区，总流域面积为59 133km^2，约占全省总流域面积的38%。≥4 000km^{2}的支流有桑干河、滹沱河及浊漳。由于新构造运动的影响，山西省现有湖泊比较少，集中分布在运城地区和宁武附近，主要有运城盐池和宁武天池湖群。全省地表径流矿化度多在 300~500mg/L，属中等矿化度。汾河上游段、沁河润城以上、漳河山区各河上游及吕梁山区各河上中游等河段，矿化度一般小于 300mg/L，属低矿化度；汾河中下游、永定河山区桑干河固定桥以下河段，矿化度在 300~500mg/L，属较高矿化度；高矿化度水在省内较为少见，仅分布在涑水河运城以下河段。全省绝大多数地表径流总硬度在 150~300mg/L，为微硬水。吕梁山区湫水河总硬度在 75~150mg/L，为软水；汾河义棠以下河段总硬度在 300~450mg/L，为硬水；涑水河运城以下河段，总硬度大于 450mg/L，为极度硬水。河流天然水化学状况较好，以重碳酸盐钙质水为主。在涑水河运城以下、永定河山区桑干河固定桥、御河利仁皂等少数河段分布有氯化钠Ⅱ型水；汾河中下游部分河段为硫酸类水，汾河入黄口河津断面为硫酸钙Ⅱ型水；吕梁山区湫水河、三川河、昕水河等部分河段，水化学类型为重碳酸盐钠质水。

流域径流年内分配不均，集中程度高；年际变化大，丰水历时短，枯水历时很长；存在一个 5~6 年的变化周期；流域年径流量下降趋势及变异显著；相对于气温升高及降水量变化，人类活动引起下垫面变化是径流量减少的主要原因。如昕水河位于黄河中游东岸，山西省吕梁山南端，是黄河的一级支流，发源于吕梁山系蒲县，流经隰县、吉县、大宁，于大宁注入黄河，干流全长 178km。年平均径流量 1.58 亿 m^3，流域面积 4 394.3km^2，水土流失面积 3 217.9km^2，输沙量 7 050 万 t，是晋西北黄土高原多沙粗沙区一条代表性河流。流域设有大宁、隰县、蒲县、吉县 4 个气象站和雨量站，在大宁设有水文观测站，控制流域面积 3 991km^2。由于流域径流补给主要以降水为主，故温度升高会引起蒸发量的增加，进而影响地表水资源。

2. 陕西省

地表水资源的地理分布与降水量的分布相似。全省年径流量 437.0 亿 m^3，从南向北减少，汉中地区年径流量最多，产水 62.3 万 m^3/km^2，陕北各地年径流量较少，产水 4 万 ~6 万 m^3/km^2。由于自然条件复杂，平地、丘陵地多水少，需水量大，山区水多地少，水量有余，使得农作物需水与水源不相适应。陕南水资源丰富，陕北水资源不足，秦巴山区虽然水流很多，却因地形崎岖，提水引水困难。水资源不能充分利用。

陕西河川径流 50% ~77%集中在 6—8 月，冬春径流最少，河流干涸，水资源贫乏。陕西黄土高原多年平均年径流总量 105.56 亿 m^3，占黄河年径流总量 626 亿 m^3 的 17%，相当于陕西省年径流总量的 25%，但耕地面积却占全省耕地面积的80%。年径流的地区分布不均，自南而北减少。年径流深由秦岭北坡的600mm，减少到定边只有10mm，具有山区多，原区少的特点。径流的年际变化大，年径流变差系数Cv值在0.4以上，径流的年内分配不均，汛期径流占年径流的2/3以上。洪水径流大，枯水径流小。河流含沙量大，输沙量多，水库淤积严重。河流泥沙的分布是陕北大于关中，黄土丘陵区大于黄土高原区。榆林地区多年平均含沙量为244kg/m^3，实测最大含沙量1 700kg/m^3（窟野河1958年7月10日），关中地区多年平均含沙量低于5kg/m^3。榆林地区多年平均输沙模数为15 400t/km^2，关中各地区的输沙模数均低于1 000t/km^2。河流泥沙的年际变化很大，年内分配极不均匀，汛期输沙量占年输沙量的90%~98%，最大月输沙量占年输沙量的40%以上，甚至个别年更集中于1~2场洪水之中。

陕西黄土高原上的河流，冬季均有冰情发生，结冰期自北而南缩短，冰厚减薄。在高原北部边缘封冻期长达90d以上，南部边缘低于50d。陕北北部河心冰厚可达80cm。

陕西黄土高原地表水的水质较好，重碳酸盐水遍布高原各地，一般以重碳酸钠组水为主，其次是重碳酸钙组水，宜于工农业用水及人畜饮水。在红柳河、芦河、大理河上游、定边内陆区等地，有氯化物水分布，洛河上游有硫酸盐水的分布，水质差，不宜灌溉及人畜饮用。陕北以无定河的年径流量最多，占全区的11.6%；关中以渭河的年径流最多，占全区的50.9%，河流年径流量的多少，主要与流域集水面积的大小有关，如渭河集水面积最大，年径流量最多。此外，流域的降水量和流域的自然条件也有很大的影响。年径流量是发展工农业生产的水资源条件，对该地区国民经济的发展十分重要。

地表径流的地区分布规律具有南部多，北部少，山区多，平原谷地少的特点，这与年降水量分布的总趋势大体一致，径流与降水量的高低区彼此对应。南部秦岭山地降水量最多，年降水量可达900mm，年径流深最高可达600mm。北部黄土丘陵区，年降水量只有450mm，年径流深均在100mm以下；降水量和径流深最低的定边内陆区，年降水量在350mm以下，陆面蒸发强烈，接近于年降水量，所以年径流深在10mm以下。陕北富县、甘泉一带稍林茂密，植物蒸腾作用旺盛，径流系数为0.05，年径流深低于25mm。

陕北径流的分布，还有自东部向西部减小的规律，东部的榆溪河、秃尾河及窟野河中、下游地区，地处暴雨中心，最大24h暴雨量达70mm。百年一遇最大24h暴雨量可达300mm。同时又得到沙区丰富的地下水补给，径流系数较高（为0.30），形成陕北最高径流区，年径流深可高于100mm。由此向西，年径流深逐渐减小，在定边内陆区，年径流深只有 10mm。

河流径流主要是由降水补给而形成的，因而径流的多年变化过程，基本与降水多年变化过程相似，由于季风气候的影响，降水的年际变化很大，而雨水稀少之年，往往是蒸发旺盛之年，这就使径流的年际变化悬殊。在陕西黄土高原地区，年径流的变差系数 Cv 值，一般均在 0.40 以上，最大年径流与最小年径流量的比值均在 4 倍以上。渭河咸阳站，河流较大，水量较多，年径流变差系数较小，Cv 值为 0.35，最大年径流量与最小年径流量的比值为 4.2。皇甫川皇甫站和沮河黄陵站的径流年际变化最大，Cv 值分别为 0.66 和 0.65，最大年径流与最小年径流的比值，分别为 12.7 和 12.1，无定河的年际变化最小，赵石窑站的年径流变差系数 Cv 值为 0.20，最大年径流与最小年径流的比值只有 2，这是由于得到左岸较丰富的沙漠地下水补给的缘故。陕西黄土高原的地区降水主要集中于雨季，最大连续 4 个月（6—9 月）降水量占年降水量的 60%~77%，这就决定了径流的年内分配很不均匀，并具有夏季泛滥河流的基本特征。陕西黄土高原北部，径流集中程度最高，连续最大 4 个月径流占年径流总量的 63%~70% 以上；高原南部连续最大 4 个月径流占年径流总量的 54%~63%。汛期以全年 1/3 的时间输出 2/3 以上的水量，非汛期则以全年 2/3 的时间输出 1/3 的水量。汛期落后于雨季 0.5~1 个月。通常都出现在 7—10 月。这是流域调蓄作用的结果。

径流年内季节分配特点，各地区是不同的，在陕西黄土高原北部，以夏季径流最多，一般占年径流的 50% 以上，其中，孤山川高石崖站高达 62.2%；冬季径流最小，一般均在年径流的 10% 以下，孤山川高石崖站只有 2.6%；秋季略大于春季，秋季径流占年径流的 20%~27%，春季径流占年径流的 15%~24%。黄土高原南部的关中地区，由于地处大河下游，流域的调蓄能力较大，径流的季节变化趋于缓和，夏季径流占年径流的 35%~43%，秋季径流占 30%~36%，春季占 15%~19%，冬季径流增加到 10%~12%。陕西黄土高原林区，由于森林的水文效应，冬季径流高于春季，分别占年径流的 15.6% 及 12.6%；秋季径流最高，占年径流的 42.8%。受沙漠影响较大的无定河，常年可得到丰富而稳定的地下水补给，径流的四季分配相当均匀，春、夏、秋季的径流相近，占年径流的 26.2%~26.6%，冬季径流占年径流的 20.8%。在黄土高原地区，最大月径流均出现在 8 月，月径流占年径流的 25% 以上，最大月径流大于春季月径流和秋季径流，其中，孤山高川高达 37%，8 月径流大于春秋两季径流的总和。最小月径流出现在 1 月，月径流占年径流的 3% 以下，其中，最小的孤山川只占年径流的 0.2%。葫芦河张村驿站最大月径流出现在9月，秃尾河高家川站最小月径流出现在6月。每年3月河水上涨流量增加，出现春汛。3月以后，由于蒸发量剧增，而降水量增加有限，因而河水位下降出现夏季枯水，6月以后，雨季到来，进入汛期，河水上涨，出现夏汛。10月以后，随降水量减少，水位下降，出现冬季枯水。因此黄土高原区平均出现两次汛期和两次枯水期。但各汛期或枯期，时间的长短，起讫的早晚，水量的大小，差别很大，每年均不相同。

（三）地下水

黄土高原地下水主要分布在高原北部边缘的风沙滩地区，地下水资源量为11.76亿m^3，可开采量6.43亿m^3。在广大的黄土区及丘陵山区地下水非常贫乏。根据地质矿产部黄土高原地区地下水资源评价的研究结果，黄土高原地区年地下水天然资源总量为333.45亿m^3，但因气候、水文、地质、构造等条件的差异，水资源在时间、空间上的分布不均衡。在空间上，黄土高原气候由东南向西北可明显分成几个带，降水量由东南向西北递减，导致水资源呈贫富的带状分布。在时间上，该区属东南亚季风气候，年内多显示明显干湿、旱、雨季节，年际之间又有枯丰交替，形成地下水资源的季节性和年际间变化，导致地下水天然资源由黄河上游至下游递增，并出现黄土高原各省区的差异。黄土高原地下水的大部分为重碳酸型低矿化度淡水，矿化度大于1g/L的微咸水、咸水主要分布在宁夏银北、西海固地区和甘肃陇西及内蒙古河套地区。

1. 山西省

多年平均（1956—2000年）地下水资源量为86.35亿m^3，平均年降水量为508.8mm，平均年降水入渗补给量为84.04亿m^3，其中，盆地平原区地下水资源量为31.83亿m^3，降水入渗补给量为16.39亿m^3，山丘区地下水资源量为67.65亿m^3。山西省地下水可利用量为51.38亿m^3（包括岩溶大泉泉口引提水可利用量5.6亿m^3），地下水利用量占全省总取水量的60%以上，尤其在各大盆地区，其地下水超采现象极为严重。山西之长在于煤，在对煤炭进行大规模开采的同时，地下水资源也遭到了严重的破坏，在个别严重超采的县（市、区）地下水利用量占全县总取水量的80%以上。更加导致了缺水是山西的短板。地下水资源的严重超采不仅导致形成大面积降落漏斗，地下水位迅速下降，还将引起地面下沉、建筑物破坏、机井报废和泉水断流等一系列相关问题。

山西省地下水资源主要由盆地平原区孔隙水、山丘区裂隙孔隙水和岩溶山区的岩溶水构成。全省年均地下水补给量约为85.34亿m^3。其中，降雨入渗补给量为 79.43 亿 m^3/a。出露地表的泉水全省共有 598 处，其中，朔州市 16 处，大同市 13 处，忻州市 40 处，太原市 25 处，吕梁市 38 处，阳泉市 1 处，晋中市 123 处，临汾市 190 处，运城市 110 处，长治市 16 处，晋城市 26 处。总体而言，山西水资源总量偏少，仅占全国总量的 0.4%，人均占有水量 284.75m^3，相当于全国人均占有水量的 14.29%，是一个贫水的省份。除地表水以外，地下水也是宝贵的水资源。地下水分布与自然条件关系十分密切，在补给水源充足和保储条件好的地方，地下水藏量丰富。

2. 陕西省

地下水资源的地区分布极不平衡，地下水贫乏，其分布趋势是南部多，北部少，盆地及河流沿岸多，山区黄土塬区少。矿化度小于 2g/L 的地下水资源为 73.57 亿 m^3。山丘区多年平均基流模数为 7.22 亿 m^3/km^2，关中盆地的地下水丰富，地下水资源量为 46 亿 ~88 亿 m^3，地下径流模数为 11.00 万 ~33.07 万 $m^3/a \cdot km^2$，主要分布在河流阶地及洪积扇区，可开采量为 25.14 亿 m^3，可开采模数为 8.64 万 ~39.33 万 $m^3/a \cdot km^2$。其中，最高值位于秦岭西段和米仓山一带，达到 20 亿 ~25 亿 m^4/km^2，陕北地下水资源主要分布在黄土高原北部边缘的风沙草滩区，地下水资源量为 11.76 亿 m^3，可开采量为 6.47 亿 m^3，地下水可开采模数为 3.76 万 ~6.43 万 $m^3/a \cdot km^2$。最低值在陕西北、中部黄土、丘陵沟壑区，黄土丘陵沟壑区地下水径流模数只有 1.5 万 ~ 2.0 万 $m^3/a \cdot km^2$，黄土低山丘陵区地下水径流模数为 2.5 万 $m^3/a \cdot km^2$，黄土高原沟壑区地下水径流模数为 4.5 万 $m^3/a \cdot km^2$。地下水实际开发利用现状各地差别较大，其中，关中平原为 21.92 亿 m^3，占该区总补给量的 66.6%，可开采量的 87.2%；陕北风沙草原为 0.78 亿 m^3，占该区总补给量 6.5%，可开采量的 21.1%；汉中盆地为 0.98 亿 m^3，占该区总补给量的 14.9%，可开采量的 33.2%；平原区合计 23.68 亿 m^3，占平原总补给量的 46.1%，可开采量的 68.5%。

陕西黄土高原地下水的补给，主要来源于大气降水，在局部地方还有地表水、地下水以及人工补给等。据估计，全省年平均降水量为 1 344.9 亿 m^3，入渗补给地下水量约为 116.1 亿 m^3。补给量的多少与当地的自然地理因素密切相关。降水补给遍及高原各地，有自南向北减少的分布特征。由于地形的影响，山区虽然降水多、蒸发量少，而山区地面坡度大、土层薄，降水入渗补给地下水的水量却很少；平原区地面平坦、土层深厚，降水入渗补给的水量比山区丰富得多。所以，河谷平原、山间盆地区得到降水的补给量多，其次是塬区，而黄土丘陵区最少。

地表水补给包括河流、渠道、湖库中水的补给。山区河流进入平原后，地表水可大量渗入地下补给地下水。平原区可得到河流的侧向补给，使地表水转变为地下水。汛期河水位上涨，可得到较多的补给水量。地下水由高处向低处，由河谷上游流动。因此低处或下游地区，可以得到高处或上游地区地下水的补给。陕西黄土高原上低山丘陵的基岩裂隙水及岩溶水，可顺山体向南北两侧流动，补给黄土区的地下水。流向北侧的地下水，沿着向西北倾斜的岩层层面，继续深入转化成深层承压水的补给水源。黄土层中的孔隙、裂隙水的渗入，可以成为下覆基岩裂隙水的补给水源。地下水的补给可用入渗系数来表示。延安以北黄土丘陵沟壑区，地面切割破碎梁峁沟谷发育，坡陡沟深，降水集中且多暴雨，水土流失严重，入渗系数只有 0.03~0.04；延安以南的子午岭、黄龙山区，植被较好，蒸发强烈，入渗系数 0.05；黄土原区，地面平坦，黄土的孔隙、裂隙及孔洞是黄土储水导水空间，入渗系数可达 0.05~0.10。

陕西黄土高原地下水可分为孔隙、裂隙潜水，承压水和岩溶水三种类型。其中，陕北黄土丘陵沟壑区，地下水最为贫乏，地下水径流模数只有 1.5 万 ~ 2.0 万 $m^3/a \cdot km^2$；黄土高原沟壑区，如洛川塬、长武塬塬面比较平坦，有利于降水的入渗，地下水相对较多，地下水径流模数为 4.5 万 $m^3/a \cdot km^2$；在黄土低山丘陵区，如旬邑、宜君一带，地下水径流模数为 2.5 万 $m^3/a \cdot km^2$。

（四）水资源利用

黄土高原地区水资源除具有中国北方河流水资源的地区分布不均，年内、年际变化大的特点外，还兼有水少、沙多、连续枯水段长水土流失、水污染等特点。黄土高原地区自产河川径流 443.71 亿 m^3，平均径流深 75.6mm，相当于全国平均径流深 276mm 的 27%，亩均水量 171m^3，为全国亩均水量 1 752m^3 的 9.8%，人均水量 585m^3，相当于全国人均水量 2 760m^3 的 22%，在全国属于较低水平。黄土高原地区自然资源丰富，但生态环境脆弱，它们都需要大量的供水。该区地处干旱半干旱地区，水资源较贫乏，供需矛盾尖锐。针对地区水资源特征及需水特点，本文提出了水资源开发利用应该因地制宜，扬长避短，采取开源与节流相结合的对策、以节水与开发结合，开发利用与保护并重的措施，使有限的水资源发挥最大的效益，确保水资源能得到永续利用。要做到以下几个方面。一要保持水土是战略性的措施：黄土高原自然环境的演变过程，主要是水土流失日趋严重，生态环境日趋恶化，气候变得干燥，地面沟谷发育与植被遭到严重破坏；水土流失严重，耕地面积缩小，地力减退，灾害频繁；因此，恢复大地植被，提高流域调蓄能力，使洪水径流减小，枯水径流增加，从而减少河流含沙量。最充分合理利用水资源保持水土是最根本的策略。二要建立“土壤水库”，是黄土高原保水的一项重要途径，黄土高原降水稀少，水源贫乏，除局部地区可引水或抽水发展灌溉农业外，绝大部分地区，因地形破碎，塬高河深，水利条件差。长期以来都是发展旱作农业，即靠天吃饭的雨养农业，但黄土高原土层深厚具有土壤透水性能好，持水容量大的特点，据研究 2m 深土层内可储蓄 100mm 的水量，陕北吴堡县有坎梯田，一次能够接纳 100mm 的雨量，几乎全部大气降水可被土壤吸收、蓄存。因此，建立“土壤蓄水库”，把雨水储蓄在广大的田地里，增加土壤水分，减少水土流失，因地制宜地建立各种形式的“土壤水库”，如陡坡地的退耕还林种草，缓坡地修建水平梯田。塬上水平捻地深翻改土，沟中打坎淤地以及采用草肥覆盖耕作等各种蓄水保墒耕作法，增加土壤渗水、蓄水、保水、供水的能力。一般梯田、坎地的土壤储水远高于坡地。所以，多年来梯田、坎地的产量高出坡地几倍或十几倍，愈是干旱年份，增产效果愈显著，充分显示出“土壤水库”的增产潜力。三要抑制土壤水蒸发、提高土壤水的有效利用率，黄土高原地区、蒸发力大于降水量的十余倍，因此抑制蒸发、提高作物用水率、对土壤水开发利用具有重要意义。广大农民在长期生产实践中创造了行之有效的耕、锄、耙、压等减少土壤蒸发损失保持土壤水分的保墒耕作措施。有些地方在土壤表面铺设砂砾（如兰州砂田）、柴草、秸秆、留茬等覆盖物，防止土壤侵蚀，改变土壤水热状况，抑制土壤蒸发，提高土壤储水能力，收到了很好的增产效果。尤其近年来，广泛采用地膜覆盖技术，对增温保墒、抗寒抗旱、节水增产的效果十分显著。据中国科学院农业现代化研究所在河北栾城县的试验（1983/1984 年度），冬小麦地膜覆盖能够防止越冬期土壤蒸发 32mm，改善土壤上层温湿状况，有利于小麦继续生长、增蘖、增根、增穗，加速生育期进程，节水增产的效果十分明显。比如，地膜覆盖的旱作小麦，每公顷产量达 4 818kg，比对照田增产 97%，水分利用率高达 14.78kg/hm^2·cm 水量。美国在西部干旱地区、法国在沙特阿拉伯国家，采用高吸水性树脂试验，在减少土壤水分蒸发，防止干旱，增加产量方面取得了较好的效果。总之，在水资源短缺的黄土高原地区，减少非生产性的土壤蒸发是重要的开源节流措施，这是发展旱作农业最有效的途径。四要建立节水型工农业体系，缓和水资源短缺的紧张状况，黄土高原应发展旱作农业为主。根据水、肥、光热等条件，调整农作物结构与布局，适当压缩耗水量高的小麦、玉米面积，扩大耐旱耐清薄而经济效益较高的谷子、豆类、棉花生产灌溉农业，采用经济灌溉定额、省水灌溉方法和地膜覆盖技术等，大力发展节水农业。据宝鸡峡灌区和泾惠渠灌区的资料，实行小畦灌沟灌后，小麦单产由 3 000~3 750kg/hm^2 提高到 7 500kg/hm^2，其耗水量仍保持在 4 500~5 250m^3/hm^2；节水灌溉是干旱缺水地区发展农业生产的战略措施。建立节水型城市工业体系是缓和城乡用水、工农业用水矛盾的重要措施。节水工业除调整工业结构外，在工矿企业内部要提高节约用水和重复利用率。在城市生活用水中，提高居民对节水的认识，严格计量收费，加强维修堵漏，逐步实现饮用水和其他用水分流供水措施，使回流水、冷却水、废污处理水各尽其能，从而大量节约优质自来水，建立节水型城市工业体系是缓和城乡用水、工农业用水矛盾的重要措施，节水工业除调整工业结构外，在工矿企业内部要提高节约用水和重复利用率。在城市生活用水中，提高居民对节水的认识，严格计量收费，加强维修堵漏，逐步实现饮用水和其他用水分流供水措施，使回流水、冷却水、废污处理水各尽其能，从而大量节约优质自来水，缓和供需水矛盾的紧张状况。五要加强水资源管理与保护是刻不容缓的任务。由于城市工业的发展，大量排放不加处理的废水、污水，农业上大量施用化肥、农药，使地表水遭到严重污染，西安、太原、兰州、宝鸡、兴平等大中城市周围的地下水污染日益严重，不少地方水质超过饮用水及工农业用水标准。在水资源开发利中、上、下游、左右岸以及各部门之间都存在着许多用水不合理的情况，水的浪费很大。必须采取有效措施，计划用水和科学用水，保护水源，防止污染。以流域或地区为单元进行水资源统一规划，统一开发，统一管理，达到最充分合理的利用水资源。

总之，黄土高原气候干旱、降水稀少、地面破碎、植被缺乏、水土流失严重等自然条件的基础上。分析了黄土高原水资源短缺、时空分布不均，变化很大，河流含沙量极高，水质污染日趋严重等特征。提出了蓄水保土，建立“土壤蓄水库”，抑制土壤蒸发，发展节水型工农业体系，提倡节约用水、科学用水，加强水资源管理与保护等措施，力求最充分合理地开发利用黄土高原地区有限的水资源。例如，山西省的水资源开发利用有三种类型，一是腹部盆地的高开发区，二是东部山地的中开发区，三是西部沿黄的低开发区。腹部盆地的高开发区，其水资源利用程度已达饱和状态，开发空间甚少；东部山地的中开发区，其水资源利用状况是盈余较多，开发前景可观；西部沿黄的低开发区，其水资源利用的基础薄弱，开发难度很大。自新中国成立以来，尤其是改革开放以来，在山西省委省政府的领导下，在水利部门的精心建设指导下，至 2004 年年底，山西省已建成大中小型水库 731 座，总库容达 45 亿 m^3，灌区 1.45 万处，总灌溉面积约 126.67 万 hm^2，配套机电井 8.2 万眼。山西省有 1 600 万人的饮水问题得到了切实改善，4.75 万 km^2 的水土流失面积得到了有效治理。这些水利设施的建设，在解决人畜饮水和发展灌溉的同时，相应也提高了农村、县城及重点城市的防洪标准。“改坡为梯”的农田建设，有数据表明，通过这种方式可以使降水的利用率提高 10%~20%，对于水资源缺乏的地区而言非常可观。除此之外，还可以从作物的种植技术的改进、输水系统、灌溉技术以及选育抗旱作物和优良品种等方面提高农业用水效率。

1. 发展旱作农业

旱作农业是指无灌溉条件的半干旱和半湿润偏旱地区，主要依靠天然降水从事农业生产的一种雨养农业。

黄土高原深居中国内陆腹地，东有太行山阻隔太平洋暖湿气流，南有伏牛山、秦岭阻隔孟加拉湾的印度洋暖湿气流，故形成典型的大陆性干旱、半干旱气候特征。多数地区年降水仅 400mm 左右，且由于地形地貌所限，远离冰川雪山、大江大河，进行调水实现补充灌溉较难，加之坡耕地比重大，黄土高原水土流失地区的耕地约占半干旱地区的 1/3，坡耕地却占到耕地面积的 75%，从而使得高原成为中国主要的旱作农业实施区。旱作农业是黄土高原农业发展的必然选择。旱作农业在世界食物生产过程中占有举足轻重的地位，食物安全依赖于旱作农业的可持续发展，生态环境的改善更离不开旱作农业地区生态的良性循环。随着气候变暖，中国黄土高原雨养旱作农业区土壤干旱趋于加重。据甘肃省气象局张强研究员介绍，气象部门的监测数据显示，20 世纪 50 年代以来，气候变暖使黄土高原 0~200cm 土壤总贮水量呈减少趋势，土壤干旱趋于加重。其中，0~100cm 土壤贮水量减少更为明显，这部分土壤贮水量占 0~200cm 土壤总贮水量的比例减少了 6~8 个百分点。中国黄土高原是最主要的雨养旱作农业区，土壤里的水分多少，对作物生长影响较大。黄土高原作物生长季节的土壤水分原本均未达到最适宜状态，夏季相差 50~100mm，秋季相差 20~40mm，随着土壤干旱趋于加重，农业生产受到的影响更大。甘肃省气象部门的研究表明，20 世纪 80 年代以来，黄土高原雨养旱作农业区 0~200cm 土壤贮水量适宜农作物生长的时段减少了 2~3 个月，水分匮乏从浅层向深层逐步扩展，时段上也有所延长，干旱程度在 7—9 月最重。为此，在相当长一段时期里，农业研究重点在水浇地，而相对忽视对旱地农业增产技术的改进。这是因为灌溉的增产效果比较明显。但是，随着水资源的开发利用，灌溉面积的继续扩大已经接近极限，现在，必须十分重视旱地增产技术的改进。各地的生产实践表明，中国北方旱作农业有巨大增产潜力，北方旱农地区是中国旱作农业的重点区域，而年降水 250~600mm 的黄土高原地区又是北方旱农区的重中之重。

（1）甘肃省　旱作农业技术一直走在全国前列。全膜双垄沟播技术使作物增产 20%~30%，每年推广 1 000 万亩以上，占甘肃耕地总面积 34%，占粮食总产的近 50%；全膜覆土穴播小麦每年推广 10 万亩以上，平均亩增产 15.79%；一膜两年用节本增效栽培技术节省成本 39.87%，已在旱作区大面积推广应用。其中，甘肃省全膜双垄沟播技术开创了旱作农业发展新模式，该技术集“覆盖抑蒸、地膜集雨、垄沟种植、增温保墒”为一体，具有明显抗旱增产双重功效的全膜双垄沟播技术被誉为旱作农业生产的一场伟大革命。全膜双垄沟播技术的推广使甘肃省旱作农业实现了跨越式发展，完成了“三个转变”。首先实现了由被动抗旱向主动抗旱的转变；其次实现了由单一抗旱技术向集成技术的转变；再次实现了由传统抗旱技术向现代抗旱技术的转变。改变了甘肃省“十年十旱，年年受旱，年年抗旱”的历史现状，实现了大旱不减产、小旱大丰收。在青海、陕西、宁夏、山西、内蒙古、黑龙江等北方省份落地生根，推广面积迅速扩大到近 2 000 万亩。这些科技成果在旱作农业生产中发挥了重大作用，不仅保障了甘肃省粮食安全，而且形成了北方新的旱作农业生产方式。

（2）山西省　免耕探墒技术的应用。山西省山多水少，是典型的北部旱作农业区，水资源贫乏，十年九旱。春旱则是旱地农业生产的关键限制因素，无法下种就无法保证收成。保护性耕作经过几十年的研究和发展，越来越成为研究的热点，而免耕是其核心技术。据研究，免耕可以改善土壤的理化性状，提高土壤的供肥、保肥能力。刘恒（2013）研究认为，免耕减少了土壤耕作的次数，减少农田水土的侵蚀，提高土壤蓄水保墒能力，提升耕层土壤肥力，节本增效。玉米免耕探墒播种旨在寻找一种有效的玉米抗旱播种方法，作为玉米生产中特殊干旱年份的备用播种方法。免耕探墒增加土壤容重，降低地温，抑制作物根系的生长发育，但可以明显提高耕层（0~20cm）土壤水分含量，在春旱发生比较严重的年份可以保证作物下种、出苗，有一定的产量，而且产量下降幅度小，减产效果没有达到显著水平，可以作为一种专门针对春旱的播种方法加以推广。“渗水地膜‘VVV 型’覆盖旱作技术”是在普通地膜的基础上，创造性地研发出一种具有渗水、保水、增温、调温、微通气、耐老化等功能的新型地膜，使半干旱、半湿润地区发生频率高达 70% 的小雨资源实现有效化，在半干旱区年降水量 450mm 左右的地域，使用“渗水地膜‘VVV 型’覆盖旱作技术”的旱地玉米亩产量一般不低于 750kg，是山西省玉米平均产量的 2 倍左右，增产幅度在 30% 左右，天然降水利用率大于 60%，比普通地膜覆盖的玉米亩增产 150kg，比无地膜覆盖的玉米亩增产 350kg，是旱地农业或节水农业新的技术途径。

（3）陕西省　根据旱作农业区域的特点，总结出一条“蓄水、保水、节水”之路。这条旱作农业发展道路的原则是坚持“蓄住天上水，保住地中墒”。陕西各地根据本地实际，因地制宜采取了不同的工程形式。除了集雨水窖，还有土井、机井、小高抽、自流引水等。利用集雨水窖蓄住天上水发展果业等农业生产。一种被称为“懒庄稼”的生产方式，小麦收获后，地块不犁、不耙，收获当日直接硬茬播种玉米，这种免耕技术节水、环保、增收。多年来，这在渭北黄土高原夏玉米单产一直徘徊在300kg左右，而“懒庄稼”田的单产都在550kg以上，有的甚至达650kg左右。其实，“懒庄稼”只是农田保护性耕作技术的一种。保护性耕作技术是对农田实行农作物秸秆残茬覆盖，采用免耕、少耕播种技术，达到减少土壤风蚀、水蚀，提高土壤肥力和抗旱能力的目的。陕西黄土高原夏秋多雨，采用传统模式耕作的农田极易形成地表径流，将耕地表层土壤冲刷带走，造成严重的水土流失，而传统模式对自然降雨的利用率仅为25%~35%，灌溉水利用率也不足40%。保护性耕作则可大大增强土壤蓄水、贮水能力，最大限度地减少地表蒸发，增强保墒能力，是解决干旱增加土地产出的有效途径。另外陕西省借鉴甘肃省全膜双垄沟播技术，一是全膜覆盖，二是覆膜时间前移到冬日降雪之前或消凌（每年2—3月）时段，由此解决了保地墒保全苗问题。用全膜加双垄沟，不但阻隔了水分蒸腾，还集水避旱、提升地温，促进玉米提前成熟，避免了霜冻的侵害。该技术在干旱区的山涧地、台田（梯田）和淤地坝田都很适应。“全膜双垄沟播玉米”获得史无前例的大丰收，把陕北的旱地潜力一下挖掘了出来。该技术的应用使旱地每亩可新增产量300~400kg。

陕西的旱作农业技术还有玉米地膜覆盖垄侧种植技术和玉米膜下滴灌技术。玉米地膜覆盖垄侧种植技术的应用要比露地玉米平均增产幅度达到25%以上，亩增收150元以上，水分利用率提高15~20个百分点。玉米膜下滴灌技术目前还在完善技术参数，总结形成玉米膜下滴灌技术规程与模式。

2. 多种节水灌溉方式，提高水分利用效率

“荒岭秃山头，水缺贵如油”是黄土高原丘陵地区水资源现状的真实反应。20世纪80年代以来，北方地区河川径流量明显减少，如山西省1980—2000年，20年间的水资源量由142亿m^3下降到123.8亿m^3，减少了12.8%，人均水资源占有量由574m^3下降到381m^3，减少了33.63%。由于水资源的匮乏，山西省有65%的灌溉面积只能灌溉1~2次，建设的许多灌溉工程因水资源缺少而荒废，导致水浇地面积的萎缩和土地资源的荒漠化。因此，黄土高原丘陵区灌溉方式的研究成为水资源开发利用的重要途径，以提高水分利用效率。受地形、降雨资源和经济条件的限制，黄土高原丘陵区的集雨节水灌溉应根据作物的需水特点实施不同灌溉方式。

（1）*座水下种*　是晋、陕、蒙接壤地区春旱下种时普遍采用的抗旱方法之一。程序是刨穴或开沟、注水、点种、施肥、覆盖和碾压；出苗以后，抽穗期和灌浆期是水肥补给的关键时期，由于微灌技术具有省水节能、适应性强，可充分利用小水源等特点，最适用于集雨节水灌溉。微灌技术包括滴灌、微喷灌和涌泉灌，根据不同的面积、地形特点采用不同的灌溉方式。

（2）*少耕穴灌聚肥节水技术*　刘宁莉等（2011）研究将少耕免耕的保护性耕作技术、穴灌保苗的抗旱播种技术、开穴集流的集雨技术、保温增墒的地膜覆盖技术、光热资源高效利用的稀穴密植技术、测土配方施肥技术等融为一体，以集开穴、灌水、施肥、播种、覆膜的多功能播种机为载体，是确保春播作物出苗，增温，保墒的一项新技术。不同地区、不同地形、不同种植模式下进行水肥利用率及增产增收效果的比较，结果表明，旱地玉米运用少耕穴灌聚肥节水技术，北部盆地丘陵区的增产增收效果普遍高于南部丘陵区，比常规漫灌地膜覆盖种植、常规漫灌露地种植、旱地地膜覆盖等种植模式均有不同程度的增产增收效果；实施少耕穴灌聚肥节水技术的田块，作物生长期间的土壤含水量比常规地膜覆盖区、常规露地种植区高，肥料利用率比常规地膜覆盖种植区也有所提高。旱地玉米少耕穴灌技术在干旱半干旱地区具有广阔的推广应用前景。

（3）*瓦罐渗灌技术*　瓦罐渗灌的灌水器就是用不上釉的粗黏土烧制而成的，这种瓦罐四周有微孔，也可根据技术要求制成罐壁厚4~6cm，直径1mm微孔同时具有一定间距的瓦罐，灌水时需人工向罐内注水，水从罐四周微孔渗入，借助土壤毛细管的作用，渗入到作物的根区，瓦灌埋深30~40cm，底面不打孔，上口加盖，盖中心留10mm的圆孔，供排气和向罐内注水用，其渗水半径随土质不同可达30~40cm。

3. 集雨农业

水资源是能够循环使用的特殊资源。水资源主要包括三个方面：地表水资源、地下水资源和降水资源。黄土高原地区，地表水和地下水资源贫乏，而且地下水埋藏深，仅靠开发地表水和地下水资源解决干旱问题，不仅在技术上难以实现，经济上也难以承受。因此，雨水资源的利用是解决或缓解干旱状况的最重要途径。

黄土高原是中国以旱作为主的地区，由于耕地地势较高，且远离地表水域，地下水较深，利用客水灌溉的比例很小，是典型的雨养农业区。由于地处季风气候的边缘，平均年降水量也常常是所种植的主要作物需水量的边际区，研究如何就地合理利用雨水提高作物产量，对保证区域粮食生产安全和提高生活质量都有重要意义。雨水作为黄土高原可利用的潜在资源已得到了认可。黄土高原降水的时空分布极不均匀，这既是造成雨水严重流失的主要原因，同时也为雨水的蓄集利用提供了可能。20 世纪 70 年代以来，人们通过旱井水窖的蓄水方式，缓解了人畜吃水的困难，但至今尚未在农田灌溉方面形成规模。随着雨水资源日益紧缺、用水矛盾不断加剧，蓄集利用降水资源得到了高度重视，使雨水资源可持续利用得以实现。黄土高原雨季多大雨和暴雨，除一部分被土壤与作物直接渗入或吸收外，大量多余水分可供蓄集，且大面积的缓坡丘陵地形可用来修建集雨面或作为天然集水面。此外，较大的地势差有利于自流灌溉，因此，发展集雨农业实现洪水资源的有效利用措施，也是构建良好生态环境的主要措施。实践证明，在黄土高原根据当地降水量、降雨强度和集雨面积的大小，修建蓄水 50~200m^3 的旱井、水窖等蓄水设施，并配套适宜的灌溉系统，除可解决人畜饮水、发展庭院经济之外，还可进行农作物的灌溉。此外，不同集雨面的集流效益不同，在建立集雨旱井或集水窖时，要根据其体积和集雨面材料的集流效率，合理确定集雨面，保证 80%以上的年份达到满意的集雨效果。根据降水规律可利用自然地面进行田间集雨，利用土壤库容保存降水供作物生产之用。由于黄土高原降水量绝大部分都流失了，设法集蓄其中的一小部分，就足以解决当地人民的基本生存，并可有部分蓄水可用于补充灌溉。因此，修建集雨蓄水工程、发展节水灌溉是改善农业基础条件，增加粮食产量，提高农民收入的重要途径。

二、黄土高原玉米生产形势

（一）黄土高原玉米种植的有利条件

黄土高原光温资源丰富，加上每年 400~600mm 天然降水和极其深厚、适宜种植的壤质黄土，给大幅度提高粮食产量创造了非黄土区一般所不具备的条件和优势。据对光、热、水资源的估计，加上良种优化栽培技术，其生产潜力应在每亩 300~400kg 以上。因此，诸多学者认为，黄土高原是中国未来粮食生产潜力最大的地区之一。

1. 黄土高原的农业区位优势

自然优势就是黄土高原大部分属于暖温带、少许的中温带，属于温带季风气候区，光照、热量充足、夏季降水多。劳动力数量多，有悠久的种植历史，劳动力经验丰富。

2. 黄土

是在干旱气候条件下形成的特种土，一般为浅黄、灰黄或黄褐色，具有目视可见的大孔和垂直节理（湿陷性黄土受水浸湿后会产生较大的沉陷），含较多的钙质。多孔性、垂直节理发育、层理不明显、透水性较强、沉陷性，是优质的土壤。它不仅具备土壤腐殖层、淋溶层、淀积层三层的分层特征，还有其他土壤所不具备的独特品质。对农业生产极为重要。

3. 得天独厚的地理环境和自然优势

适合黄土高原的主要农作物是粮食作物（小麦、玉米）、经济作物（棉花、经济林木）、油料作物（大豆、黄豆等豆类）。

4. 熟制

一年一熟、少部分地区有两年三熟。

（二）玉米种植分区

玉米是喜温的短日照作物，有多种类型。由于品种的生态类型多，生育期幅度大（80~150d），所以可以适应不同气候条件。中国的玉米种植，在长期的生产实践中逐步形成了一个从较为集中的从东北向西南走向的种植带。黄土高原是中国北方主要旱作农业区域。气候最适宜种植区包括黄土高原灌溉玉米区，本地区玉米播种面积 190 万 hm^2，占粮食作物面积的 17.9%，总产 91.4 亿 kg，占粮食总产的 30.8% 左右，是黄土高原主要的粮食作物之一。玉米实际单位面积产量 4 812kg/hm^2，居于黄土高原地区禾谷类作物单产之首。玉米光合效率高，生长期与降水季节分布吻合性好，高产稳产性优于小麦和糜谷。玉米种植区域的形成和发展与当地自然资源的特点、社会经济因素和生产技术的变迁有密切关系。黄土高原种植主要区域有黄土高原北部玉米春播区，南部的汾渭河谷与豫西北玉米夏播区。

1. 黄土高原玉米春播区

（1）分区范围　该区包括山西的大部，陕西中北部和甘肃中东部和河北省北部的一部分区域，是中国的玉米主产区之一。黄土高原春播玉米区属暖温带湿润、半湿润气候带，冬季低温干燥，无霜期 130~170d。全年降水量 400~800mm，其中，60% 集中在 7—9 月。黄土高原塬面地势较平坦，土壤肥沃，大部分地区温度适宜，日照充足，适于种植玉米，是中国玉米的主产区。玉米主要种植在旱地，有灌溉条件的玉米面积不足 1/5。该地区玉米产量很高，平均达到每公顷 6t 左右。最高产量达到每公顷 15t。

（2）种植制度　黄土高原春播玉米区基本上为一年一熟制。种植方式有三种类型。

◎玉米清种：约占玉米面积的 50% 以上，分布在陕西、甘肃、山西、河北的北部地区。由于无霜期短，气温较低，玉米为单季种植，但玉米在轮作中发挥重要作用，通常与春小麦、高粱、谷子、大豆等作物轮作。这种情况在 20 世纪 70 年代以后发生了很大变化，由于玉米产量高，产值效益好，管理省工，近几年播种面积迅速增加，在陕西延安等地有玉米在同一地块连作 25 年的地块。由于除草剂的大量使用使得玉米轮作倒茬已经很困难，因此发展成为玉米连作制。

◎玉米大豆间作：是该地区玉米种植的主要形式，约占本区面积 40%。玉米大豆间作，充分利用两种作物形态及生理上的差异，合理搭配，提高了对光能、水分、土壤和空气资源的利用率。玉米大豆间作一般可以增产粮豆 20% 左右。

◎春小麦套种玉米：20 世纪 70 年代以后，在陕西北部、山西北部和甘肃部分水肥条件较好的地区逐渐形成春小麦套种玉米的种植方式。主要采用宽畦播种小麦，畦埂套种或育苗移栽春玉米的方式，一般可增产 20%~30%。

（3）种植的主要玉米品种　需要成熟期适中或较早熟、耐低温且丰产性好的品种。该区基本上没有病毒病和小斑病流行，但有大斑病和丝黑穗病，有时还发生玉米螟为害，因此要求抗病虫害较好的品种。

栽培的品种主要有：沈单 10、沈单 16、沈玉 17、郑单 958、先玉 335、京科 968、大丰 30、并单 16、晋单 71 等抗性好稳定性好的品种。

（4）生产条件　黄土高原春播区发展玉米生产的有利条件是塬面地势较平坦，土层深厚，土质肥沃，光热资源较丰富。该区农业生产水平较高，玉米增产潜力很大，具有商品生产的优势。

2. 汾渭河谷与豫西北夏播玉米区

（1）范围　汾渭河谷与豫西北夏播玉米区处于黄河、海河中下游属夏播区。黄土高原南部的汾渭河谷与豫西北夏播玉米区包括渭河以北，汾河以南、豫西北的三门峡市、洛阳市、焦作市、郑州市大部分就属于黄土高原夏播玉米区。是黄土高原最大的玉米集中产区，属暖温带半湿润气候类型，无霜期 170~220d，降雨量丰富。本区处于黄海两条河流水系下游，地上水和地下水资源都比较丰富，灌溉面积占 50% 左右。本区气温高，蒸发量大，降雨过分集中，夏季降水量占全年的 70% 以上，经常发生春旱夏涝，而且常有风、雹、盐碱、病虫等自然灾害发生，对生产不利。

（2）种植制度　本区属于一年两熟生态区，玉米种植方式多种多样，间套复种并存。其中，小麦、玉米两茬套种占 60% 以上。

小麦玉米两茬复种曾经是 20 世纪 50 年代本区的主要种植方式。但两茬复种只能种植早熟玉米品种，不能充分利用光热资源，产量较低，而且麦收后复播玉米常受雨涝威胁，因此 70 年代在北部地区逐渐被套种玉米所取代。到 80 年代随着水肥条件的改善和适应机械化作业的要求，两茬复种又有所发展。两茬复种的优点是适合机械化作业，有利于保全苗，田间植株分布均匀，群体结构合理。缺点是易受旱涝低温灾害，稳产性较差，目前缺乏早熟高产抗逆性强的优良品种，所以种植面积受到限制。夏播早熟玉米全生育期 80~100d，所需有效积温 1 900~2 300℃；中熟种生育期 100~110d，有效积温 2 300~2 700℃；晚熟品种生育期 110~130d，需要有效积温 2 700~2 900℃。如果不能满足这些热量要求，则玉米生长不良，后期遇低温胁迫会影响灌浆，不能正常成熟，而且降低质量等级。

本区的热量资源分布有限，小麦收获后复播玉米，至适时播种下一季冬小麦为止，从北向南只有 90~110d 的生长期。如果扣除农耗，积温就更少了。为了确保小麦和玉米高产稳产，复播玉米只在机械化水平较高、水肥条件较好的地区种植，才能获得较高的产量。推广工厂化育苗和机械化移栽技术有可能进一步提高复播玉米的产量潜力和质量等级。

小麦玉米两茬套种：可以充分利用光热资源和土地空间，能够复种中晚熟玉米品种，使产量水平明显提高，而且不影响下一季冬小麦正常播种，因而在本区占很大比例，主要有四种套种形式。

◎平播套种：在本区分布较多，大都采用这种方式。其特点是小麦密播，不专门预留套种行，或只留 30cm 的窄行。通常麦收前 7~10d 套种玉米。由于选用中晚熟玉米品种，因此产量明显提高，而且田间玉米植株分布均匀，群体结构合理，光热资源和土地利用较合理，缓和了麦收和夏种劳动力紧张的矛盾，有利于小麦和玉米双获高产。缺点是收麦和套种玉米完全要手工操作，不利于机械化作业，保全苗也很困难。

◎窄带套种：麦田做成 1.5m 宽的畦状，内种 6~8 行小麦，占地约 1m，预留 0.5m 的畦埂，麦收前一个月套种 2 行晚熟玉米。麦收以后，玉米成为宽窄行分布。同两茬复种相比，小麦占地减少，但玉米可换成晚熟品种，因而总体产量较高。这种套种方式在河北省北部无霜期较短而水肥条件较好的地区能够争取季节，充分利用光热资源，获得较高产量。

◎中带套种：也叫小畦大背套种法。2m宽的畦内机播8~9行小麦，预留约70cm套种两行玉米。一般麦收前30~40d套种晚熟玉米。这种方式能够使用小型农业机械作业，包括麦收、中耕、施肥等。麦收后的宽行间可套种豆类或绿肥等。

◎宽带套种：畦宽约3m，机播14~16行小麦，麦收前25~35d在预留田埂上套种2行中熟玉米品种。麦收后在宽行间套种玉米、豆类、薯类或绿肥等作物。

玉米豆类间作：以玉米和大豆间作为主，也有与小豆、绿豆间作混种者。原则上是玉米不减产，适当增收豆类。通常采用6∶2或4∶2间作，实现粮豆双收，增加农民的经济收入和调剂生活。

（3）种植的主要玉米品种　本区主要是夏播玉米产区，玉米生长季节受前后两茬冬小麦约束，因此需要中早熟品种。这一地区种植制度复杂，玉米病毒病特别严重，还发生很严重的大小斑病、茎腐病和弯孢菌属叶斑病，因此对品种的抗病性要求特别严格。种植的骨干杂交种有：浚单20、浚单22、晋单63、吉祥1号、郑单958、先玉335、瑞普9号等。

（4）生产条件分析　本区是全国重要的粮食和经济作物产区，这两类作物争地矛盾较明显。小麦和玉米是主要粮食作物，也存在争地问题。因而间作套种就成为本区玉米生产的明显特征。该区光、热、水资源丰富，地势平坦，土层深厚，灌溉玉米面积占50%以上。本区各地之间玉米产量差异悬殊，平均产量每公顷5.3t，大面积高产田达到7.5~9t，小面积高产记录15t。对多数地区来说，增产潜力很大。本地区发展玉米生产的策略是稳定面积，提高产量。

（5）进一步提高产量的措施　本区是黄土高原玉米重点产区之一，但缺少适应本区生产特点的新杂交种，迫切需要选育和推广适合复种或套种栽培的高产新品种。目前推广使用的杂交品种产量潜力和抗病性仍不能满足生产需要，而且商品玉米品质很差，抗病性也不如人意。今后需要高产、抗病、抗倒伏、耐密植和生育期适中的优良杂交种。本区化肥投入较多，据1996年统计，平均施肥量每公顷约480kg，但由于复种指数较高，真正用于玉米生产的肥料可能不到一半，距离每公顷7.5t产量对N、P、K元素的需求相差很远，应继续增加化肥投入，侧重发展平衡施肥技术，提高肥料利用效率，降低生产成本。同时，要提高机械化作业水平，才能采用较晚熟的品种，充分利用夏播玉米生长期间的光热资源，进一步提高产量。

黄土高原自然条件种一季作物有余，两季不足，因此，要继续推广麦田套种玉米的种植方式，尽量把玉米的有效灌浆期安排在适宜的温度范围内，提高籽粒饱满度和商品玉米的品质。一般套种玉米比直播复种玉米增产 14% 左右。在机械化程度较高的地方，可试验推广工厂化育苗和机械化移栽技术，以提高产量和降低劳动强度。

黄土高原限制玉米增产的主要因素可概括为五条：但是自然条件是制约黄土高原农业可持续发展的主要因素；水资源短缺是提高农业生产力的“瓶颈”，生态系统脆弱、土壤贫瘠是制约农业生产的重要因素。制约黄土高原粮食增产的主要因素有：一是水土流失严重；水土流失严重主要是由于地形起伏较大、降雨集中和植被覆盖率低所致。诸多专著中的数据足以佐证，本文不再赘述。二是干旱少雨，灌溉设施和水资源不足；土壤干旱、干旱主要是由于天然降水利用不科学所致，本来每年 400~600mm 的降水基本可以满足农作物耗水需求，问题是地表径流占了其中的 5%~10%，地面无效蒸发占 40%~50%。因此，从整个黄土高原地域来看，粮食产量至今仍受制于“大旱大减产，小旱小减产，不旱不增产”的规律。如果目前低下的农业生产条件没有大的改观，“靠天吃饭”的状况永远不会改变，粮食增产也就无从谈起。三是投入少，特别是肥料不足，氮磷钾比例不合理；缺肥有自然因素，也有人为因素。自然因素主要是本区平地少坡地多，遇到暴雨冲刷造成水土大量流失，土壤养分大量消耗掉。川台、塬（涧）地合计占总数的 25%，其余 75% 皆为跑土、跑水、跑肥的坡耕地，其中，8%~20% 为坡度大于 25% 以上的陡坡耕地。人为因素主要是养分总量投入少及肥料营养元素配比不合理，造成粮肥比（投入单位纯量养分所生产的作物产量）低。四是农业生产粗放、投资少；由于黄土高原固有的地形破碎、水土流失、干旱和其他灾害，要获得与我国其他地区同样的单位产量，其能量投入较高，但目前无法满足应有的投入。五是产区不集中，流通不畅，玉米收获后储、运、加工、销售都非常困难；六是秋霜早，气温低，籽粒脱水缓慢，降低质量等级和增加能源消耗；七是缺乏稳产高产的新品种；黄土高原进一步发展玉米生产应采取稳定面积，提高产量的策略。

黄土高原区域提高玉米产量的措施应从以下几个方面抓起：一要更换新品种。迫切需要选育或引进早熟、高产、抗倒伏、适宜密植和机械化作业的新杂交种。需要籽粒灌浆后期脱水快和品质优良，抗丝黑穗病，大斑病、灰斑病和耐玉米螟的优良新品种。二要增加投入。该地区 1996 年平均每亩施用化肥仅 14kg，而黑龙江省为 8.4kg，比西藏自治区还少，居全国倒数第三位，内蒙古自治区施肥量最少，每亩只有 7kg。该地区化肥投入量距亩产千斤玉米对氮磷钾的需求相差悬殊，如不增加肥料投入，长期连作玉米将会严重破坏地力，使农业系统丧失可持续性。如能做到合理的轮作倒茬再加上因地平衡施肥，产量会有较大幅度提高。三要扩大地膜覆盖面积。黑龙江省玉米地膜覆盖面积已经达到300万亩，目前正在试验工厂化育苗，机械化移栽新技术，这是大幅度提高产量的有力措施之一。山西、内蒙古和辽宁、吉林部分地区也适宜发展玉米地膜覆盖技术。

（三）黄土高原玉米生产现状和发展

1. 陕西省玉米生产现状和布局

玉米是黄土高原主要粮食作物之一。因玉米光合效率高，生长期与降水季节分布吻合性好；同时该区光照充足，热量适中，大气湿度低，昼夜温差大，呼吸损失少，有利于光合产物积累，其高产稳产性优于小麦和糜谷，玉米实际单产平均4 800kg/hm^{2}左右，居于黄土高原禾谷类作物单产之首。玉米作为陕西省最重要的粮食作物之一，作物年播种面积在120万hm^{2}左右，约占粮食总面积的1/4，玉米总产占粮食总产的50%以上，玉米在陕西省粮食生产和人民生活中占有极为重要的作用。从种植面积看，1952年仅有61万hm^2，20世纪50年代一直保持在75万hm^{2}左右，60年代维持在87万hm^2，70年代突破107万hm^2，1978年达到108万hm^2，80年代略有下降维持在94万hm^2，90年代基本上维持100万hm^{2}左右。从1978年的108万hm^2，逐年上升至2012年的116.74万hm^2，每亩产量从1978年的168kg，上升至2012年的323.73kg，种植面积已经超过小麦成为本省第一大粮食。30年来总种植面积增加不大，但总产量却翻了一番。许多研究均证明，玉米总产量的提高主要是依靠单产提高而实现的，从单产的长情况看，1952年全省平均单产990kg/hm^2，随后始终维持在1 500kg/hm^{2}以下，1974年突破2 250kg/hm^2，1983年又突破3 000kg/hm^2，达到3 052kg/hm^2，随后又徘徊不前，维持在3 000kg/hm^{2}左右，1993年达到4 247kg/hm^2，创历史最高纪录。1997年和1998年再创历史纪录，达到4 516kg/hm^2。从总体来看，玉米大面积生产水平一般为4 500~5 000kg/hm^2，部分高产田可达7 500kg/hm^2，单产达到9 000kg/hm^{2}已不是新鲜事，夏玉米和春玉米一季实现15 000kg/hm^{2}已成为事实。从总产看，1952年只有64万t，若按每增加50万t为一个台阶，在1964年跃上第一个台阶用了12年时间，1973年跃上第二个台阶中间经过了10年，1977年跃上第三个台阶用了4年时间，又用了7年时间跃上了第四个台阶，进入90年代又连上三个台阶（1991年、1993年、1996年），其中，1998年全省玉米总产达到481.1万t，是1952

年的8.4倍。根据陕西黄土高原气候特点和生态类型，该区玉米为陕北、渭北春玉米区。

2015年陕西农业厅推荐玉米品种布局

◎陕北地区榆林市长城沿线风沙滩地和南部丘陵沟壑区滩水地：以大丰30、郑单958、陕单609为主栽品种。长城沿线风沙滩地搭配种植吉单137、永玉3号、榆单9号、万瑞1号，积极示范推广榆单88、登海605；南部丘陵沟壑区滩水地搭配种植吉单137、晋单65、大丰3号和长城799；南部旱坝地以真金306、吉单27、长城799为主栽品种，搭配种植大丰3号、长城706。

延安市以郑单958、东裕33、丹玉69为主栽品种，搭配种植万瑞168、陕单609、大丰26、秦龙14、登海605、永玉3号，积极示范推广延单2000、京科968。

◎渭北高原春播区：以郑单958、陕单609、大丰30为主栽品种，搭配种植万瑞10号、兴玉998、正大12、秦龙14、豫玉22，积极示范推广榆单88。

◎渭北高原夏播区：以郑单958、浚单20、秦龙14为主栽品种。西部地区搭配种植中科4、秦龙11、秦龙998、新户单4号、正大12、榆单9号；中、东部地区搭配种植兴民18、津北288、张玉9号、陕单609、中科11。示范推广延科288、咸科858。

大部分主栽品种表现出较强的稳产性和适应性。2013年陕西省种植面积在1.33万hm^2以上的玉米品种有10个。品种改良在玉米增产中的作用占35%~40%，多数都是陕西省农业厅区域布局意见中推广的品种，种植面积较大，一般产量表现较种植面积少的品种高，并且稳产性较好。全省个别主栽品种生态反应较大，表现出区域性较强，广适性较差，主栽品种的权重，单产相当的品种数量增多，主栽品种所占权重逐年减少。

从品种布局看，品种数量多，同质性严重，突破性品种少，主栽品种的品种优势呈减退趋势，同时品种同质化严重，缺乏具有突破性的大品种。新品种可能在产量上略高于郑单958、先玉335等品种，但是广适性、抗逆性、稳产性等方面没有根本性的突破。本省品种所占份额较低，主要集中在陕南和陕北地区，而玉米种植最主要地区关中地区较少，主要为外来品种，这种现象与本省玉米的种植面积不相符合。

2. 山西省玉米产业的现状和布局

玉米是山西省分布范围最广、种植面积最大、总产量最高的粮食作物，是山西省现代农业产业技术体系中的第一大产业，玉米的丰与歉直接影响着山西粮食生产的总水平。近 30 多年来，随着新品种、新技术的推广应用，山西省粮食产量从 1978 年改革开放初期的 70.69 亿 kg，增加到了 2010 年的 108.5 亿 kg，增长幅度为 53.48%；而玉米产量则从 1978 年的 27.12 亿 kg 增加到了 2010 年的 76.6 亿 kg，增产幅度达 181%，由占粮食总产的 25.0% 提升到了 70%。显而易见，玉米对山西省粮食产量的增长作出了巨大贡献。在山西省“十二五”规划粮食保持 105 亿 kg 的发展目标中，玉米生产依然是实现这个目标的重中之重。为了继续保持玉米在山西粮食生产中的优势地位，进一步摸清山西省玉米产业发展的现状及生产中存在的问题，提出更有效的发展对策，2010 年 11—12 月，山西省玉米产业技术体系组织 24 位玉米岗位专家和综合试验站站长，对具有代表性的 35 个玉米生产大县进行了深入调研。调研采取座谈会、走访、问卷调查、资料收集等方式进行，调研对象为县农技、植保、土肥、农机、气象部门和农民专业合作社、玉米种植大户、玉米加工企业、养殖业、化肥农药生产企业、外贸企业、科研单位及农户等，涉及 350 个乡镇、700 多户农民。

经调研分析，目前山西玉米产业具有以下 4 个显著特点。

（1）玉米生态类型与分布格局复杂多样，资源优势与生态劣势并存　山西省地处华北西部的黄土高原东翼。南北狭长、东西较窄，南北跨越 6 个纬度（北纬 33° 34′ ~40° 43′），东西跨越 4.19 个经度（东经 110° 14′ ~114° 33′）。处于世界三大玉米黄金生产带，光、热、雨等自然资源与玉米生长发育同步。玉米是山西省种植面积最大的粮食作物，种植面积 172 万 hm^2 左右，占全省总耕地面积的 42.4%。在农业生产和国民经济中占有重要地位。随着畜牧业、加工业发展对玉米需求的快速增长，加之新品种、新技术的应用，种植玉米省工省时，比较效益不断提高，全省玉米种植面积稳中有增。但地形较为复杂，地势起伏多变，气候多变、境内有山地、丘陵、高原、盆地、台地等多种地貌并存，山西所处的地理位置、复杂多样的地形及起伏多变的地势决定了气候资源复杂性和多样性。全省气温南北差异较大，降水量由东南向西北递减，属北方半干旱及半湿润易旱地区。加之各地种植制度、生产条件及人文社会条件的差异，使山西玉米生产形成了多种多样的分布格局，是全国少有的多生态省份。干旱少雨，冷热不均，灾害频发，旱地土壤瘠薄是玉米生产的资源劣势；但光照充足，雨热同步，水浇地及肥旱地地力水平较高却是玉米生产的资源优势。为了较好地发展玉米生产，根据多项定量和定性指标及玉米对热量资源的要求分为不同的种植区域。从北向南依次为温凉、温和及温暖作物带，且气候资源具有明显的水平地带性（纬向）和垂直地带性。根据多项定量和定性指标及玉米对热量资源的要求，以及各地玉米生产历史、耕作与种植制度、农耕习惯、生产条件与生产水平及人文社会条件，应用系统聚类的数学等方法对其种植区域进行了合理的划分。

山西省全省玉米种植划布局

◎春播特早熟玉米区：山西省春播特早熟玉米区包括大同市新荣区、左云县，朔州市右玉县、山阴县、平鲁区、忻州地区的神池县、五寨县、岢岚县、宁武县、静乐县、偏关县的高海拔地区，是全省玉米分布最少、单产最低的地区。并单6号、新玉9号、晋阳3号、晋单69号、先玉38P05等品种可以尝试引进和大面积种植。

◎春播早熟玉米区：本区包括大同市天镇县、阳高县、大同县、南郊区全部，浑源县、广灵县、灵丘县、左云县的平川及周围丘陵，朔州市怀仁县、应县、山阴县的平川地区，忻州地区繁峙县、五台县、代县等的丘陵区。玉米主要分布于大同盆地、桑干河流域及滹沱河上游地区，少数分布在山间盆地及丘陵地带。适宜品种长城799、并单5号、强盛16号、大丰26号、忻黄单156号。

◎春播中晚熟玉米区：山西省春播中晚熟玉米区包括忻定盆地、晋中地区、吕梁地区、太原市、阳泉市、长治市、晋城市全部及临汾地区的东西丘陵地区，是山西省玉米主要产区之一。适宜品种农大84、强盛51号、永玉3号、并单390、长玉19号、潞玉6号、太育2号、潞玉19、晋单81号。

◎夏播中早熟玉米区：山西省夏播中早熟玉米区包括临汾地区的盆地区和运城地区。适宜种植品种郑单958、浚单20、晋单52号、晋单56号、忻黄单85号。

从和玉米生长发育有关的海拔高度、年平均气温、无霜冻期、≥10℃积温和安全生育期等方面对山西省玉米各生态区特点进行了系统的分析，结果如表1-2所示。

表 1-2　山西省玉米各生态区域的生态特点（郑向阳，2014）

生态区	积温（℃）	海拔高度（m）	安全生育期（d）	年平均气温（℃）	无霜冻期（d）≥ 10℃
特早熟区	2 095~2 397	1 300~1 500	107~124	3.5~ 5.5	80~124
夏播中早熟区	3 700~4 800	300~ 584.5	180~210	11.9~14.2	170~210
春播早熟区	2 600~2 867	930~1 100	125~140	5.6~ 7.0	125~130
春播中晚熟区	2 600~3 700	600~1 210	128~166	7.9~11.7	125~178

（2）玉米生产水平不均　近年来，玉米种植面积、总产及单产列全国第八位、第九位，是全国十大玉米主产省份之一。山西省玉米面积、总产及单产均已超过小麦居第一位，是山西粮食生产的第一大产业。同时在不同年际之间、不同生态类型地域之间、不同土壤肥力和生产条件地块之间等玉米单产表现差异较大。已有在小面积实现亩产突破 1 200kg 的超高产事例，如强盛 51 号玉米 2009 年百亩示范平均亩产 1 224.9kg，最高亩产 1 291.8kg。也有为数不少的亩产低于 100kg 的旱薄地低产田。

（3）玉米产业结构已逐步由“一元结构”向“多元结构”转变，但业内不同环节发展不平衡　玉米种植业及饲料加工业发展强劲，目前种植面积已基本稳定在 2 200 万亩上下，总产大幅度提高，带动了饲料加工业及养殖业的发展，玉米籽粒及秸秆已成为猪、鸡、牛、羊四大养殖业不可替代、不可缺少的饲料、饲草来源。特别是甜糯玉米生产已形成稳定的产业链。据不完全统计，山西省特用玉米种植已达 35 万亩，忻州已成为全国著名的甜糯玉米生产加工基地，共有 60 多家生产加工企业，其产品以甜、黏、皮薄、风味独特驰名全国。但在普通玉米的其他深加工领域发展缓慢，有待加强。流通领域尚未形成正常机制。

（4）玉米科技研发已为玉米产业发展提供了强有力的技术支撑，但尚有大量技术问题需要攻关，有不少技术“瓶颈”有待突破　多年来，山西省科技人员在玉米品种、栽培、土肥、植保、农机化等诸多方面提供了大量科技成果与实用技术，为玉米生产的快速发展和生产水平跨上新的台阶提供了强有力的技术支撑，科技对玉米增产的贡献率不断提高。如在品种方面，山西省育成的潞玉 13 玉米先后通过 8 省、市审（认）定，2006 年以来，省内外累计推广 6 500 万亩。晋单 42 号玉米通过 4 省审定，累计推广面积达 4 000 多万亩，在省内推广 2 000 多万亩。最新育成的大丰 26、强盛 51、并单 390、太玉 1 号、益田 815 等耐密型高产品种产量已接近或超过先玉 335，而抗逆性普遍提高；甜糯玉米新品种晋单糯 41、晋糯 8 号、迪甜 10 号等的育成，支撑了山西省保鲜加工甜糯玉米产业的发展，具有鲜明的地域特点。在栽培方面，已研制的“玉米一带三行 + 渗水膜覆盖 + 机械化精量播种技术”“农机—农艺一体化旱作农业综合配套增产技术”“春玉米二增三改高产超高产栽培技术”等可使玉米单产提高 10%~50%。但在如良种与良法配套、农机与农艺配套、品种与农机配套以及一些单项技术领域等诸多方面尚有许多技术问题需要进一步攻关解决。

3. 甘肃省玉米生产现状和布局

玉米是甘肃省的主要粮食作物，在全省粮食生产中占有重要地位。近年来，随着玉米新品种、新技术的推广应用，玉米制种产业的迅速壮大，玉米加工业和养殖业的发展，以及玉米市场价格持续上涨的拉动，甘肃省的玉米生产稳步发展，并向优质化、专用化、产业化方向迈进。

（1）*种植面积稳步上升，区域布局趋于合理* 近年来甘肃省玉米种植面积逐年扩大，2004 年全省玉米种植面积 49.67 万 hm^2，占全省粮食作物播种面积的 19.6%，总产量 245.03 万 t，占全省粮食总产量的 30.4%。2005 年全省玉米面积 50.31 万 hm^2，占全省粮食作物播种面积的 19.44%，总产量 248.51 万 t，占全省粮食总产量的 29.69%。2006 年全省玉米种植面积达到 51.77 hm^2，占全省粮食作物播种面积的 20.4%，总产量 218.60 万 t，占全省粮食总产量的 30%。同时，生产布局趋于合理，形成了不同用途的玉米种植区域。

（2）*玉米制种产业快速发展* 河西走廊已成为全国最大的杂交玉米种子生产基地。2006 年甘肃省玉米杂交种制种面积已达到 10.00 万 hm^2，产种量达到 6.18 亿 kg，占全国用种量的 62%。销往全国 20 多个省市区的杂交玉米种子量每年达到 4 亿 kg 以上，已建成成套种子加工线 30 多条，年加工能力达 6 亿 kg 以上。全国种业 50 强中从事杂交玉米种子生产经营的企业均在该省建立了制种和加工基地。

（3）*青贮玉米生产进一步扩大，玉米加工业有了较快发展* 随着养殖业的发展，甘肃省青贮饲料专用玉米种植面积呈进一步扩大的趋势，青贮方式也由秸秆青贮向整株青贮发展。以前全省每年青贮作物秸秆量约 250 万 t，年青贮玉米秸秆量 175 万 t，占年青贮作物秸秆量的 70%，其中，收获玉米籽粒后青贮的玉米秸秆量为 165 万 t，青贮玉米专用品种整株青贮量 10 万 t。同时玉米加工业有了较快发展，全省每年用于饲料、淀粉和酿造等方面的玉米加工量达到 110 万 t，其中，饲料工业年加工玉米量达到 50 多万 t。全省玉米淀粉产量达到 30 多万 t。

（4）科技水平明显提高　从 2005 年开始，甘肃省组织实施了科技增粮行动计划，其中，玉米项目实施县达到 22 个，每县建立了面积在 33.33hm^2 以上，集中连片的示范区 1~2 个，集成玉米综合增产技术，引导农民进行创高产活动，提高了玉米生产的科技含量。目前，全省玉米地膜覆栽培面积 37.87 万 hm^2，小麦玉米带田推广面积 7.2 万 hm^2，玉米大垄双行栽培技术推广面积 4.6 万 hm^2，玉米免耕栽培技术推广面积 1.87 万 hm^2。示范推广的全膜双垄集雨沟播技术，改半膜覆盖为全膜覆盖，改春覆膜为秋覆膜或顶凌覆膜，改平铺膜为起垄覆膜技术，使旱地玉米籽粒平均产量达 7 500kg/hm^2 左右，最高达 10 500kg/hm^2 以上；秸秆产量 45 000kg/hm^2 左右，纯收入为种植小麦的 2~3 倍。2006 年，全省玉米机播面积达到 32.67 万 hm^2，机收面积 0.31 万 hm^2，少、免耕硬茬播种面积 0.2 万 hm^2，秸秆机械粉碎还田 2 万 hm^2，机械深松整地 30 万 hm^2。

甘肃省玉米品种布局

◎ 高淀粉玉米种植区：以种植高淀粉玉米品种沈单 10 号、四单 19 号等为主，主要分布在河西走廊的武威、张掖、酒泉、金昌、嘉峪关 5 市和沿黄灌区的兰州市、白银市等地区。

◎ 优质蛋白饲料玉米及粮饲兼用玉米种植区：以种植优质高蛋白玉米品种临单 230、临单 211、酒泉 283 和青饲玉米品种迪卡 656、迪卡 743 等为主，主要分布在中部及陇东地区。

◎ 杂交玉米制种区：主要分布在河西走廊的张掖、武威、酒泉、金昌市及沿黄灌区白银市、陇南市的徽县、庆阳市的宁县及正宁县。

◎ 鲜食玉米种植区：以种植鲜食型玉米品种中糯 2 号、张糯 2 号、中科糯 2008 及花香糯等为主，重点分布在兰州、白银、金昌、天水、陇南等城市的近郊区。

（四）玉米的发展前景

中国玉米总产量增长速度居世界首位，玉米是重要的饲料、工业原料和粮食作物，是粮食作物中单产最高、增长最快的作物，具有产量高、增产潜力大、适应性强、营养丰富、用途广泛等特点。随着中国畜牧业持续稳定增长，饲料需求量不断增加，以玉米为原料的加工业的发展，也带动了玉米需求量的增加。一是玉米在饲料中的主导地位日益重要。玉米已发展成为粮食、饲料、经济兼用作物，其主要特点是丰年可作饲料，歉年可作粮食。玉米在食用和发展畜牧业转化为肉、蛋、奶中起着重要的作用。20 世纪 90 年代，全国玉米种植面积保持在 0.2 亿 hm^2 以上，生产的玉米 70% 以上供作饲料，基本上使全国种植业逐步形成粮食—饲料—经作三元结构。二是科技进步在玉米增产中起重要作用。现代科学技术为玉米持续增产开辟了新天地。紧凑型玉米或称耐密型玉米的选育和推广是最重要的成果之一。紧凑型玉米表现为株型紧凑，叶片斜举，茎基坚韧，适宜密植，与平展叶型玉米比较，每 0.07hm^2 可增加 1 000~2 000 株，每公顷产量在 9 000~12 000kg。三是物质投入增加进一步发挥农业措施效益。现代新兴科学技术应用之前，关键性的物质投入水平较低，随着物质投入增加，使产出效益通过新技术转向高水平，特别是交割政策调动了农民种粮的积极性。例如，玉米价格上扬，出口数量增加，尽管农用生产资料涨价，但种玉米技术简便，操作易行，投产比较适宜。四是适应玉米进出口调剂余缺的需要。中国长期是一个玉米进口国，20 世纪 70 年代每年进口玉米 400 万 ~500 万 t，80 年代玉米产量增加；1984 年中国玉米开始进入国际市场，每年出口玉米 500 万 ~600 多万 t，1992 年增至 1 000 万 t，成为世界玉米重要出口国家之一。但中国每年仍需进口一部分玉米调剂余缺。例如，东北地区出口部分玉米以换取农用生产资料；南方从泰国进口部分玉米供作饲料。今后仍将适应这种形势，接轨国际市场。

1. 陕西省玉米发展前景

陕西省的玉米生产在全国占有重要的地位，作为玉米主产区的陕西省玉米生产的稳定性对于保障全国粮食的安全具有重要的意义。就陕西省玉米生产状况来看，玉米的播种面积比较稳定，但是玉米产量却出现下降趋势，产量低于全国平均水平。单产水平低是陕西省玉米产量波动较大的重要原因。因此，在进一步稳定播种面积的同时，依靠科技进步，提高玉米单产水平是陕西省玉米生产的发展方向。

（1）*建设专用玉米生产基地，实现规模化经营* 玉米生产是玉米产业发展的基础。因此，要根据陕西省玉米生产的特点，结合国内外玉米生产的发展经验和趋势，在今后一段时期内，把建设生产专业化、栽培标准化、布局区域化的优质专用玉米生产基地作为推进玉米产业发展的首要任务。实行玉米专用品种分类种植，提高生产规模化程度。根据不同种类优质玉米的生态适应性，结合各地区的特点和加工业发展需求，确定专用玉米生产基地的布局。

（2）*加大科技投入，加强农业科技推广和科技服务工作* 陕西省作为玉米生产大省，玉米单产远低于全国的平均水平。因此，应加大科技投入和科技的转化力度。但陕西省目前的现状是，农业科研长期投入不足，基础学科研究比较落后，科技体制不健全，农业推广缺乏有效地推广渠道和专业的推广人员等一系列问题。目前，种粮成本收益率的高低直接影响农民种粮的积极性。因此，农业科技的发展应更多地把降低农业生产成本、提高农产品的市场销售价格、提高农民的收入和农产品品质为主要目标。另外，各级政府应当进一步完善当前的农业推广体系，加强对农业科技推广人员的教育培训，使农民能够方便地获得农业科技成果和相应的技术服务和培训，以提高农业生产者的科技服务水平。

（3）*加强玉米产前、产中、产后管理，提高玉米质量*　保障玉米品质，必须要加强各个环节管理。要加强玉米产前、产中与相关科研单位或农业高校的联系，采用先进配套栽培技术，实现合理的施肥、精密的播种、严格的田间管理，以期提高玉米单产水平，发挥区域比较优势；在产后的商品化处理方面，要提高玉米生产者的组织化程度，增强农民商品化意识，加快晾晒场、存储等硬件的建设，提高玉米优质率，降低不完善粒和杂质含量，使之不仅达到国家的标准，还要逐步向世界优质标准靠近；要严格执行收购玉米的标准，结合专用玉米区域的种植，专收专贮，保证玉米的优质优价；要加强市场的监管，建立农产品的质量检测体系。

（4）*大力搞好深加工转化，扩大玉米需求*　发展深加工的转化是平衡玉米的供求，提高玉米的成本收益率的有效措施。一方面，要大力发展畜牧业生产。畜禽产品消费量是衡量一个国家或地区人民生活水平的重要标志。因此，中国玉米主产区要充分发挥玉米多的优势，发展养殖业，变销售玉米原粮为销售畜禽产品，实行玉米的就地转化增值，将原材料的优势转化为效益优势；另一方面，要大力发展玉米的深加工转化。玉米不仅是“饲料之王”，而且是粮食作物中用途最广、可开发产品最多、用量最大的工业原料。以玉米为原料，可以生产出化学成分最佳、成本最低的淀粉。目前，世界玉米淀粉品种已达上千种，广泛用于食品、造纸、纺织、医药等行业，产品附加值超过玉米原值的几十倍。玉米深加工的效益优势明显，发展前景十分广阔。因此，陕西省应当抓住农产品深加工的机遇，积极的引进国内外先进技术和设备，提高玉米深加工的能力和水平，最终提高玉米的综合效益。

（5）*发挥政府在产业化经营中的作用*　在产业化发展的过程中，农户、专业合作组织、企业、科研组织及其他中介的组织都是行为主体。政府的责任是引导、支持和服务，提供基础设施和其他的公共服务，为产业发展的行为主体创造公平竞争环境。农业产业化发展事关农村改革发展的全局。因此，必须加大政策扶持力度，逐步建立和完善玉米产业政策的支持体系，为玉米产业的发展创造良好政策环境。政府应当在产业发展的过程中起服务、指导和宏观调控作用，把主要的精力放在制定产业政策、营造产业发展的环境上。要立法以保证资金、财政、税收等多方面给予玉米产业发展以支持和优惠，为玉米产业的经济发展创造宽松外部环境；要建立农村信息服务的平台，为农民提供准确、及时的农业技术和农业信息；要采取各种形式抓好农民培训和教育，帮助农民掌握最新农业科技知识和实用技术；要对对玉米产业发展有带动作用的龙头企业进行大力扶持；加大对农业生产大户扶持力度。

2. 山西省玉米发展前景

玉米是山西省重要的粮食作物。未来发展山西的玉米生产应坚持以市场为导向，以满足国内需求和增加农民收入为目标，依靠科技，提高认识，按照产业化经营的模式，通过进一步优化区域布局，加快推广优良品种和先进技术，挖掘增产潜力，扩大种植密度，主攻单产，优化品质，大力提高玉米综合生产能力。同时联结“龙头”企业，推广优质、高产、高效综合栽培技术，建成集玉米新品种、新技术试验、示范和推广为一体的生产基地，并逐步形成种养加、产供销一体化的玉米生产开发格局。

（1）*提高认识，加强对玉米生产的领导*　各级政府要统一思想，提高对发展玉米生产重要性的认识，把玉米生产重要性提高到关系中国粮食安全和增加农民收入的高度上来认识。大力发展玉米生产，是国家粮食安全的需要，是确保饲料及加工粮粮源的需要，是增加农民收入的需要。

（2）*依靠科技进步，挖掘玉米增产潜力*　充分利用山西省种质资源优势，育种上加快新品种的更换，利用营养诊断施肥和测土配方施肥技术，从而减少投入，增加产量。提高玉米生产集约化和机械化水平，扩大玉米生产经营规模，实现连片种植，实现田间作业的机械化。推广玉米秸秆还田、秸秆覆盖等技术，建立玉米病虫害综合防治技术体系。

（3）*提高玉米单产水平*　提高玉米单产水平是山西省玉米生产的主攻方向。在玉米播种面积难以扩大的现状下，努力创造条件提高玉米单位面积产量是增加总产量的最重要的出路。玉米是丰产潜力很大的禾谷类作物，理论上其单位面积产量可达 $52.5t/hm^2$，美国小面积已达到 $22.5t/hm^2$ 以上，中国也已创造了夏玉米小面积产量 $16.5t/hm^2$ 以上的高产例子。山西省玉米单位面积产量还相差甚远，有相当大的发展潜力。

（4）*提高玉米产品质量，降低成本*　众所周知，市场需求的扩增是刺激玉米产业大发展的重要机制。提高玉米产品质量，降低生产成本，是促进山西省玉米生产发展的重要对策。建设优质玉米生产基地、实现规模化生产是保证玉米产品质量的关键举措。要依托玉米深加工企业，大力发展优质玉米生产，建立优质玉米生产基地。要尽快制定优质玉米标准和优质玉米价格政策，以鼓励生产者采用优化技术进行玉米生产。

（5）因地制宜发展青饲玉米　发展青饲玉米能使多方受益。一是畜牧养殖者受益。青饲料营养丰富，饲喂奶牛、奶羊能显著提高产量和品质，而且成本较低。二是种植者受益。种植青饲玉米产量较高，管理简便，节省工时，经济收益比普通玉米高。三是生态环境受益。玉米秸秆处理是一个老大难问题，秸秆青贮或直接饲喂是一个比较彻底的解决办法。因此，在距离畜牧养殖场较近的地方，要大力发展青饲玉米，尽快增加秸秆喂养量，在提高玉米种植效益的同时解决秸秆浪费问题。

（6）适量开发专用玉米生产，满足市场需求　甜玉米、糯玉米、爆裂玉米和笋玉米等属于专用玉米，其用途比较专一。随着人们生活水平提高，专用玉米市场需求量将会很大，市场前景看好，但目前专用玉米及其产品还远远不足，满足不了市场需求，主要是缺乏仓储条件和加工企业。因此，在培育建设加工企业的前提下，适度发展专用玉米生产，以满足市场需求。

（7）发展配合饲料工业，实现玉米就地加工转化　饲料工业是种植业和养殖业的桥梁和纽带，发展配合饲料工业是玉米加工转化的重点，也是促进畜牧业发展的关键。配合饲料饲喂畜禽料价比为（3~4）:1，而直接以玉米饲喂畜禽，料价比为（5~6）:1。为促进山西省畜牧业发展，实现玉米就地转化，必须依托当地玉米生产优势，发展配合饲料工业，满足畜牧业发展需要，使“粮仓”变为“肉、蛋、奶”库，从而提高饲料转化率，节粮增效。

（8）稳步发展现代玉米工业，加速转化增值　发展现代玉米工业，是加快玉米增产增值和持续发展的重要措施。玉米的工业用途十分广泛，可以加工成淀粉、淀粉糖、变性淀粉、酒精、酶制剂、调味品、医药、化工 8 大系列数百种产品，国外已开发出 3 000 多种产品，最受瞩目的是玉米淀粉、变性淀粉、淀粉糖类、玉米油、玉米乙醇等深加工产品。山西省应抓住机遇，依托资源优势，稳步发展现代玉米工业，提高加工水平和产品质量，拉长产业链条，实现多层次增值。

（9）积极发展玉米食品加工业　玉米具有蛋白质生物效价较高的特点，要改变玉米是“粗粮”的观念，发展玉米食品加工业，使一部分玉米重返餐桌。一要重点发展膨化食品和发酵食品，在食品中加入各类必需的营养成分，逐步从加工中低档产品转向中高档产品，改善型、色、香、味，增强适口性。二要发展鲜食玉米系列食品，建立冷库，创造速冻条件，使甜、糯、彩色等系列鲜食玉米一年四季都有供应。三是发展爆粒玉米食品，随着人们生活水平的提高，市场前景看好，应大力开发。

本章参考文献

白恩平 .2013. 山西省玉米生产与发展对策 [J]. 山西农经（9）:11–12.

蔡新玲，王繁强，吴素良，等 .2007. 陕北黄土高原近 42 年气候变化分析 [J]. 气象科技 , 35（1）:45–48.

柴宗文，刘健，李福，等 . 2008. 甘肃省玉米产业的发展现状及对策 [J]. 甘肃农业科技（6）:43–46.

陈颂平 . 2009. 甘肃中东部黄土高原土壤水资源的有效利用 [J]. 水利技术监督，17（5）: 22–23.

程炳文，买自珍，王勇，等 .2006. 半干旱地区旱地玉米节水播种技术研究 [J]. 内蒙古农业科技，（5）: 40–41.

范国燕 . 2011. 山西省水资源可持续发展对策浅析 [J]. 山西水土保持科技（3）: 18–19.

冯永忠，刘志超，刘强，等 . 2011. 黄土高原旱作农区气候干旱时空特征分析 [J]. 干旱地区农业研究，29（2）: 218–223.

高飞，王弘，施艳春，等 . 2014. 陕西省玉米品种布局的现状及分析 [J]. 中国种业（7）: 11–14.

高蓓，范建忠，李化龙，等 .2012. 陕西黄土高原近 50 年日照时数的变化 [J]. 安徽农业科学，40（4）: 2246–2250.

高娃，郑海春，白云龙，等 . 2014. 黄土丘陵区玉米集雨保苗及灌溉制度研究 [J]. 内蒙古农业科技（3）: 54–56.

韩骏飞 . 2010. 黄土高原丘陵区集雨节水灌溉技术 [J]. 山西农业科学，38（6）: 91–92.

雷绪劳，孟庆立，张宇文，等 .2012. 陕西关中西部玉米品种更新换代演变史 [J]. 中国种业（1）: 13–15.

李霞，杨晓军，王斌 .2012. 榆林市旱地春玉米全膜双垄沟播高产栽培集成技术 [J]. 农业科技通讯（3）: 120–122.

李斌，张金屯．2003. 黄土高原地区植被与气候的关系 [J]. 生态学报，23（1）：83–89.

李振朝，韦志刚，文军，等．2008. 近 50 年黄土高原气候变化特征分析 [J]. 干旱区资源与环境，22（3）：57–62.

刘恒．2013. 免耕探墒对土壤环境因素和旱地玉米产量的影响 [J]. 山西科技，28（6）：44–45.

刘宁莉，石文廷，张锐．2011. 旱地玉米少耕穴灌聚肥节水技术应用效果简析 [J]. 山西农业科学，39（6）：546–548，557.

刘晓清，赵景波，于学峰．2006. 黄土高原气候暖干化趋势及适应对策 [J]. 干旱区研究，23（4）：627–631.

刘志超，孙智辉，曹雪梅，等 .2011. 黄土高原丘陵沟壑地区气候变化特点及其对农业生产的影响 [J]. 安徽农业科学，39（24）：14 917–14 920.

王润元，杨兴国，张九林，等．2007. 陇东黄土高原土壤储水量与蒸发和气候研究 [J]. 地球科学进展，22（6）：625–635.

王学兰．2011. 全膜双垄沟播方式对旱地玉米产量和水分利用效率的影响 [J]. 甘肃科技，27（19）：183–185.

王毅荣，尹宪志，袁志鹏．2004. 中国黄土高原气候系统主要特征 [J]. 灾害学，19（增刊）：39–45.

王毅荣，张强，江少波．2011. 黄土高原气候环境演变研究 [J]. 气象科技进展，1（2）：38–42.

吴东兵，曹广才，阎保生，等．1999. 晋中高海拔旱地玉米熟期类型划分指标 [J]. 华北农学报，14（1）：42–46.

信忠保，许炯心．2007. 黄土高原地区植被覆盖时空演变对气候的响应 [J]. 自然科学进展，17（6）：770–778.

杨东，程军奇，李小亚，等．2012. 甘肃黄土高原各级降水和极端降水时空分布特征 [J]. 生态环境学报，21（9）：1 539–1 547.

杨蝉玉．2014. 山西省水资源利用效率分析 [J]. 山西农业科学，42（6）：625–628.

杨志跃．2007. 山西玉米种植区划研究 [J]. 山西农业大学学报，25（3）：223–227.

姚先玲．2014. 山西省春播玉米品种推荐 [J]. 农业技术与装备（1）：58–62.

姚玉璧，王毅荣，李耀辉，等．2005. 中国黄土高原气候暖干化及其对生态环境的影响 [J]. 资源科学，27（5）：146– 152.

余汉章．1992. 黄土高原水资源特征与利用对策 [J]. 干旱区地理，15（3）：59–64.

于淑秋，林学椿，徐祥德 .2003. 中国西北地区气候变化特征 [M]. 新世纪气象科技创新与大气科学发展——中国气象学会2003年年会“气候系统与气候变化”分会论文集.
张春林，赵景波，牛俊杰.2008.山西黄土高原近50年来气候暖干化研究[J].干旱区资源与环境，22（2）：70-74.
张建兴，马孝义，屈金娜，等.2007.晋西北黄土高原地区径流变化特征及动因分析——以昕水河流域为例[J].水利水电技术，38（10）：1-5.
张莉娅，王毅荣.2014.中国黄土高原近地面气候环境演变趋势[J].中国农学通报，30（2）：286-294.
张振明.2011.浅谈甘肃定西玉米全膜双垄沟播技术发展和推广意义[J].吉林农业（5）：206.
赵红岩，张旭东，王有恒，等.2011.陇东黄土高原气候变化及其对水资源的影响[J].干旱地区农业研究，29（6）：262-268.
赵如浪，刘鹏涛，冯佰利，等.2010.黄土高原春玉米保护性耕作农田土壤养分时空动态变化研究[J].干旱地区农业研究，28（6）：69-74.
赵振彪.2011.定边县推广旱地玉米全膜双垄沟播栽培技术的成效及对策[J].现代农业科技（13）：109-110.
郑向阳，栗建枝，王国平，等.2014.山西省玉米不同生态区特点和特征特性分析[J].中国种业（8）：26-28.
祝宗武.2013.甘肃省黄土高原地区水资源分布规律初探[J].甘肃水利水电技术，49（9）：11-13.

第二章 黄土高原玉米品种资源和生长发育

第一节 品种资源

一、黄土高原玉米生产布局

21 世纪以来，中国玉米种植面积从 2 267 万 hm^2 迅速攀升至 3 600 万 hm^2，超过水稻、小麦位居“谷物之王”（佟屏亚，2013）。黄土高原是中国北方主要的旱作农业区域，玉米播种面积 190hm^2，占粮食面积的 17.9%，总产量 91.4 亿 kg，占粮食总产量的 30.8%左右，是黄土高原主要的粮食作物之一。玉米实际单位面积产量 4 812kg/hm^2，居于黄土高原禾谷类作物单产之首（李军，2002）。黄土高原主要包括山西省、陕西省、甘肃省、青海省、宁夏回族自治区以及内蒙古和河南省部分地区，北部与中部属于北方春播玉米区，南部的汾渭河谷与豫西北为夏播玉米区。

（一）山西省玉米种植的区划

山西省轮廓略呈东北斜向西南的平行四边形。东有巍巍太行山作天然屏障，与河北省为邻；西、南以滔滔黄河为堑，与陕西省、河南省相望；北跨绵绵内长城，与内蒙古自治区毗连。南北长 628km，东西宽 385km，总面积 15.66 万 km^2，约占全国总土地面积的 1.63%。山西省地处华北西部的黄土高原东翼。地理坐标为北纬 34° 34′ ~40° 43′，东经 110° 14′ ~114° 33′，处于世界三大玉米黄金生产带，光、热、雨等自然资源与玉米生长发育同步，但地形较为复杂，境内有山地、丘陵、高原、盆地、台地等多种地貌类型。山区、丘陵占总面积的2/3以上，大部分在海拔1 000~2 000m。气候属暖温带、温带大陆性气候，冬寒夏暖，四季分明，南北差异和垂直差异较大。无霜期南长北短，平川长山地短，五台山仅85d，而运城盆地则长达200~220d。山西省玉米生产可划分为春播特早熟区、春播早熟区、春播中晚熟区、夏播中早熟区四大种植区（刘德宝，2002）。

1. 春播特早熟区

山西省春播特早熟玉米区包括大同市新荣区、左云县，朔州市右玉县、山阴县、平鲁区，忻州市神池县、五寨县、岢岚县、宁武县、静乐县、偏关县的高海拔地区。该区的生态特点是海拔较高（普遍在1 300m以上），年平均气温<6℃，≥10℃积温2 100~2 400℃，无霜期100~120d（5月底至9月中旬），属温寒作物带，只能种植生育期90d左右的特早熟玉米品种。该区气候冷凉、无霜期极短，栽培粗放，过去基本不种植玉米，到20世纪80年代中期随着地膜覆盖栽培技术的推广应用才开始种植玉米。该区玉米播种面积约为2.7万hm^2，平均单产2 500~3 000kg/hm^2。

2. 春播早熟区

山西省春播早熟玉米区包括大同市天镇县、阳高县、大同县、南郊区全部，浑源县、广灵县、灵丘县、左云县的平川及周围丘陵，朔州市怀仁县、应县、山阴县的平川地区，忻州市繁峙县、代县等的丘陵区。玉米播种主要分布于大同盆地、桑干河流域及滹沱河上游地区，少数分布在山间盆地及丘陵地带，播种面积12万hm^2左右，为山西省春播早熟玉米主产区。该区的生态特点是：海拔高度930~1 100m，年平均气温6~7℃，≥10℃积温2 600~ 2 867℃，无霜期125~130d，7月平均气温20.5~22.5℃，日平均气温≥10℃期间的日照时数为1 255~1 361h，年太阳辐射能585.3~601.9kJ/cm^2，能满足春播早熟玉米对热量和光能等的要求。该区玉米全生育期降水345.0~424.4mm，春旱严重，但多数玉米分布在水浇地上，所以春旱对玉米播种影响不大。

3. 春播中晚熟区

山西省春播中晚熟玉米区涉及大同、忻州、晋中、吕梁、太原、长治、临汾、晋城和阳泉9个市60个县的632个乡（镇）。1999年该区玉米种植总面积为34.657万hm^2，占当年全省玉米种植总面积的39.6%，是山西省玉米种植涉及面最广、面积最大、产量最高的1个区，总产量占全省玉米总产量的48.5%，平均单产为5 356.5kg/hm^2，总产和单产在全省玉米生产上均占有举足轻重的地位。

4. 夏播中早熟区

山西省夏播中早熟玉米区处于山西中晚熟冬麦区，以临汾盆地水地麦田为主，还包括晋城市的沁水、阳城两县沿沁河几个热量较好的乡镇以及运城市各县。1999 年该区玉米种植面积为 13.3 万 hm^2，占全省玉米种植总面积的 14.8%，总产量占全省玉米总产量的 16.8%，平均单产为 4 573.5kg/hm^2，略高于全省玉米的平均产量。该区种植制度一般为一年两熟制，其中，临汾盆地地区，包括霍州市、洪洞县、尧都区、襄汾县、曲沃县、侯马市、翼城县、浮山县、新绛县、稷山县、河津市、绛县等县（市、区），夏玉米生育期降水 300~370mm，麦收后有效生育期 100d 左右，麦收后剩余≥ 10℃的积温为 2 160~2 290℃，以麦收后套种或直播玉米较为常见；而运城盆地地区，包括闻喜县、夏县、盐湖区、临猗县、万荣县、永济市、芮城县、平陆县、垣曲县等县（市、区），以麦收后复播玉米为主。由于该地区夏季常出现 38~40℃的高温天气，且降雨少，常形成伏旱，影响夏玉米正常抽雄从而造成减产甚至绝收。

（二）甘肃省玉米种植的区划

甘肃省位于中国西部地区，地处黄河中上游，地域辽阔。介于北纬 32° 11′ ~42° 57′，东经 92° 13′ ~108° 46′ 之间，大部分位于中国地势二级阶梯上。东接陕西，南邻四川，西连青海、新疆，北靠内蒙古、宁夏并与蒙古人民共和国接壤。甘肃地貌复杂多样，山地、高原、平川、河谷、沙漠、戈壁交错分布。地势自西南向东北倾斜，地形狭长，东西长 1 659km，南北宽 530km。甘肃省气候干燥，气温日较差大，光照充足，太阳辐射强。年平均气温在 0~14℃，由东南向西北降低；河西走廊年平均气温为 4~9℃，祁连山区 0~6℃，陇中和陇东分别为 5~9℃和 7~10℃，甘南 1~7℃，陇南 9~15℃。年均降水量 300mm 左右，降水各地差异很大，在 42~760mm，自东南向西北减少。降水各季分配不匀，主要集中在 6—9 月。甘肃省光照充足，光能资源丰富，年日照时数为 1 700~3 300h，自东南向西北增多。河西走廊年日照时数为 2 800~3 300h，敦煌是日照最多的地区，所以敦煌的瓜果甜美，罗布麻、锁阳等药材非常地道；陇南为 1 800~2 300h，是日照最少的地区；陇中、陇东和甘南为 2 100~2 700h。

1. 河西灌溉春玉米区

该区属于全国西北内陆春玉米区，包括武威、张掖、酒泉、金昌、嘉峪关 5 地市海拔 1 600 以下地区。本区年降水量 35~200mm，年均气温

7~9℃，5—8 月的平均气温 16~21℃，≥ 10℃的积温 2 200~3 600℃。日照时数 2 600~3 300h，无霜期 140~170d。该区玉米主要分布在石羊河、黑河和疏勒河流域灌溉区。1995 年该区玉米种植面积达到 7.26 万 hm^2，单产达到 9 529.5kg/hm^2，总产达到 69.18 万 t。同 1985 年相比，面积扩大 4.24 万 hm^2，单产提高 1 912.5kg/hm^2，总产增加 46.14 万 t。由于地膜覆盖技术的应用，玉米单产、总产均居 4 大生态区首位，成为全省乃至全国的玉米高产区。从本区水、热条件看，露地适宜种植中熟品种，海拔 1 700m 以下采用地膜覆盖可种植中晚熟品种。矮花叶病、丝黑穗病、茎腐病、锈病和玉米螟是主要病虫害。生产上主要需求前期生长慢、后期灌浆快、抗倒、适于套种的节水型高产玉米品种。

2. 中部川水玉米区 该区属全国北方春玉米区，包括定西地区、兰州市、白银市和平凉地区的静宁、庄浪及临夏州的临夏、积石山、东乡、广河、康乐、永靖县的川水地区。本区海拔 1 400~1 900m，年降水量 300~500mm，年均气温 6~9℃，5—8 月的平均气温 13~20℃，≥ 10℃的积温 2 000~3 000℃。日照时数 2 700~2 900h，无霜期 160~200d。1995 年该区玉米种植面积 5.48 万 hm^2，单产 5 352.0kg/hm^2，总产 29.35 万 t；同 1985 年相比，种植面积扩大了 3.23 万 hm^2，单产提高了 1 881.0kg/hm^2，总产增加 21.54 万 t。该区属全省玉米中产区。随着黄河水的北调，沿黄灌区在 2000 年的水地总面积将达到 33.33 万 hm^2，占全省有效灌溉面积的 38.5%。根据规划，该区将建成兰州市肉、禽、蛋生产基地。从灌溉条件的改善、玉米需求量的增加、地膜面积的扩大以及技术的逐步投入和单产水平分析，该区玉米生产今后 10 年在 4 大生态区中将得到快速发展。从本区水、热条件看，露地适宜种植中熟品种，覆膜栽培和低海拔区适宜中晚熟品种。矮花叶病、丝黑穗病、茎腐病、玉米螟、金龟子等是主要病虫害。土壤次生盐渍化问题将逐渐加重。灌区主要需求适于套种的高产、抗病杂交种。山区需要早熟、极早熟玉米品种。从中长期考虑，高蛋白、高赖氨酸的优质、耐盐碱玉米杂交种的需求将日益迫切。

3. 陇东旱塬春玉米区

属全国北方春玉米区，包括庆阳、平凉（六盘山以东）地区。本区玉米多分布在海拔 1 000~1 800m 的川塬、山地上，年降水量一般 400~650mm，年平均气温 7~10℃，5—8 月的平均气温 14~21℃，≥ 10℃的积温 2 600~3 300℃，无霜期 160~193d。1995 年该区玉米种植面积 7.31 万 hm^2，单产 3 210.0kg/hm^2，总产 23.46 万 t，同 1985 年相比，面积扩大 2.06 万 hm^2，单产提高 456.0kg/hm^2，总产增加 9.0 万 t。该区属全省玉米低产区。从本区水、热条件看，适宜种植中晚熟品种。大斑病、丝黑穗病、矮花叶病、茎腐病、红蜘蛛、玉米螟等是主要病虫害。春季干旱少雨、土壤瘠薄是限制玉米单产提高的主要因素。近几年，红叶病、矮花叶病开始抬头，生产上需要抗旱、耐瘠、抗病、适应性强的高产品种。

4. 陇南山地春夏玉米区

本区属全国西南山地丘陵玉米区，包括天水市、陇南地区和甘南藏族自治州的舟曲县。本区玉米多分布在海拔 600~1 900m 的浅山山陵和河谷川地上，年降水量一般 500~750mm，年均气温 7~15℃，5—8 月的月平均气温 14~24℃，≥ 10℃的积温一般为 2 500~4 750℃，无霜期 160~282d。从本区光、热、水等气候条件看，川坝和浅山适宜种植中晚熟品种，山区要求中早熟品种。本区玉米大部分为春玉米，在白龙江沿岸川坝浅山区，麦收后复种夏玉米，为全省唯一能种植夏玉米的地区。1995 年该区玉米面积 14.34 万 hm^2，单产 3 058.5kg/hm^2，总产 43.86 万 t，同 1985 年相比，种植面积扩大 3.16 万 hm^2，单产提高 483.0kg/hm^2，总产增加 15.08 万 t。该区也属全省玉米低产区。

二、黄土高原玉米品种资源和更新换代

（一）品种资源

1. 山西省玉米品种资源

玉米是山西省的主要粮食作物之一，全省 90% 以上的县都有玉米栽培和种植。近 50 年来，山西省玉米种植面积不断增加，年播种面积从 50 年代的 60 万 hm^2，增加到 1999 年的近 90 万 hm^2，净增了 50%。

其间品种的更新换代可分为 6 个阶段。第一阶段是 1950—1958 年，代表品种有金皇后、白马牙、华农 2 号等；第二阶段是 1959—1965 年，此阶段引进了较多外来种质，代表品种有晋杂 1 号、农大 7 号、维尔 42 等；第三阶段是 1966—1975 年，在推广双交种的同时，开始选用单交种，代表品种有晋单 1、3、4、5、8、13 号；第四阶段是 1976—1988 年，以选育和推广单交种为主，代表品种有中单 2 号、晋单 12 号、晋单 15 号、丹玉 6 等。玉米面积为 61 万 hm^2，平均单产提高到 289kg/ 亩；第五阶段是 1989—1995 年，该阶段形成了山西省玉米种质基础、品种生产现状的基本框架，并兼容于中国华北春玉米和黄淮海夏玉米区基本杂种优势群、杂种优势模式，代表品种有农大 60、沈单 7、中单 2 号、丹玉 13、掖单 2、烟单 14、晋单 27、晋单 29 等。该阶段玉米面积达 66.8 万 hm^2，平均单产达 322.6kg/ 亩；第六阶段为 1996 年至今。

本省选育的杂交种在生产中的比重有所提高，玉米面积接近 90 万 hm^2，平均单产 361kg/ 亩。1996—1999 年山西省前 10 位生产用品种主要为外来品种，省育品种所占比例仅为 10%~40%。前 5 位品种除 1998 年排列稍有变化外，其余 3 年均为中单 2 号、丹玉 13、烟单 14、掖单 13。1998 年和 1999 年，省育品种比例上升到 30%~40%（王摊波等，1998）。显然，山西玉米面积逐年扩大，单产逐年提高主要得益于新品种的不断引进。

目前，山西省品种资源种质库合计收入玉米种质共 2 131 份，入国家品种资源库保存 1 411 份，山西省玉米种质资源的编目和入库保存等基础性工作基本完成。山西省近几十年来利用主推玉米品种的亲本且应用较多的各类群的代表自交系自选的主要有自 334-11、A513、C649、运 87-422、长 3154、VG187-4、海 9-21、太系 113、旱 21、K12-2 等，外引的主要有 5003、综 31、掖 478、丹 340、掖 8112、Suwan3501、E28、掖 107、金黄 96C、黄 C、冲 72、18599 等。据黄述祖等对 1979—1991 年参加山西省玉米区域试验的 148 个杂交组合（由 128 个母本自交系和 96 个父本自交系组成，其中，有 100 个自交系是山西省自育的，103 个外省引进的，21 个国外引进的，它们分别占 44.6%、46.0% 和 9.4%）统计，山西省玉米育种的种质基础以自 330、Mo17、黄早 4、长 562、5003、获白、华 160、长 69、长 3154、478、8112 等自交系为主。其中，对自 330、Mo17 的利用高峰期主要集中在 1979—1981 年，占 75%；在 1983—1984 年则利用黄早 4 较多，达 50%；1987 年后，逐渐开始利用 5003、478、8112、长 3154 等。另据樊智翔等统计，1996—1999 年按播种面积名列各年前 10 名的 20 份杂交组合中，山西自育优良组合分别占当年主推杂交组合的 20%、10%、40% 和 30%，其中，山西自选自交系仅占 10%~30%，4 年间山西省自育的新组合均未打入每年所推广的前 5 名杂交种中，且当年推广面积低于 4 万 hm^2，远远低于外引组合 Mo17 × 自 330、Mo17 × E28、沈 5003 × 综 31、黄早 4 × Mo17、掖 478 × 丹 340、综 31 × P138、黄 C × 178。可以看出，大批外引种质，特别是优良常用自交系 Mo17、自 330、E28、沈 5003、黄早 4、综 31、掖 478、丹 340 等得到广泛的推广应用。随着外来种质的不断引进，中国从这些引进的杂交种中选育大量的自交系，而这些自交系在山西玉米育种中和生产中也发挥了巨大的作用。据陈喜明等（2008）整理分析，1996—2005 年通过山西省品种审定委员会审定的省内自育普通玉米品种为 55 个，对其中系谱清晰的 46 个品种所用亲本组合进行了整理分析：46 个玉米品种的育成共采用了 76 个自交系，其中，18 个为山西省利用 P 群种质育出的自选系，其他 58 个自交系为利用 4 大种质类群或其他种质育成。P 群种质的出现构建了玉米育种上新的杂种优势模式，丰富了山西省玉米种质的遗传基础，进一步增强了玉米抵抗生物胁迫和非生物胁迫及自然灾害的能力。因此，分析 P 群种质在山西玉米育种中的作用，总结 P 群种质的利用方式，对于指导山西玉米育种工作有着非常重要的意义。

2. 陕西省玉米品种资源

陕西省地处北纬 31° 42′ ~39° 35′，气候和地理环境复杂。经过长期的自然和人工选择，形成了极其丰富的农家品种。1957 年陕西省首次征集了 514 份玉米种质资源，而“文革”后仅剩下 273 份。1979—1981 年 陕西省二次又征集了 1 754 份。经田间鉴定，最后整理出 392 份。按生育期来分，早熟种（生育期 100d 以下）79 份占 20.2%，中熟种（100~120 d）218 份占 55.6%，晚熟种（120d 以 上）95 份占 24.2%。按籽粒类型划分，以硬粒型为主，硬粒及中间偏硬类型合计占 69.4%，其次为马齿型和中间偏马齿类型占 27.8%，其他爆粒型的占 1.3%，糯粒型的占 1.5%。按籽粒颜色分，黄色种占 45.1%，白色种占 40%，其他占 14.9%。由此可见陕西省玉米以中熟、黄色、硬粒型占主导地位。从 20 世纪 50 年代末开始，陕西省粮作所从野鸡红、百日齐、武功白、辽东白、铁岭黄马牙、阿尔巴尼亚的白色苏尔奥华等中外农家种中选育出了一 批较好的自交系。如武 401、武 402、武 403、武 3022、武 112、白苏 635 等。上述自交系，有的直接配成杂交种用于生产，如陕单 5 号（武 205、武 302）、陕单 6 号（武 204 × 武 402）、陕玉 683〔（武 lo sx 武 102）火野鸡红 〕等这些杂交种为当时玉米增产发挥了一定的作用。除此以外，还利用抗病性强的武 403 与外国引进自交系维尔 29 杂交，选育出配合力高、抗病性较强的武 202；用多果穗的白苏 635 与武 202 杂交，选育出双穗率高较抗病的武 204。上述自交系有的还被外省引用。如白苏 63 与被中国农业科学院引用后与塘早绿组配成京早 2 号早熟玉米杂交种，在京津一带生产上发挥了较大的作用。早在 20 世纪 50 年代，陕西省的玉米育种工作者就以国内外引进玉米杂交种或自途杂交种作基础材料，通过自交分离和定向选择，育成了一批配合力高、抗性强的二环系，通过二环系的选育，育出了一批武字号玉米自交系。其中，以武 105 最为突出，配合力高、适应性广、抗病力强。以武 105 为骨干系配制成了陕 1 号、武单早、武顶 1 号、陕玉 661、陕玉 652 等十几个杂交种。其中，陕单 1 号和武 105 自交系获 1978 年全国科学大会奖，陕玉 661 获陕西省科学大会奖。此外，武 105 自交系还被许多省市利用，是运单 1 号、大单 1 号、黔单 2 号、同单 11 号等杂交种的亲本之一。1979 年陕单 7 号（武 206 × 获白）获农牧渔业部技术改进一等奖、陕西省科技成果一等奖，在陕西省推广面积曾高达300万亩以上，成为当时夏玉米区的骨干品种。用武109与Mo17配制成的陕单9号获省科技进步二等奖，为陕西省目前主要推广品种之一。以上事实说明，以杂交种作基础材料选育二环系，在当时条件下，对玉米生产起了积极的促进作用。1976年陕西省从美国引进了优良玉米自交系Mo17与武109配制成陕单9号，与黄早4配制成了户单1号，这两个杂交种从20世纪80年代初至今仍为该省的主要种植品种；武105与引进的埃及205配制成的黄白单交是陕西省20世纪70年代的骨干品种之一，在生产上有较大的种植面积。因此，积极利用国外种质资源是育种工作不可忽视的一环。多年来，陕西省玉米品种资源在征集、鉴定及利用工作中已取得了一定成绩。但随着现代化农业对优良品种的要求更加迫切的情况下，品种资源工作应在过去的基础上，做好以下几项工作：①开展对现有资源的品质评价工作，以求适当前品质育种的需要。同时结合育种目标开展生理、生化、遗传或其他重要特性的研究，为玉米育种提供更多更好的亲本材料。②积极引进和利用地理和血缘远缘种，丰富种质资源。从20世纪60年代初就引进国外材料，在玉米育种工作上起了不可忽视的作用。随着农业现代化的发展，更应加强这方面工作。近年来，有些育种单位引进热带玉米品种资源，借以增加遗传变异性，提高杂交优势的研究工作已取得可喜的进展，这种方法值得借鉴。③应重视和加强玉米群体改良工作。过去以农家种为基础材料选育的一环系或以杂交种为基础材料选育的二环系，都不能适应当前生产发展的要求。应充分利用现有玉米品种资源和外引的材料，有计划地组配成各种类型的玉米综合种，进行群体改良，用人工的方法创造具有丰富遗传基础的玉米群体作为选系材料，提高育种效果，使育种工作有个较大的突破。

（二）品种更新换代

1. 山西省玉米品种更新换代

（1）*以户留种阶段* 这一阶段起止时间为1949—1957年。这一时期中国农业生产的基本特点是，家家种田，户户留种，玉米种子工作的基本任务是发动群众繁殖推广增产潜力较大的良种。

新中国成立后，山西省各地纷纷建立农业试验场，召回处于分散状态下的农业科技人员，分级确定了试验和良种繁育和推广的工作重点。1949年12月，农业部召开第一次全国农业工作会议，将推广良种确定为恢复和发展农作物生产的重要措施之一。1950年2月，农业部召开华北地区农业技术工作会议，制定了《五年良种普及计划（草案）》，会议要求以县为单位，广泛开展群众性的选种活动，发掘农家品种，将当地优良品种与农业科研机构所培育的优良品种相结合，就地培育，扩大推广。山西省先后评选出以金黄后为主的玉米良种 30 多个，1957 年的推广面积达 37.23 万 hm^2。同时山西科研单位自 1950 年开始进行玉米育种工作，先后培育出玉米品种间杂交种晋杂 1 号至 5 号，长杂 1 号至 6 号，雁杂 1 号、2 号等，经多年试验，均比当地推广良种增产 5% 以上。

（2）“四自一辅”阶段 这一阶段起止时间为 1958—1977 年。这一时期本省农村基本实现合作化，由个体经济变为集体经济，家家种田，户户留种的习惯发生了根本性变化，这时加强良种繁育推广体系的建设就显得特别重要。农业部在总结过去种子工作经验的基础上，提出农村用种主要靠农业社“自选、自繁、自留、自用、辅之以调剂”的方针。为了充分发挥集体经济的力量，山西不少地方推广“三有三统一”的繁育留种的办法，即生产大队有种子基地、有种子队伍、有种子仓库，由大队统一繁殖、统一保管、统一供种，基本做到种子队伍专业化，留种用种制度化，改变了几千年来的粮种不分，以粮代种的状况，有效地防止了品种的混杂推广，对“四自一辅”种子工作方针的落实起到了很大的促进作用。

1966 年，较完整的良种繁育推广体系遭到极大的破坏，农业推广工作几乎停止，种子质量普遍呈下降趋势。这一阶段，山西省玉米良种推广体系建设虽然曲折，但成绩斐然。到 1977 年全省共有省、地（市）、县（区）种子站 121 个，工作人员 1 000 人左右；市、县级良种场 109 个，土地 3 533.2hm^2，职工 2 281 人；公社种子站 529 个，良种场 1 220 个；大队科研组或良种场 21 079 个，使玉米双交种基本得到普及，并大力推广玉米单交种，种植面积 45.5 万 hm^2，占全省玉米播种面积的 60.03%。

（3）“四化一供”阶段 这一阶段起止时间为 1978—1994 年。1978 年 5 月，国务院批转农业部《关于加强种子工作的报告》，提出种子要实现“四化一供”的方向，并在全国各地试点，逐步推广。“四化一供”即品种布局区域化，种子生产专业化，加工机械化和质量标准化，以县为单位组织统一供种。在阳高、忻州、太谷、昔阳、汾阳、襄垣、晋城、洪洞、夏县 9 县，由农业部和山西省共同投资建成了以玉米种子为主的“四化一供”县，并在忻州建成了现代化种子加工厂。1990 年开始执行省政府批准的《山西省 1990—1992 年农业种子发展方案》，在怀仁、原平、忻州、榆次、太谷、祁县、孝义、屯留、晋城、洪洞、夏县等 11 县建成了玉米种子专业公司，并在灵石县建成了玉米原种公司，同时将清徐、孟县、文水、汾阳、黎城、阳城、曲沃 7 县建成玉米种子重点县市。根据填平补齐的原则，重点建设了玉米种子加工厂、仓库和检验设施。1993 年在玉米专业公司的基础上，成立由种子公司控股的山西北方种业集团公司，进行组织玉米的生产和经营，开拓省外市场。

（4）*种子产业化阶段* 这一阶段起止时间为 1995—1998 年。1995 年 9 月农业部在天津召开全国种子工作会议，提出了建立适应社会主义市场经济的种子工作新体制，以种子工程推进种子产业化的发展实现。同年，分别设立了省农业种子总站和总站总公司。1996 年屯留玉米专业公司等 30 个玉米种子重点县被列为国家产业化试点，屯留公司首先建成玉米育种研究所，随后原平市原种场、黎城县种子公司等也建成玉米育种结构。省农业种子总站建立良种引进繁育中心、原种场，并且与屯留公司建立股份制玉米原种公司；省种子公司建立玉米种子公司和加工厂，同时在太原、运城建立综合区域试验站，在太原、屯留建成玉米备荒总站低温库，迈出了玉米种子专业化的步伐。

（5）*目前山西省玉米品种推广状况* 随着农村联产承包责任制和农村经济改革的进一步深化，以及中国加入 WTO 以后面临的新挑战，全省农业开始进入新的发展时期。品种推广体系逐步一元化，正向多元化的方向发展，玉米品种推广也从无偿服务向有偿服务转变。《种子法》颁布实施后，全省种业步入发展的高潮，不仅有屯玉等一批国内五十强种子企业，而且有大丰、潞玉等大中型玉米专业公司，它们直接或间接地参与到省内农业推广的体系上来，加速了山西省多元化体系的发展。

目前，一方面，以国家政府农业推广为主的体系，在市场经济体制的冲击下，一些县市的推广站、原种场面临“断奶、断粮”的现象，被推向经济市场，受到严重损害；另一方面，随着科技体制改革的进行和市场经济的发展，农业科研单位、农业院校以及农口企业为了加速科技成果转化，提高自己的社会地位和经济效益，通过承担国家政府的科技推广项目以及参与科技示范基地建设，直接或间接地参与了玉米品种的推广工作。此外，由于市场经济的发展和政策深化，也吸引了社会资金投资农业推广邻域，使品种推广体系得到了进一步的壮大和充实。

2. 陕西省玉米品种更新换代

玉米作为陕西省最重要的粮食作物之一，种植面积从 1978 年的 109.07 万 hm^2，逐年上升至 2012 年的 116.74 万 hm^2，每亩产量从 1978 年的 168kg，上升至 2012 年的 323.73kg，种植面积已经超过小麦成为陕西省第一大粮食作物。30 年来总种植面积增加不大，但总产量却翻了一番（张晓光，2013）。其中，陕西玉米品种更新换代尤以陕西关中西部地区最具代表性。回顾陕西关中西部地区60年来的玉米品种更新换代演变史，由原来传统农家种到优良农家种，优良农家种到双交种，再由双交种到单交种大面积应用，3个明显转变阶段，其中，单交种又换代4次。特别是辽东白、陕玉652、陕单1号、陕单9号、户单1号、户单4号、中单2号、陕单902、豫玉22、郑单958、浚单20等品种的推广，多年久种不衰。它们的选育与推广为关中西部地区玉米不断增产作出巨大贡献。关中西部玉米更新换代史，概括经历了六个大的换代阶段。每次玉米品种更新都给关中西部地区玉米产量、品质和抗逆性带来显著提高。

（1）传统老品种（种植时期为民国时期至1952年前）　代表品种有百日齐、二笨子、野鸡红为主，搭配种植有火爆、圆颗、朝鲜白、金皇后等，产量水平1 307.25kg/hm^{2}左右。1949年以前由于旧政府忙于战争，不重视农业科研与推广，玉米品种更新处于瘫痪状态，农民只能靠自发留大棒与串换，作为玉米良种的繁衍；或播种时像小麦一样，在自家粮仓取一些玉米粒作为种子。在耕作上是传统的畜力开沟溜种，行距4犁种1行（0.8m）；或点播，一大步（0.8m）留1株，每hm^{2}留苗16 500株，喜欢稀植大棒。且施肥晚，全部是土肥。从拔节期一直施到大喇叭口之后，灌水无保证，只能靠天吃饭，产量处于低谷。

（2）第1代农家优良种推广时期（1953—1964年）　代表品种辽东白，1952年陕西关中农民从东北调入陕西救灾粮中挑选，种粒产量水平2 250kg/hm^{2}左右。1950年起农业科研部门在全国范围内开展了玉米品种资源的搜集、整理和试验评选工作，发掘优良的农家种，扩大栽培面积，提高玉米产量。先后收集到玉米农家种14 000余份，发掘出很多优良农家品种。如辽宁省的白马牙，评选后被认为是抗旱、抗涝、抗倒伏、丰产的优良农家品种，栽培面积得到迅速扩大。1952年引种到陕西省，经在多处进行试验示范，较关中一带当地农家品种增产34.9%，极受农民欢迎，命名为辽东白。1956年在陕西省栽培面积已达8.8万hm^2。1957年扩大到18.9万hm^2。1953年陕西省眉县从辽宁省调入12万kg马齿型辽东白玉米，试种后增产26%。1955年10月陕西省农林厅通知武功、凤县等全省47个县（市），收购或组织群众调换辽东白、红心白马牙玉米200多万kg作为种子，一直延续到1971年大面积推广玉米单交种后，才基本上结束了它的种植使命。

（3）第2代试种双交种（1964—1971年）　代表品种维尔156双交种。1964年原宝鸡专区种子公司经理白卓武从新疆带回维尔156双交种种子，当年在陕西省凤翔县果园大队试种获得丰收。据当年在该村蹲点负责试种的工作人员回忆，当时只引杂交种，未引自交系，仅种1年就结束。这是宝鸡杂交种玉米种植之始。1965年秋至1966年春，宝鸡市组织种子技术员去海南岛加代繁殖自交系0.6hm^2，制单交种11.4hm^2，其他组合2.37hm^2。这些单交种在1966年试种后，产量虽较高，但推广面积不大。1968年个别村组小面积试种陕玉652等双交种，面积不大。1971年前宝鸡地区大面积仍以辽东白农家优良品种为主。

（4）第3代农家种改单交种推广时期（1971—1981年） 代表品种陕单1号。选育单位为原陕西省农林科学院粮作所，于1965年用武105×武102杂交选育而成。每hm^{2}产量5 250kg，高产可达7 500kg以上。产量试验比辽东白增产30%，比金皇后增产27.2%。1971年5月，宝鸡专区在杨凌（西北农学院）举办杂交玉米、杂交高粱（俗称“两杂”）技术员培训班，推广杂交种0.88万hm^2，配制玉米杂交种175万kg。当年秋组织183名技术员去海南岛育种（其中，玉米27.9hm^2、高粱62.8hm^2），建立了玉米自交系武105、武102、38-11等繁殖区，其中，眉县常兴、眉站、横渠等公社实现了“两杂”化。1972年全县基本实现了“两杂”化，推广面积1.07万hm^2，占玉米、高粱总面积的80%以上。眉县常兴由于大抓了“两杂”推广工作，每hm^{2}产量由1963年的2 250kg提高到1971年的5 475kg，全区到1973年基本实现了玉米单交种化，种植品种以陕单1号为主。全区在同年代，前3年（1971—1973）搭配推广双交种有陕玉652、陕玉611、黄白双交等；顶交种有陕玉683、武顶1号、武顶3号；单交种有白单2号、武单早、陕单2号、陕单3号、陕单5号。后期种植面积较大的单交种有陕单7号。大面积仍以陕单1号为主。

（5）第4代不同类型单交种（推广时期1982—1993年） 代表品种户单1号、陕单9号、中单2号。户单1号选育单位为原陕西省户县种子公司，组合为黄早4×Mo17，是1977年育成的单交种；陕单9号选育单位为原陕西省农科院粮作所，组合为武105×Mo17，于1978年育成；中单2号选育单位为原中国农林科学院，组合为Mo17×330，于1973年育成，1976年推广应用，1979年通过陕西省认定。据1982年陕西省夏播玉米杂交种区试与示范（宝鸡市各点），陕单9号以它高产、优质、抗病比对照陕单7号突出；户单1号以高产、抗病、抗旱比对照突出，应作为下年重点推广品。经过几年来的推广种植，宝鸡市逐步形成了川道水浇地夏播以陕单9号、户单1号为主；川塬春播、油菜、大麦茬、早播以中单2号为主，搭配陕单9号等；山川塬旱地以户单1号为主，山旱正茬地膜覆盖以中单2号为主，相互搭配种植模式。到1985年，宝鸡市12万hm^{2}玉米主要种植品种还有聊玉5号、黄白双交、黄白单交、鲁原单 4 号、陕单 9 号 × 自 330、户单 × 自 330、大单 2 号、宝系 75 × 黄早 4、农家种。

（6）第 5 代高产优质单交种（推广时期 1994—2004 年） 代表品种户单 4 号、陕单 902、豫玉 22 号。户单 4 号选育单位为原陕西省户县种子公司，组合为天 4 × 803，1987 年选育而成；陕单 902 选育单位为原陕西省农科院粮作所，组合为 K11 × 京 7，1989 年育成；豫玉 22 号选育单位为河南省农业大学，组合为综 3 × 豫 78–1，1997 年育成；2001 年陕西省审定，2005 年国家审定。1994 年秋宝鸡市夏玉米新品种区试和示范田观摩户单 4 号在川塬表现优质、高产、抗逆性强，优于当前主栽品种。陕单 902、陕单 911 于 1997 年在川道眉县已开始示范种植，1998 年春季当年示范推广陕单 902、陕单 911，种植面积 400 余 hm^2。1999 年迅速在岐山全县和全市大面积种植，形成春播与夏播油菜，大麦早茬以豫玉 22 号、陕单 911 为主，夏播小麦茬以户单 4 号、陕单 902 为主。在此期间，推广面积较大的品种还有陕资 1 号，农大 108，掖单系列 4 号、12 号、13 号，沈单系列 10 号、16 号，西农 11 号等优良品种。

（7）第 6 代高产、多抗、紧凑型单交种（推广时期 2004 年至今） 代表品种郑单 958、浚单 20。郑单 958 选育单位为河南省农业科学院粮食作物所，组合为郑 58 × 昌 7–2，2000 年育成，2001 年通过国家审定。户单 4 号、陕单 902、陕单 911 等经过几年来大面积种植，种性逐渐退化。户单 4 号表现高产不抗蚜；陕单 902、陕单 911 表现高产不抗倒伏；掖单 13 虽高产、高抗倒伏，但因成熟期过晚，面积受到制约减少。经过每年的新品种引进区试、示范，又筛选了一批高产、抗病虫、抗倒伏、耐密植、高产、稳产的新品种，迅速代替了第 5 代玉米品种。2007 年宝鸡市玉米品种布局：川塬夏播区以郑单 958、浚单 20 为主，搭配种植秦农 11 号、蠡玉 13 号等；春播区以豫玉 22、沈单 16 号等为主，搭配种植三北 6 号、吉单 261 等；青贮玉米雅玉 8 号、奥玉青贮 5102、油饲 67。2011 年宝鸡市玉米品种布局：春播区以豫玉 22、强盛 9 号为主栽品种，搭配种植秦农 14、正大 12，示范推广榆单 9 号、金玉 8 号、新玉 12 号、陕单 22。夏播区川道灌区以浚单 20、郑单 958 为主栽品种，搭配种植秦农 14、正大 12、武科 2 号，示范推广五谷 198、张玉 20、泛玉 6 号、陕科 6 号；塬灌区以郑单 958、浚单 20 为主栽品种，搭配种植秦农 11、正大 12、中科 4 号，扩大示范滑玉 11、五谷 198、武科 2 号、农科大 1 号；畜牧业主产区种植青贮玉米，如雅玉 8 号、秦农青贮 1 号为主要推广品种。经过几年的种植，郑单 958、浚单 20、豫玉 22 号仍是主栽品种。在此期间，先后搭配种植面积较大的品种还有秦龙系列 11 号、14 号，沈单系列 10 号、16 号登海系列

9号、11号，蠡玉系列16号、18号，浚单系列18号，22号，先玉335，长城799，宝单1号等，共30多个优良品种。

3. 甘肃省玉米品种更新换代

甘肃省玉米育种至今已有40年历史。在此期间，经历了由玉米地方品种—双（三）交种—单交种的发展道路，并进行了3次品种更新。第1次是1960年前后用金皇后、英粒子、辽东白等高产地方品种在平川和浅山地区代替低产的黄大笨、黄二笨、白二笨等农家品种，使山区玉米单产提高15%~20%；第2次是在1970年前后用双交种维尔156、维尔42等代替地方品种，进一步提高了玉米单产，一般增产30%左右；第3次是70年代后期至目前用中单2号、户单1号等代替了双交种、三交种，使甘肃省玉米单产提到了一个新的水平，一般增产30%以上。同国内相比，甘肃省杂交种更换落后2次。40年内，全省玉米生产经历了波浪式的发展过程。1957—1977年的20年中，由于地方品种和双、三交种的推广，全省玉米面积、单产、总产逐年扩大和提高；1980年前后，由于玉米丝黑穗病、大斑病、矮花叶病以及红叶病的加重和流行等原因，导致甘肃省玉米面积、单产、总产有较大的滑坡；从1985年至现在，由于中单2号的推广，玉米面积逐年扩大，单产稳步提高，总产显著增加，玉米生产得到了较快发展。近两年，病毒病在陇南、陇东流行，给甘肃省玉米生产带来威胁，然而生产上却缺乏抗病的接班品种。品种更换缓慢，导致玉米病害的又一次抬头，是甘肃省目前玉米生产的突出问题。

三、黄土高原玉米品种熟期类型和划分指标

玉米的熟期类型是品种示范推广的重要性状。表达熟期类型的指标通常有热量指标（活动积温）、形态指标（叶片数）和生育指标（生育天数）。黄土高原玉米生态类型复杂多样，对玉米熟期类型的各项指标进行研究，旨为确定表达玉米熟期类型的主要因子，初步划分各熟期类型。

（一）玉米品种熟期类型的划分指标

旱地玉米是主要的粮食作物。使用适宜熟期类型的品种，是种植成败的关键。因种植地域的差异，所用玉米杂交种的熟期类型在中早熟至中晚熟范围内变动，个别地区也能使用早熟类型。如何准确地掌握所用品种的熟期类型，必须选好划分指标。多年试验研究表明：植株叶效、播种—成熟天数、播种至成熟生育期内≥0℃的积温是熟期分类的形态指标、生育指标和生态指标，而植株叶数是最易识别和掌握的指标（曹广才等，1995）。关于玉米品

种的熟期分类，国际上通用的是7类，即极早熟、早熟、中早熟、中熟、中晚熟、晚熟、超晚熟。一般以生育期长短来判断。然而，生育期长短因环境和种植地点生态条件的差异会发生很大变化。海拔的高低，对生育天数影响极显著。对于玉米一生的生育进程，主要体现为积温效应，所以积温也应是玉米熟期分类的指标，但这项指标难以掌握，而植株叶数相对稳定，同一品种在不同年度中或同一年度不同播期中，植株叶数基本一致。据此，选择了植株叶数、播种—成熟天数和播种—成熟期间≥0℃积温作为综合评价品种熟期类型的三项指标。

（二）玉米品种的熟期类型

在黄土高原露地播种条件下，一般在中早熟至中晚熟范围内因地选用品种。

1. 中早熟或中熟类型

如烟单14、陕单13号、中夏2号、寿单1号、张玉1号、陕高农1号、唐抗5号、陕高农4号、D黄15等。植株叶数19~20片；高海拔旱地春播条件下，播种至成熟的生育期多为145~147d；生育期内≥0℃积温多在2 700~2 800℃。

2. 中晚熟类型

如忻黄单85-1、中单902、晋单36号、中单306、中玉4号、晋单33号、陕玉1208、陕玉8725等。植株叶数21~22片；高海拔旱地春播条件下，播种至成熟的生育期多为147~157d；生育期内≥0℃积温一般>2 800℃。

黄土高原地区总面积的68.8%属于干旱、半干旱地区（曹全意，1998），气候特征表现为：冬季寒冷干燥，夏季温暖湿润，春温高于秋温，秋雨多于春雨。雨热同期，雨量少而变率大，冷热季节明显，日温差大。光照充足，日照时数多，热量条件优越。冬春季节多大风，春季干旱比较严重。黄土高原地区年平均气温3.6~14.3℃，并且由东南向西北逐渐降低，≥10℃积温2 500~4 500℃，无霜期150~250d。为了充分发挥玉米单交种的增产潜力，必须依据当地的生态条件，选用适宜熟期类型的品种。每个类型的品种都有一定的生态适应范围。在以寿阳县为代表的晋中高海拔旱地，能完成生育过程，并有产量收获的品种，根据试验表现，可归于极早熟、早熟、中早熟、中熟、中晚熟5个类型。由于中早熟和中熟的划分指标有交叉，为使用方便，本文将其合并为一类，即中早熟和中熟类型。极早熟类型在本地区种植，虽有试验意义，但由于生育期短，不能充分利用有效生长季节的温、光、水、热等自然资源，产量较低，成熟时易遭兽害，所以在一熟制的高海拔旱地无生产意义。而中早熟和中熟类型的适种范围最广，产量表现也较好。中晚熟类型在有的乡、镇或进行地膜覆盖，种植效果也较好。在晋中高海拔旱地的玉米用种问题上，应在中早熟至中晚熟类型范围内选择品种。既能发挥自身的增产潜力，又能充分利用整个生长季节。至于早熟类型，也可在小环境温度较低的局部地区使用。在实际生产中，引入新品种时一定要准确地识别和掌握其熟期类型，才不致失误。有时某品种被介绍为某类型，实际引入试种时生育期拖长，不能正常成熟。如何划分和识别品种的熟期类型，指标必须合理、可靠。本文选用的植株叶数、播种至成熟天数、播种至成熟期间 >10℃积温可作为综合评价品种熟期类型的 3 项指标，即形态指标、生育指标和生态指标。这 3 项指标都是该类型品种生育特征和特性的反映。单用生育期长短或积温来分类，失之偏颇。在品种和环境的相互作用中，生态条件的影响远远大于品种本身的作用。因此综合使用 3 项指标才不致出现大的偏差。形态指标最易掌握，以植株叶数作为判别玉米品种熟期类型的形态指标，其结果与用 3 项指标进行系统聚类的结果基本一致。因此，在实践中，若仅用一项指标来判别熟期类型，那么植株叶数较为准确，而生育期和积温却因观察记载和计算等因素，常会出现误差。因此建议育种、供种单位在作品种介绍时，除有生育期和需求积温外，还要特别注明植株叶片数。另外，生育季节较短的高寒或海拔较高的地区，应选择早熟、耐寒品种；对雨水较充足的地方，可以选择耐密型、丰产性好的中晚熟品种；对较易干旱或无灌溉条件的，应选择抗旱性较强、植株生长相对较矮的中熟品种。当地的温度、光照等气候环境能够满足该玉米品种生长发育的要求，能够正常成熟，且所选品种在生育期、植株形态、产量性状、抗性、所需温度、肥力条件适宜当地应用。在一定的海拔高差范围内，随着海拔的升高，在大体同期播种时，玉米的拔节期、抽雄期、成熟期相应推迟。营养生长、营养生长与生殖生长并进、生殖生长三个生育阶段均相应延长。生育期是玉米生长发育的重要和基本特征。随着海拔的升高，玉米的生育期相应延长，两者间呈正相关。在地膜覆盖条件下，也可选用中晚熟品种。根据半干旱地区一熟制种植制度和生长季节积温状况，在玉米品种熟期类型选用上，应在中早熟、中熟范围内选用。

第二节　生长发育

一、生育期

作物从播种到收获的整个生长发育所需的时间为作物的大田生育期。作物生育期的准确计算方法应当是从种子出苗到作物成熟的天数，因为从播种到出苗、从成熟到收获都可能持续相当长的时间，这段时间不能计算在作物的生育期内。在黄土高原旱地，指播种至完熟天数。也称全生育期。用天数“d”表示。

（一）山西省春播玉米品种的生育期

山西省地处黄土高原，玉米是最重要的农作物之一。由于境内南北狭长，地跨六个纬度（北纬34° 34'~40° 43'）。北中部和东南部属于北方春播玉米区，中南部属于黄淮海夏播玉米区。且地形复杂，山地、丘陵、台地、平原等各种地形都有，造成不同地域之间农田生态环境的显著差异。即使在同一个县的不同乡镇，甚至同一乡镇不同村的土地，在海拔高度、热量和水资源等生态条件，以及土壤质地、肥力、灌水等生产条件都有明显差异，这些差异使得玉米种植区域更加复杂。

根据山西省不同地域的热量资源，≥ 10℃年积温、无霜期，生产条件，不同玉米品种对生态环境的反应，以及各地对玉米品种的利用状况等，杨志跃（2005）在普查的基础上，参照山西省综合农业区划，以乡镇为单位，将山西省玉米种植生态区划分为：春播中晚熟区、春播中早熟区、春播早熟区、春播特早熟区、夏播早熟区和夏播中熟区六个大的种植生态区。本节以四个春播熟区逐一介绍其玉米品种的生育期。

1. 春播中晚熟区

该区包括大同、忻州、晋中、吕梁、太原、长治、临汾、晋城、阳泉9个市60个县的632个乡镇。1999年该区玉米种植34.657万hm^2，占当年全省玉米种植面积的39.6%，是山西玉米种植涉及面最广、面积最大、产量最高的一个区，总产占全省玉米总产的48.5%，平均单产5 356.5kg/hm^2，无论是总产和单产都在山西省玉米生产上起着举足轻重的作用。主栽玉米品种有：并单390、强盛51、太玉2号、晋单81、晋单74、诚信1号等。

以强盛51为例，春播平均生育期127d。

2. 春播中早熟区

该区包括大同、朔州、忻州、吕梁、太原、阳泉、晋中、长治、晋城、临汾10个市61个县的349个乡镇。1999年全区共种植玉米20.223万hm^2，占全省当年玉米面积的23.1%。由于区内水浇地较少，玉米主要种植在旱地上，产量低而不稳，总产占全省玉米总产的21.0%，平均单产3 978.5kg/hm^2，比当年全省平均单产4 371.35kg/hm^2低9.0%。该玉米种植生态区在山西分布较广，也比较分散。主栽玉米品种有：农大108、大丰30、先玉335等。

以农大108为例，春播平均生育期120d。

3. 春播早熟区

该区较集中的分布在晋北高纬度地区和晋西、晋西北及晋东晋东南高海拔冷凉山区。涉及除运城市以外的10个市48个县的276个乡镇。1999年共种植玉米15.325万hm^2，占全省当年玉米面积的17.5%，总产占全省玉米总产的12.1%，平均亩产3 028.5kg/hm^2。主栽玉米品种有：长城799、大丰30、哲单37等。

以长城799为例，春播平均生育期113d。

4. 春播特早熟区

该区比较集中的分布于晋北和晋西北地区，其他地区高海拔乡镇也有少量分布。这是山西玉米开发最晚的一个生态区，同时也是极具开发潜力的一个区。共涉及大同、朔州、忻州、吕梁、太原、晋中、长治、晋城8个市35个县的247个乡镇。1999年全区共种植玉米4.095千hm^2，占全省当年玉米面积的4.6%，总产占全省玉米总产的2.1%，平均单产1 966.5kg/hm^2。主栽玉米品种有：并单6号、并单16号、利合16、德美亚1号、德美亚2号等。

以并单6号为例，在春播特早熟区生育期102d，在北部高寒特早熟区春播生育期平均114.6d。

（二）陕西省春播玉米品种的生育期

玉米作为陕西省最重要的粮食作物之一，据统计，种植面积从1978年的109.07万hm^2，逐年上升至2012年的116.74万hm^2，每亩产量从1978年的168kg，上升至2012年的323.73kg，种植面积已经超过小麦成为该省第一大粮食作物。30年来总种植面积增加不大，但总产量却翻了一番。

据高飞等（2014）调查显示，以陕西省各区市种植面积在667hm^2以上的玉米品种为主，个别种植面积较小的地市，以及不足667hm^2的当地主栽品种也在调查统计之列。调查范围包括西安、咸阳、宝鸡等12个区市，涉及的主要品种有63个。2013年种植面积在1.33万hm^2以上的玉米品种有10个，多数都是陕西省农业厅区域布局意见中推广的品种，种植面积较大，一般产量表现较种植面积少的品种高，并且稳产性较好。下面就以具有代表性的3个品种介绍陕西省春播玉米品种的生育期。郑单958在陕西省西安市、渭南市、咸阳市等春播地区生育期110~120d。先玉335在陕西省榆林市、渭南市、咸阳市等春播地区生育期127d左右。正大12在陕西省宝鸡市、铜川市、西安市等春播地区生育期130d左右。

（三）甘肃省春播玉米品种的生育期

梁仲科（2013）统计显示，甘肃省已成为全国15个千万亩以上玉米生产大省，种植面积居全国第12位，总产量居全国第13位，单产居全国第14位。玉米是甘肃省第一大粮食作物。近年来，由于玉米的特点和农业先进科学技术的推广应用，玉米在全省的播种面积和总产量逐步增加，玉米作为口粮的比例正显著降低。2000年，玉米播种面积696.54万亩，占全省粮食播种面积的16.59%，年产量210.47万t，占粮食总产量的29.5%。甘肃省玉米播种面积占全国的2.01%，总产量占全国的1.99%。从1978—1999年的22年中，甘肃省的玉米种植面积从449.66万亩扩大到796.75万亩。1988年以来玉米种植面积年均增长率达7.56%，总产量年均增长率达7.42%，显示出比较强劲的增长势头。

甘肃省玉米种植区域在布局方面目前已形成了以河东旱地粮饲兼用玉米和河西走廊杂交玉米制种为主体，河西走廊及沿黄灌区高产玉米和城市郊区鲜食玉米为补充的四大块生产区域。

1. 河东旱地粮饲兼用玉米生产区

这是甘肃省玉米生产的主产区，主要包括兰州、白银、临夏、定西、天水、陇南、平凉、庆阳8个市（州），面积和产量均占到全省的80%左右。目前种植面积为66.67万hm^2左右，产量约340万t。

2. 河西走廊杂交玉米制种生产区

这是全国最大的优质杂交玉米种子生产基地，主要包括河西走廊绿洲灌区核心区域的酒泉、张掖、金昌、武威4市的凉州区、古浪县、甘州区、临泽县、高台县、永昌县、肃州区等县（区）。常年杂交玉米种子生产面积为10万hm^2左右，年产优质种子约60万t，约占全国大田玉米生产用种量的60%。

3. 河西走廊及沿黄灌区高产玉米生产区

主要包括河西走廊绿洲灌区边缘制种玉米与小麦生产的过渡地区的凉州区、古浪县、民勤县、永昌县、金川区、玉门市、金塔县、肃州区、省农垦农场和沿黄灌区的临洮县、榆中县、景泰县、靖远县、临夏县等县（区），常年种植半膜覆盖玉米面积 10 万 hm^2 左右，产量约 100 万 t。

4. 城市郊区鲜食玉米生产区

主要包括兰州、天水、白银等城市近郊县（区）及甘肃省农垦黄羊河农场。常年种植面积约 5 333.33hm^2，产量约 5 万 t。

在栽培品种方面，目前已形成以中晚熟品种为主，早中晚搭配的高产、抗旱品种体系。主栽的品种（种植面积 0.67 万 hm^2 以上）有豫玉 22、沈单 16、富农 1 号、先玉 335、正大 12、酒单 4 号、承单 20 号、郑单 958、金穗 3 号、金凯 3 号、中玉 9 号、吉单 216、晋单 60、金穗 1 号、吉祥 1 号、绵单 1 号、长城 799 和东单 11 号等。

本节选取具有代表性的 3 个品种介绍甘肃省春播玉米品种的生育期。

（1）豫玉 22　在甘肃省春播生育期 135d 左右。全株 18~19 片叶。

（2）富农 1 号　在甘肃省春播生育期 131d。

（3）中玉 9 号　在甘肃省春播生育期 125d 左右。全株叶片数 20 片左右。

（四）覆盖栽培对玉米生育期的影响

农作物的覆盖栽培，是指在耕地表面附加覆盖物的栽培方法，是利用化学、物理和生物物质覆盖农田的地面或水面，通过改善农田生态环境条件，促进作物的生长发育，从而实现高产优质生产目的一种栽培技术措施。

农田覆盖是一种历史悠久的作物栽培技术，目前在中国农业生产中广泛应用的覆盖材料为秸秆和地膜。地膜由于其透光率高、不透气、质轻耐久等特性及显著的增温保水和增产早熟作用，在世界各国的农业生产中得到广泛的应用。而传统的秸秆覆盖具有保水稳温效应，又实现了农业废弃物的资源化利用，更具有培肥土壤和防止水土流失的作用。（卜玉山等，2006）

1. 地膜覆盖对玉米生育期的影响

塑料地膜覆盖具有增温、节水、早熟和增产作用，是目前推广的一种具有很高经济效益的种植方法（王耀林，1988）。

卜玉山等（2006）通过试验（表 2-1）研究表明，地膜覆盖加快了玉米的生育进程，各生育时期都比对照明显提前。

表 2-1　地膜覆盖春玉米生育进程（卜玉山等，2006）

试验	处理	播种日期	出苗日期	拔节日期	抽雄日期	成熟日期
大田	CK	04/16	04/28	06/14	07/12	09/10
（2001）	地膜	04/16	04/28	06/12	07/10	09/08
大田	CK	04/18	05/01	06/14	07/12	09/08
（2002）	地膜	04/18	04/28	06/11	07/09	09/05

地膜覆盖促进玉米生长的作用虽然表现在整个生育期，但在生育前期的促进作用较大，地膜覆盖加快了玉米生育进程，成熟提前，生育期缩短。

高岩（2008）通过试验观测了旱地玉米地膜栽培不同覆膜方式对土壤水分含量、玉米物候期（表 2-2）、经济性状和产量的影响。对试验结果分析得出，处理①较对照（CK）出苗期提前 6d，抽雄期提前 15d，成熟期提前 17d；处理④表现次之，较对照（CK）出苗期提前 4d，抽雄期提前 11d，成熟期提前 10d；处理②较对照（CK）出苗期提前 4d，抽雄期提前 10d，成熟期提前 10d；处理⑤较对照（CK）出苗期提前 3d，抽雄期提前 8d，成熟期提前 6d。即从覆膜时间来说，早覆膜比晚覆膜玉米物候期提前，全生育期缩短；从覆膜方式来说，全膜覆盖比半膜覆盖玉米物候期提前，全生育期缩短。

表 2-2　不同覆膜方式玉米物候期观测结果（高岩，2008）

试验	处理	播种日期	出苗日期	拔节日期	抽雄日期	成熟日期
大田	CK	04/16	04/28	06/14	07/12	09/10
（2001）	秸秆	04/16	04/28	06/14	07/13	09/12
大田	CK	04/18	05/01	06/14	07/12	09/08
（2002）	秸秆	04/18	05/08	06/17	07/15	09/12

2. 秸秆覆盖对玉米生育期的影响

综合分析已有秸秆覆盖试验研究的结果表明，秸秆覆盖能改善土壤物理性质，增加 N、P，特别是有机质和速效 K 含量，具有蓄水保墒、调节地温和减缓土壤水分、温度波动，降低田间杂草密度，调节土壤 pH 值，提高土壤生物活性的作用，对农田防护有重要意义（沈裕琥等，1998）。

卜玉山等（2006）通过试验（表 2-3）研究表明，秸秆覆盖延长了玉米整个生育期。秸秆覆盖的对玉米的生长促进作用主要表现在玉米生育的中期、后期。

表 2-3　秸秆覆盖春玉米生育进程（卜玉山等，2006）

处理	物候期（月 / 日）				全生育期（d）
	出苗期	大喇叭口期	抽雄期	成熟期	
全膜双垄沟播①（3 月 20 日顶凌覆膜）	4/29	6/16	7/6	8/25	129
半膜双垄沟播②（3 月 20 日顶凌覆膜）	5/1	6/19	7/11	9/1	136
半膜平铺穴播③（3 月 20 日顶凌覆膜）	5/1	6/20	7/12	9/2	137
全膜双垄沟播④（4 月 15 日覆膜）	5/1	6/18	7/10	9/1	136
半膜双垄沟播⑤（4 月 15 日覆膜）	5/2	6/20	7/13	9/5	139
半膜平铺穴播⑥（4 月 15 日覆膜）	5/3	6/21	7/14	9/5	140
CK	5/5	6/24	7/21	9/11	146

（五）不同播期条件下，玉米品种生育期的变化

近年来，全球气候变暖，尤其是秋、冬季温度升高，全年热量条件的改变对作物的种植区域和播种期产生了重大的影响。温光生态环境的改变对作物的正常生长发育也产生了影响。所以，根据传统的适宜播种期播种，生产上常常出现作物早熟、旺长、冻害、产量和品质降低等情况，以致人们对传统的适宜播期提出了疑问。分期播种是在相同土壤和栽培技术水平条件下，通过播种期调整，使作物生长发育处在不同生态条件下，了解气象田间变化对作物生长发育和产量的影响。

李文科等（2013）研究表明，在一定的生态环境中，播期是影响玉米生长发育及产量形成的栽培因素之一，播期改变会影响玉米不同生育阶段光、温、水条件，对玉米的生长发育起着显著的影响。随播期推迟生育期缩短，播期每推迟 1d，全生育期平均缩短 0.8d；播期推迟后春玉米生育前期温度增高，生长发育速率加快，播种—抽雄所需日期明显缩短，而抽雄—完熟所需日期变化不大。

胡树平等（2015）通过试验研究表明，不同播期条件下，玉米生育进程表现较大差异，随播期的推迟，各品种的各个生育时期持续时间逐渐缩短，全生育期天数分别缩短 6~8d。从籽粒灌浆动态分析，播期越晚籽粒含水量和乳线高度比例越高，籽粒灌浆的进程变慢，灌浆速率下降。播期对春玉米产量有显

著影响，其中，千粒重受到影响较大，千粒重和产量随播期推迟差异显著，并最终限制产量的提高。

程宏等（2013）以晋单 75 号为试验材料，进行了 4 个播期试验，探讨播期对春玉米生长发育形成的影响。试验数据见表 2-4。

表 2-4　不同播期下春玉米生育时期的变化（程宏等，2013）

播种期（月 / 日）	出苗期（月 / 日）	拔节期（月 / 日）	大喇叭口期（月 / 日）	吐丝期（月 / 日）	成熟期（月 / 日）	全生育期 /d
04/10	04/26	05/27	06/18	07/07	09/01	144
04/25	05/04	06/02	06/20	07/08	09/05	133
05/09	05/16	06/13	07/01	07/17	09/15	129
05/24	05/31	06/26	07/15	07/31	09/27	126

从表 2-4 可以看出，随着播期的推迟，玉米生长过程所处温光条件发生变化，玉米的生育期发生改变，呈逐步缩短的趋势。4 个播期处理的生育期分别为 144d、133d、129d、126d。随着播期的推迟，播种时地温升高，出苗快，最早播种和最迟播种的出苗时间缩短 9d；出苗后植株营养生长加快，随着播期推迟，气温逐步升高，玉米的营养生长阶段缩短，出苗—开花期，最早播种比最迟播种时间延长 13d。进入生殖生长后，玉米籽粒质量建成时间的长短也受播期影响。4 月 10 日籽粒建成时间最短，为 56d，其次为 5 月 24 日，籽粒建成时间为 58d；5 月 9 日播种的籽粒建成持续时间最长，为 60d。说明播期的调整对于玉米各生长阶段的温度、光照、日照时间产生直接影响，生育期逐渐缩短，籽粒建成持续时间随播期推迟呈短—长—短的变化趋势，早播和迟播都会缩短籽粒建成持续时间。

通过一系列试验研究表明：随着播期的推迟，玉米品种的各个生育时期的持续时间逐渐缩短，全生育期天数逐渐缩短。

二、生育时期（物候期）

在玉米连续、完整的生长发育过程中，根据植株的形态变化，可以人为地划分为一些“时期”（Stage）。在适宜的播期条件下，这些时期往往对应着一定的物候现象，故也称物候期（马春红等，2014）。

（一）播种期

播种的日期。以“年・月・日”表示。播种是玉米生产过程中的重要环节，如播种前的耕作方法、施肥技术特别是要施足底肥。长年只施用化肥，使土壤结构变差，有机质含量减少，土地板结，也是造成作物减产的原因之一。有机肥肥效长，不但对当季作物有效，而且也有利于下茬作物的生长，要根据春夏播的不同采用播种方式以及不同的品种选择适宜的种植密度等。所以播种工作搞得好，能在正常年景保障玉米丰产 70% 的可能性。

（二）出苗期

第一片真叶展开的日期。这时苗高一般 2~3cm。全区 50% 以上幼芽钻出土面 3.0cm 以上之日。以“年・月・日”表示。温度、水分、O_2 等环境条件对出苗有很大影响。

玉米出苗后要及时做好间苗、定苗。要克服一播了之的种植习惯，苗荒比草荒对玉米苗的生长为害更大。夏玉米生长快，且地下害虫为害也比春玉米少，应及早定苗，按密度规定要求在 4~5 片叶时，一次性定苗。在定苗以前对有缺苗的做好查苗移栽，补苗移栽要在 2~3 片叶时，做到带土浇水移栽。

做好中耕追肥培土工作。中耕是玉米田管理的一项重要工作，其作用在于疏松土壤，保墒散湿，破除板结，促进土壤微生物的活动。从近年来大田玉米生产情况看，由于缺少中耕，土壤板结，土壤透气差，气生根难以入土，影响玉米的健壮生长，玉米植株变得细而瘦小，影响了玉米产量。玉米进入拔节期前中耕能松土破板结，同时通过中耕破土追肥，培土起垄防止倒伏，且有利于灌溉和排涝。因此，即使施用了除草剂，也一定要在玉米拔节之前进行一次中耕，这是一项必要的管理措施。

（三）拔节期

茎基部节间开始伸长的日期。为严格和统一记载标准，现均以雄穗生长锥进入伸长期的日期为拔节期。它标志着植株茎叶已全部分化完成，将要开始旺盛生长，雄花序开始分化发育，是玉米生长发育的重要转折时期之一。

（四）抽雄期

雄穗主轴从顶叶露出 3~5cm 的日期。全区 50% 以上植株雄穗尖端露出顶叶之日。以“年・月・日”表示。这时，植株的节根层数不再增加，叶片即将全部展开，茎秆下部节间长度与粗度基本固定，雄穗分化已经完成。

（五）吐丝期

雌穗丝状花柱从苞叶伸出 2~3cm 的日期。全区 50% 以上植株雌穗花柱从苞叶吐出之日。以“年・月・日”表示。正常情况下，玉米吐丝期和雄穗开花期同步或迟 2~3d。抽穗前 10~15d 遇干旱（俗称“卡脖旱”），这两个时期的间隔天数增多，严重时会造成花期不遇，授粉受精不良。

（六）成熟期（乳熟、蜡熟、完熟）

1. 乳熟期

植株果穗中部籽粒干重迅速增加并基本建成，胚乳呈乳状后至糊状。

2. 蜡熟期

植株果穗中部籽粒干重接近最大值，胚乳呈蜡状，用指甲可以划破。

3. 完熟期

植株籽粒干硬，籽粒基部出现黑色层，乳线消失，并呈现出品种固有的颜色和色泽。

记载时以全区 90% 以上植株的籽粒完全成熟，即果穗中下部籽粒乳线消失，胚位下方尖冠处出现黑色层的日期。以“年・月・日”表示。这时，籽粒变硬，干物质不再增加，是收获的时期。

三、生育阶段及其变化

（一）玉米的生育阶段

在玉米生产过程中，为方便管理，合并一些发生质变的生育时期，归纳划分为一些“阶段”（Phase）。关于玉米的生育阶段，有不同的划分方法。一般采用三段划分法，即营养生长阶段，营养生长与生殖生长并进阶段，生殖生长阶段。每个阶段都包括不同的生育时期。这些阶段由于其各自的生理特点、对温度、水分和养分的侧重需求不同，决定了其在生产管理上主攻目标和中心任务的不同。

1. 营养生长阶段（播种到拔节）

生产上称苗期阶段。玉米苗期是指播种至拔节的一段时间，是以生根、分化茎叶为主的营养生长阶段。一般春播玉米约 35d，夏播玉米 20~30d。该阶段的生育特点主要是根系发育较快，但地上部茎、叶量的增长比较缓慢，此时是决定亩株数、并为穗大、粒多、玉米丰产打基础的关键时期。因此，促进根系发育、培育壮苗，达到苗早、苗足、苗齐、苗壮的“四苗”要求是该阶段田间管理的中心任务。根据其生理特点变化该阶段又可划分播种—三叶期以及三叶期—拔节两个时期。

（1）播种—三叶期　一粒有生命的种子埋入土中，当外界的温度在8℃以上，水分含量60%左右和通气条件较适宜时，一般经过4~6d即可出苗。等长到三叶期，种子贮藏的营养耗尽，称为“离乳期”，这是玉米苗期的第一阶段。这个阶段土壤水分是影响出苗的主要因素，因墒情而定，墒情差的地块可播前2~3d开沟造墒，亦可播后浇蒙头水，所以浇足底墒水对玉米产量起决定性的作用。另外，种子籽粒的大小和播种深度与幼苗的健壮也有很大关系，种子粒大，贮藏营养就多，幼苗就比较健壮；而播种质量的好坏也直接影响出苗的快慢和优劣，播种深度直接影响到出苗的快慢，适宜的播种深度要根据土质、墒情和种子大小而定，出苗早的幼苗通常比出苗晚的要健壮，一般播种深度以5~6cm为宜。据试验，播深每增加2.5cm，出苗期平均延迟1d，因此幼苗就弱。

（2）三叶期—拔节　三叶期是玉米一生中的第一个转折点，玉米从自养生活转向异养生活。玉米拔节期即玉米植株第7片叶片开始展开到长出第10~12片叶片这一时期。从三叶期到拔节，由于植株根系和叶片不发达，吸收和制造的营养物质有限，幼苗生长缓慢，主要是进行根、叶的生长和茎节的分化。玉米苗期怕涝不怕旱，涝害轻则影响生长，当土壤水分过多或积水，玉米三叶期表现黄、细、瘦、弱生长停止或造成死苗，轻度的干旱，有利于根系的发育和下扎。

2. 营养生长与生殖生长并进阶段（拔节到雄穗开花）

又称穗期阶段。玉米从拔节至抽雄的一段时间，称为穗期，一般为30d，包括了小喇叭口期、大喇叭口期、抽雄期、吐丝期、散粉期。拔节是玉米一生的第二个转折点，这个阶段的生长发育特点是营养生长和生殖生长同时进行，就是叶片、茎节等营养器官旺盛生长和雌雄穗等生殖器官强烈分化与形成。这一阶段是玉米一生中生长发育最旺盛的阶段，是决定穗数、穗的大小、穗粒数的关键阶段，也是田间管理最关键的时期。这一阶段加强田间管理，促进中上部叶片增大，茎秆敦实。这期间增生节根3~5层，茎节间伸长、增粗、定型，叶片全部展开；抽出雄穗其主轴开花。

营养生长与生殖生长并进阶段，从外部形态看，玉米根、茎、叶片进入旺盛的生长期，根层及气生根迅速生长，叶片数量和叶面积迅速增加，植株茎秆纵向生长快捷；从内部发育看，雄穗已开始进行小花分化，雌穗紧跟进入穗分化阶段，是玉米穗粒数形成的关键时期，这时肥水充足能有效减少空秆率，有利于雄穗分化、雌穗穗粒数的增加，以及对后期延长叶片功能期、防止早衰和提高粒重具有重要的作用。此期是玉米施肥管理的关键时期，当以重追重施。

穗分化及开花期对水分的反应最为敏感，是水分临界期，干旱持续半个月以上，会造成玉米的“卡脖旱”，使幼穗发育不好，果穗小，籽粒少。干旱更严重时，7月下旬至8月中旬（夏播6月中下旬播种的品种）如果连续20d雨量不能满足玉米的需求易造成雄穗与雌穗抽出时间间隔太长，雌穗部分不育甚至空秆（开花授粉期日平均气温在26℃左右，易形成丰产年；若平均气温高于27℃，最高气温高于32℃易形成减产年）。

拔节以前植株以营养生长为主，其后转为生殖生长为主。因此，调节植株生育状况，促进根系健壮发达，争取茎秆中下部节间短粗坚实，中部叶片宽大色浓，总体上株壮穗大是该阶段田间管理的中心任务，以达到穗多、穗大的丰产长相。

3. 生殖生长阶段（雄穗开花到籽粒成熟）

又称花粒期阶段。该阶段包括开花、吐丝和成熟三个时期。玉米抽雄、散粉时所有叶片都已展开，植株已经定高。此期主要功能叶片是植株的中上层叶片，是决定粒数和粒重的关键时期。该阶段早、中、晚熟品种的经历时间一般为30d—40d—50d。其生育特点主要是营养生长基本结束，进入以开花、受精、结实籽粒发育的生殖生长阶段。籽粒迅速生成、充实，成为光合产物的运输、转移中心，出现了玉米一生的第三个转折点。因此，保证正常开花、授粉、受精，增加粒数，扩大籽粒体积；最大限度地保持绿叶面积，增加光合强度，延长灌浆时间；防灾防倒，争取粒多、粒大、粒饱、高产，是该阶段田间管理的中心任务。

纵观玉米的一生可以看到，播种—拔节是决定苗的数量与质量的重要时期，穗期和花期是决定雌穗总花数及受精花数的重要时期，粒期是决定穗粒数与千粒重的关键时期。在生产中要整好地，播好种，在穗期、花期和粒期到来之前，就提供良好的肥水条件，以保证穗大、粒多、粒重，获得高产。

（二）生育阶段的变化

1. 玉米生育期变化

玉米从播种至成熟的天数，称为生育期。玉米生育期长短与品种、播种期和温度等有关。一般早熟品种在播种晚或温度较高的情况下生育期短，反之则长；同一品种夏播生育期短，春播生育期长。

作物生育期的长短，除主要决定于作物的遗传性外，还由于栽培地区的气候条件和栽培技术等因素而有差异。如秋播、冬播作物因冬季气温低，生长发育缓慢，生育期较长；春播、夏播作物因气温高，生长发育快，生育期较短。同一品种在不同纬度地区种植，由于温度、光照的差异，生育期也随之改变。生育期变化的大小取决于作物本身对光温的敏感程度，对光温愈敏感，生育期变化愈大。

2. 玉米生育阶段变化

在正期播种条件下，根据各生育阶段天数占全生育期天数的长短比例，黄土高原旱地玉米的生育阶段一般表现为“长—短—长”的“两长一短”特征。随着播期的推迟，各生长阶段逐渐缩短。

刘明等（2009）以“郑单 958”和“鲁单 984”为材料，比较研究了两个播期（4 月 24 日和 5 月 15 日）条件下春玉米的生长发育。结果表明，不同播期的春玉米生长发育存在显著差异。

表 2-5　不同播期下春玉米各生育时期持续时间的变化（刘明等，2009）（月 / 日）

生育时期	郑单 958		鲁单 984	
播种期	04/24	05/15	04/24	05/15
拔节期	06/05	06/20	06/05	06/20
大喇叭口期	06/22	07/05	06/22	07/05
开花期	07/03	07/17	07/03	07/17
腊熟期	08/09	08/19	08/09	08/19
完熟期	09/05	09/17	09/05	09/17

由表 2-5 可知，不同播期下“郑单 958”和“鲁单 984”各生育阶段持续的时间是不同的。后一个播期与前一播期相比，营养生长阶段（播种至拔节期）缩短 6d，营养生长与生殖生长并进阶段（拔节至开花期）缩短 1d，生殖生长阶段（开花至完熟期）缩短 2d。推迟播期后，各生育阶段持续时间均减少，其中，播种到拔节期缩短 14.3%，缩短幅度最大。

张谋草等（2011）研究表明，不同播期对玉米生长发育的影响主要表现在苗期，使苗期各发育期间隔天数和生长速度不同。播种较晚的各发育期间隔天数短，生长速度快；播种较早的各发育期间隔天数长，生长速度慢。但不同播期对生殖生长影响较小，各发育期间隔天数基本相同。

本章参考文献

卜玉山，苗果园，邵海林，等 . 2006. 对地膜和秸秆覆盖玉米生长发育与产量的分析 [J]. 作物学报，7（32）：1090–1093.

蔡太义，贾志宽，孟蕾，等 .2011. 渭北旱塬不同秸秆覆盖量对土壤水分和春玉米产量的影响 [J]. 农业工程学报，27（3）：43–48.

曹广才，吴东兵 .1995. 高寒旱地玉米熟期类型的温度指标和生育阶段 [J]. 北京农业科学，13（1）：40–43.

程宏，郑联寿，冯瑞云 . 2013. 播期对山西省春玉米生长发育及产量的影响 [J]. 山西农业科学，41（12）：1336–1339.

方华，李青松，郭玉伟，等 . 2010. 中国玉米品种生育期的研究 [J]. 河北农业科学，14（4）：1–5.

高飞，王弘，施艳春，等 . 2014. 陕西省玉米品种布局的现状及分析 [J]. 中国种业（7）：11–14.

高岩 . 2008. 不同覆膜方式对旱地玉米的影响 [J]. 甘肃农业科技（5）：27–28.

黄成秀，孙玉莲，张淑芳，等 . 2014. 播种期对临夏州春玉米生育期及产量的影响 [J]. 现代农业科技（17）：33–35，38.

金胜利，周丽敏，李凤民，等 . 2010. 黄土高原地区玉米双垄全膜覆盖沟播栽培技术土壤水温条件及其产量效应 [J]. 干旱地区农业研究，2（28）:28–33.

雷娟，黄亚萍，尚辉，等 . 2012. 陕北旱作农区地膜玉米高产技术指标化推进模式 [J]. 陕西农业科学（6）：271–273.

雷雨田，彭立强，王欣欣，等 .2015. 不同覆膜方式对旱地玉米生长发育和产量的影响 [J]. 内蒙古农业科技，43（1）：13–16.

李安民 . 2003. 陕西省 2002 年春播玉米新品种比较试验 [J]. 种子世界，3:22–24.

李建奇 . 2008. 地膜覆盖对春玉米产量、品质的影响机理研究 [J]. 玉米科学，16（5）：87–92,97.

李军，王立祥，邵明安，等 .2002. 黄土高原地区玉米生产潜力模拟研究 [J]. 作物学报，28（4）：555– 560.

李尚中，樊廷录，王磊，等 . 2013. 不同覆膜方式对旱地玉米生长发育、产量和水分利用效率的影响 [J]. 干旱地区农业研究，31（6）：22–27.

李树基，贾琼 . 2002. 甘肃玉米产业竞争力分析 [J]. 甘肃农业（11）：13–15.

李文科，薛庆禹，王靖，等 . 2013. 播期对吉林春玉米生长发育及产量形成的影响

[J]. 玉米科学，21（5）：81–86.

李霞，杨晓军，王斌 . 2012. 榆林市旱地春玉米全膜双垄沟播高产栽培集成技术[J]. 农业科技通讯（3）：120–122.

李向岭，李从锋，葛均筑，等 . 2011. 播期和种植密度对玉米产量性能的影响 [J]. 玉米科学，19（2）：95–100.

李兴，程满金，勾芒芒，等 . 2010. 黄土高原半干旱区覆膜玉米土壤温度的变异特征 [J]. 生态环境学报，19（1）：218–222.

梁仲科 . 2013. 保障粮食安全的主力军——兼论玉米在甘肃粮食生产中的战略地位[J]. 甘肃农业（24）：37.

刘德宝 . 2002. 山西玉米 [M]. 太原：山西科学技术出版社 .

刘明，陶洪斌，王璞，等 . 2009. 播期对春玉米生长发育与产量形成的影响 [J]. 中国生态农业学报，17（1）：18–23.

刘小卫，付曲生，等 . 2008. 玉米免耕秸秆覆盖搞笑栽培技术效果初探 [J]. 耕作与栽培（4）:31–32.

刘晓伟，何宝林，郭天文，等 . 2011. 秋覆膜对旱地玉米土壤水分和产量的影响[J]. 农学学报，1（10）：9–15.

刘永忠，李万星，靳鲲鹏，等 . 2009. 山西省春播中晚熟旱地玉米高产高效栽培技术 [J]. 山西农业科学，37（4）：87–88.

沈裕琥，黄相国，王海庆 . 1998. 秸秆覆盖的农田效应 [J]. 干旱地区农业研究，1（16）：45–50.

吴东兵，曹广才 . 1995. 我国北方高寒旱地玉米的三段生长特征及其变化 [J]. 中国农业气象，16（4）：7–10.

杨扎根，张藕珠 . 2007. 山西省春玉米主要旱作栽培模式及增产效应分析 [J]. 中国农村小康科技（11）：44–45.

杨志跃 .2005. 山西玉米种植区划研究 [J]. 山西农业大学学报（3）：223–225.

姚先玲 . 2014. 山西省春播玉米品种推荐 [J]. 农业技术与装备，1（27）：58–62.

张谋草，赵玮，邓振镛，等 . 2011. 分期播种对陇东地区玉米产量的影响及适宜播期分析 [J]. 中国农学通报，27（33）：28–33.

张钛仁，王瑜莎，白月明 . 2013. 甘肃省春玉米干旱灾损评估指标研究 [J]. 中国农业气象，34（1）：100–105.

张晓光 .2013. 陕西统计年鉴 [M]. 北京：中国统计出版社 .

郑向阳，栗建枝，王国平，等 .2014. 山西省玉米不同生态区特点和特征特性分析[J]. 中国种业（8）：26–28.

第三章
黄土高原
玉米栽培技术

第一节　选用品种

一、旱地玉米品种的熟期类型

根据旱地玉米区一熟制种植制度和生长季节积温状况，在玉米品种熟期类型选用上，应在中早熟、中熟范围内选用。在地膜覆盖条件下，也可选用中晚熟品种。

品种选择是玉米生产的第一步，选择好的良种是玉米栽培的关键所在。一个优良品种往往是丰收的基础，它直接影响玉米产量的提高，也是一项成本低、效果明显的增产措施。合理选用玉米良种，再加上良法进行栽培，其产量就能比其他一般品种在同样条件下种植增产 10%~20%。选用优良品种，还可以起到抗灾稳收的作用。俗话说“土肥是基础，良种定大局。”这说明选用良种是夺取玉米高产的重要措施。玉米良种的标准应符合以下条件。

生育季节较短的高寒或海拔较高的地区，应选择早熟、耐寒品种，如哲单 37、利合 16、并单 6 号、并单 16、德美亚 1 号、德美亚 2 号、克单 12 号、新玉 4 号等；对雨水较充足的地方，可以选择耐密型、丰产性好的中晚熟品种，如伟科 702、永玉 3 号、京科 665、京科 968、浚单 20、先玉 335、郑单 958 等；对较干旱地区，应选择抗旱性较强、植株生长相对较矮的中熟品种，如张玉 1 号、掖单 22、西玉 3 号、鲁单 981、登海 1 号等。当地的温度、光照等气候环境能够满足该玉米品种生长发育的要求，能够正常成熟，且所选品种在生育期、植株形态、产量性状、抗性、所需温度、肥力条件适宜当地应用。

黄土高原旱地春播玉米区主要分布在内蒙古、山西、宁夏的大部，河北、陕西的北部和甘肃的部分地区，其共同特点是由于纬度及海拔高度的原因，积温不足，难以实行多熟种植，以一年一熟春玉米为主。在这些地区种植玉米，应因地选用中早熟、中熟品种。在地膜覆盖条件下，可选生育期长一些的中晚熟品种。

在纬度和经度一定的前提下，玉米品种从播种到成熟的生育期与海拔高度之间存在着极显著的正相关性，海拔高度每升降 100m，玉米品种生育期延长或缩短 4d 左右。试验表明，在一定的海拔高差范围内，随着海拔的升高，在大体同期播种时，玉米的拔节期、抽雄期、成熟期相应推迟。营养生长、营养生长与生殖生长并进、生殖生长三个生育阶段均相应延长。生育期是玉米生长发育的重要阶段和基本特征。随着海拔的升高，玉米的生育期相应延长，两者间呈正相关。

在高纬度高海拔地区日照时数、光强、光质、风、空气湿度、土壤和病虫害等因素也有不同的变化。海拔升高、气温和土温降低使杂交玉米生育期延长；同时，海拔升高，蓝、紫、青等短波光及紫外线较多，这样使玉米植株降低；另外，海拔升高，雨量和空气湿度的增加，使丝黑穗病等的为害加重。总之，海拔增加使各种生态因子的变化，对杂交玉米产量有着综合影响。所以，在高海拔的山区玉米生产上，由于气温较低影响了杂交玉米的生长发育和产量，适宜采取地膜覆盖等保温栽培措施，以减轻低温的不利影响。尤其是阴坡地玉米，更应该采用地膜覆盖栽培。

在地膜覆盖条件下，也可选用中晚熟品种。地膜覆盖耕层 0~5cm 土壤温度显著增加；土壤水分含量变化研究结果表明，在玉米生长发育期间，总的来看，地膜覆盖下的表层 0~20cm 土壤水分含量较不覆膜高，而深层 60~100cm 土壤水分含量却有降低的趋势；综合土壤水分变化和产量分析表明，地膜覆盖下土壤水分利用效率较不覆膜高，其中，全膜双垄沟播种植技术的效果最好，2007 年水分利用效率 16.6kg/hm^2 · mm，是不覆膜的 12.8 倍；地膜覆盖较不覆膜能早出苗，提前进入拔节、吐丝和成熟期；地膜覆盖下的玉米产量是不覆膜的 6~11 倍之多，对产量构成分析，地膜覆盖比不覆膜出苗率显著增加，穗长、穗粗、行粒数、百粒重和穗粒数都显著增加。廖长见等（2009）研究了地膜覆盖下高山反季节鲜食玉米产量效应，发现无论是白色地膜覆盖还是黑色地膜覆盖，0~5cm 和 5~10cm 耕层土壤温度都较不覆膜高；地膜覆盖玉米较不覆膜早出苗 2d 左右，成熟期较不覆膜提前 7d 左右；玉米生长发育期间，地膜覆盖下的株高、茎粗、穗长和行粒数较不覆膜增加，产量增加。李建奇

（2008）研究表明，地膜覆盖下耕层0~5cm、5~10cm、10~15cm和15~20cm土壤温度观测表明，各层土壤从播种到大喇叭口期增加的积温占到整个生育期的60%以上，说明地膜覆盖的增温效果主要在玉米生长发育的前期，这可能是由于玉米生长前期郁闭度比较低，而后期较高的缘故；玉米生长发育期间，地膜覆盖促进了玉米根系的生长发育，0~100cm土层地膜覆盖处理的玉米根系生物量比不覆膜显著高；地膜覆盖提高了玉米籽粒产量，增加了玉米籽粒容重、粗淀粉含量和氮磷含量，而降低了籽粒粗蛋白含量。张士义等（2001）对风沙半干旱地区地膜覆盖下的玉米发育特征作了调查，表明地膜覆盖较不覆膜处理早成熟7~11d；地膜覆盖玉米株高在同一时期较不覆膜高6.5~22cm，叶片数也有增加。

二、旱地玉米优良品种

（一）并单16

品种来源　206-305×太系50。山西省农业科学院作物科学研究所选育。

审定编号　晋审玉2010003。

特征特性　太原春播生育期110d。总叶片数16~17片。需要≥10℃活动积温为2 100~2 200℃。幼苗第1片叶呈椭圆形，叶鞘紫色，叶色深绿，花柱浅紫色，花药浅紫色，雄穗主轴与分支角度小，侧枝姿态直立一级分支3~5个。最高位侧枝以上主轴长度26cm。株高260cm，穗位高110cm，果穗长20cm，果穗半桶形，粗4.9cm，穗行数16行，行粒数32粒，籽粒黄色、半马齿型，百粒重38.2g，出籽率89.5%。植株保绿，活秆成熟，株型紧凑。适宜种植密度以60 000~75 000株/hm^{2}为宜。经山西省农业科学院植物保护所进行接菌抗病性鉴定：高抗玉米粗缩病，抗玉米丝黑穗病、穗腐病，中抗玉米大斑病，感玉米矮花叶病、茎腐病。经农业部谷物品质监督检测中心测试分析，籽粒含粗蛋白9.6%、粗脂肪4.03%、粗淀粉71.76%，籽粒容重762g/L。

产量表现　2008年参加山西省特早熟玉米生态区区域试验，平均产量8 820.0kg/hm^2，比对照极早单2号增产8.6%；2009年续试，平均产量9 226.5kg/hm^2，比对照极早单2号平均增产15.3%。2年区域试验平均产量8 412.0kg/hm^2，比对照增产12.0%，比对照早熟2d。2009年参加生产试验，每hm^{2}平均产量9 918.0kg，比对照极早单2号增产13.8%。一般产量9 000kg/hm^2，高产纪录达到12 750kg/hm^2。

适宜区域　本省特早熟区种植外，还适宜在河北省的张家口坝上、坝下，内蒙古自治区的河套、赤峰，黑龙江省北部，新疆维吾尔自治区北部地区推广。该品种也可以成为遇大旱之年的补种救灾品种。

（二）德美亚2号

品种来源 以KW5G321为母本、KW1A139为父本杂交选育而成。

审定编号 2008年黑龙江省农作物品种审定委员会审定通过（黑审玉2008040）。

特征特性 极早熟区春播105d。16片叶。需≥10℃活动积温2 100℃。幼苗叶片黄绿色，叶鞘浅紫色。植株半紧凑型，株高238cm，穗位69cm，雄穗护颖绿色，花药深紫色，一级分枝9个。雌穗花柱紫色。果穗短筒型，粉轴，穗长16.2cm，穗粗4.3cm，秃尖0.4cm，穗行数14，行粒数33，单穗粒重131.4g，出籽率86.8%。籽粒偏硬粒型，橙黄色，百粒重30.3g。2011年农业部谷物及制品质量监督检验测试中心（哈尔滨）测定，容重776g/L，粗蛋白10.04%，粗脂肪4.46%，粗淀粉74.34%，赖氨酸0.30%。2011年吉林省农业科学院植保所人工接种、接虫抗性鉴定，感大斑病（7S），感弯孢病（7S），中抗丝黑穗病（6.5%MR），高抗茎腐病（3.0%HR），中抗玉米螟（5.1MR）。

产量表现 2010年参加极早熟组区域试验，平均亩产601.2kg，比对照冀承单3增产18.2%。2011年参加极早熟组生产试验，平均亩产575.0kg，比对照冀承单3增产12.9%。

适宜区域 山西、河北、内蒙古等省（自治区）需≥10℃活动积温2 100℃以上地区种植。亩保苗6 000~6 700株。注意防治大斑病、弯孢病。

（三）利合16

品种来源 母本CKEXI13。来源于Mo17×甸骨11A，引自黑龙江省农林科学院克山农业研究所；父本LPMD72，来源于LPDP53A（欧洲硬粒型自交系）×NNEG5。山西利马格兰特种谷物研发有限公司选育。

审定编号 国审玉2007002。

特征特性 在北方极早熟玉米区出苗至成熟101d，比冀承单3号晚熟3d。成株叶片数16片。需有效积温2 100℃左右。幼苗叶鞘紫色，叶片深绿色，叶缘绿色，花药黄色，颖壳绿色。株型半紧凑，株高246cm，穗位高84cm。花柱绿色，果穗长锥型，穗长18cm，穗行数14行，穗轴白色，籽粒黄色、硬粒型，百粒重30.55g。经吉林省、黑龙江省农业科学院植物保护研究所2年接种鉴定，高抗瘤黑粉病，中抗茎腐病和弯孢菌叶斑病，感大斑病、丝黑穗病和玉米螟。经农业部谷物及制品质量监督检验测试中心（哈尔滨）测定，籽粒容重 782g/L，粗蛋白含量 7.61%，粗脂肪含量 4.60%，粗淀粉含量 74.40%，赖氨酸含量 0.32%。

产量表现　2005—2006 年参加极早熟玉米品种区域试验，两年平均亩产 517.3kg，比对照冀承单 3 号增产 24.6%。2006 年生产试验，平均亩产 528.0kg，比对照冀承单 3 号增产 14.8%。

适宜区域　适宜在黑龙江省第四积温带、吉林省东部极早熟地区、河北省承德市北部、陕西省延安地区、甘肃省陇南地区、新疆维吾尔自治区喀什地区、内蒙古自治区通辽北部和宁夏回族自治区固原等地种植，玉米大斑病、丝黑穗病和玉米螟高发区慎用。

（四）大丰 30

品种来源　A311×PH4CV，是山西大丰种业有限公司选育而成的，自选系 A311 是公司自选系。

审定编号　晋审玉 2012006。

特征特性　生育期 127d 左右。总叶片数 21 片。幼苗第一叶叶鞘深紫色，尖端圆到匙形，叶缘紫色。株形半紧凑，株高 325cm，穗位 110cm，雄穗主轴与分枝角度中，侧枝姿态直，一级分枝 4~5 个，最高位侧枝以上的主轴长 28.8cm。花药紫色，颖壳紫色，花柱由淡黄转红色，果穗筒型，穗轴深紫色，穗长 18.8cm，穗行数 16~18 行，行粒数 40.4 粒，籽粒黄色，粒型马齿型，籽粒顶端黄色，百粒重 40.5g，出籽率 89.7%。2009—2011 年山西省农林科学院植物保护研究所、山西农业大学农学院鉴定，中抗茎腐病，感丝黑穗病、大斑病、穗腐病、矮花叶病、粗缩病。2010 年农业部谷物及制品质量监督检验测试中心检测，容重 756g/L，粗蛋白 9.99%，粗脂肪 3.57%，粗淀粉 75.45%。

产量表现　2009—2010 年参加山西省早熟玉米品种区域试验，2009 年亩产 721.2kg，比对照长城 799 增产 5.9%，2010 年亩产 714.7kg，比对照增产 20.8%，两年平均亩产 718.0kg，比对照增产 12.8%；2010 年早熟区生产试验，平均亩产 698.5kg，比当地对照增产 15.1%。2011 年参加中晚熟玉米品种（4200 密度组）区域试验，平均亩产 901.8kg，比对照先玉 335 增产 6.5%；2011 年生产试验，平均亩产 797.9kg，比当地对照增产 9.4%。适宜播期 4 月下旬；亩留苗 4 000 株左右；亩施优质农肥 3 000~4 000kg，拔节期追施尿素 40kg。

适宜区域　山西春播早熟及中晚熟玉米区。

（五）京科 665

品种来源 京 725 × 京 92。北京市农林科学院玉米研究中心。

审定编号 国审玉 2013003。

特征特性 在东华北春玉米区出苗至成熟 128d，比对照郑单 958 早熟 1d。成株叶片数 19~20 片。幼苗叶鞘紫色，叶片绿色，叶缘淡紫色，花药淡紫色，颖壳淡紫色。株型半紧凑，株高 294cm，穗位高 121cm。花柱淡红色，果穗筒型，穗长 18cm，穗行数 16~18 行，穗轴红色，籽粒黄色、半马齿型，百粒重 38.0g。接种鉴定，抗玉米螟，中抗大斑病、弯孢叶斑病和茎腐病，感丝黑穗病。籽粒容重 770g/L，粗蛋白含量 10.52%，粗脂肪含量 3.68%，粗淀粉含量 74.54%，赖氨酸含量 0.32%。

产量表现 2011—2012 年参加东华北春玉米品种区域试验，两年平均亩产 789.5kg，比对照增产 4.2%。2012 年生产试验，平均亩产 766.2kg，比对照郑单 958 增产 9.8%。

适宜种植区 中等肥力以上地块栽培，播种期 4 月下旬至 5 月上旬，亩种植密度 4 000 株左右。注意防治丝黑穗病，防倒伏。适宜在北京、天津、河北北部、山西中晚熟区、辽宁中晚熟区（不含丹东）、吉林中晚熟区、内蒙古赤峰和通辽、陕西延安地区春播种植。

（六）先玉 335

品种来源 PH6WC × PH4CV。铁岭先锋种子研究有限公司选育。

审定编号 国审玉 2004017 号（夏播）、国审玉 2006026 号（春播）。

特征特性 在黄淮海地区生育期 98d，比对照农大 108 早熟 5~7d。全株叶片数 19 片左右。该品种田间表现幼苗长势较强，成株株型紧凑、清秀，气生根发达，叶片上举。其籽粒均匀，杂质少，商品性好。田间表现丰产性好，稳产性突出，适应性好，早熟抗倒。幼苗叶鞘紫色，叶片绿色，叶缘绿色。成株株型紧凑，株高 286cm，穗位高 103cm。花粉粉红色，颖壳绿色，花柱紫红色，果穗筒形，穗长 18.5cm，穗行数 15.8 行，穗轴红色，籽粒黄色，马齿型，半硬质，百粒重 39.3g。经河北省农林科学院植物保护研究所两年接种鉴定，高抗茎腐病，中抗黑粉病、弯孢菌叶斑病，感大斑病、小斑病、矮花叶病和玉米螟。经农业部谷物品质监督检验测试中心（北京）测定，籽粒粗蛋白含量 9.55%，粗脂肪含量 4.08%，粗淀粉含量 74.16%，赖氨酸含量 0.30%。经农业部谷物及制品质量监督检验测试中心（哈尔滨）测定，籽粒粗蛋白含量 9.58%，粗脂肪含量 3.41%，粗淀粉含量 74.36%，赖氨酸含量 0.28%。

产量表现　2002—2003 年参加黄淮海夏玉米品种区域试验，38 点次增产，7 点次减产，两年平均亩产 579.5kg，比对照农大 108 增产 11.3%；2003 年参加同组生产试验，15 点增产，6 点减产，平均亩产 509.2kg，比当地对照增产 4.7%。

适宜地区　品种适宜在北京、天津、辽宁、吉林、河北北部、山西、内蒙古赤峰和通辽地区、陕西延安地区春播种植。还适宜在河南、河北、山东、陕西、安徽、山西运城夏播种植。

（七）浚单 20

品种来源　9058 × 浚 92-8。河南省浚县农业科学研究所选育。

审定编号　国审玉 2003054。

特征特性　出苗至成熟 97d，比农大 108 早熟 3d。成株叶片数 20 片。需有效积温 2450℃。幼苗叶鞘紫色，叶缘绿色。株型紧凑、清秀，株高 242cm，穗位高 106cm。花药黄色，颖壳绿色。花柱紫红色，果穗筒型，穗长 16.8cm，穗行数 16 行，穗轴白色，籽粒黄色，半马齿型，百粒重 32g。经河北省农林科学院植保所两年接种鉴定，感大斑病，抗小斑病，感黑粉病，中抗茎腐病，高抗矮花叶病，中抗弯孢菌叶斑病，抗玉米螟。经农业部谷物品质监督检验测试中心（北京）测定，籽粒容重为 758g/L，粗蛋白含量 10.2%，粗脂肪含量 4.69%，粗淀粉含量 70.33%，赖氨酸含量 0.33%。经农业部谷物品质监督检验测试中心（哈尔滨）测定：籽粒容重 722g/L，粗蛋白含量 9.4%，粗脂肪含量 3.34%，粗淀粉含量 72.99%，赖氨酸含量 0.26%。

产量表现　2001—2002 年参加黄淮海夏玉米组品种区域试验，42 点增产，5 点减产，两年平均亩产 612.7kg，比农大 108 增产 9.19%；2002 年生产试验，平均亩产 588.9kg，比当地对照增产 10.73%。

适宜地区　适宜密度为每亩 4 000~4 500 株。适宜在河南、河北中南部、山东、陕西、江苏、安徽、山西运城夏玉米区种植。

（八）登海 605

品种来源　DH351 × DH382。山东登海种业股份有限公司选育。

审定编号　国审玉 2010009。

特征特性　在黄淮海地区出苗至成熟 101d，比郑单 958 晚 1d。成株叶片数19~20片。需有效积温2 550℃左右。幼苗叶鞘紫色，叶片绿色，叶缘绿带紫色。株型紧凑，株高259cm，穗位高99cm。花药黄绿色，颖壳浅紫色。花柱浅紫色，果穗长筒型，穗长18cm，穗行数16~18行，穗轴红色，籽粒黄色、马齿型，百粒重34.4g。经河北省农林科学院植物保护研究所接种鉴定，高抗茎腐病，中抗玉米螟，感大斑病、小斑病、矮花叶病和弯孢菌叶斑病，高感瘤黑粉病、褐斑病和南方锈病。经农业部谷物品质监督检验测试中心（北京）测定，籽粒容重766g/L，粗蛋白含量9.35%，粗脂肪含量3.76%，粗淀粉含量73.40%，赖氨酸含量0.31%。

产量表现 2008—2009年参加黄淮海夏玉米品种区域试验，两年平均亩产659.0kg，比对照郑单958增产5.3%。2009年生产试验，平均亩产614.9kg，比对照郑单958增产5.5%。

适宜地区 在中等肥力以上地块栽培，每亩适宜密度4 000~4 500株。注意防治瘤黑粉病，褐斑病、南方锈病重发区慎用。适宜在山东、河南、河北中南部、安徽北部、山西运城地区夏播种植。

（九）鲁单981

品种来源 齐319×1x9801。山东省农业科学院玉米研究所选育。

审定编号 鲁农审字〔2002〕001号，冀审玉2002001，国审玉2003011、豫审玉2003005。

特征特性 早熟大穗型品种，生育期平均100d，夏播生育期93d。该杂交种苗期叶鞘紫色。株型半紧凑。株高平均280cm，穗位高平均118cm。花柱红色，花药浅紫色。穗长22cm，穗粗5.4cm。果穗筒形，穗长20.1cm，穗粗5.2cm，轴粗3.4cm，秃顶1.0cm，穗行数14.9行，穗粒数550粒，百粒重29.8g，出籽率83.8%。红白轴，籽粒马齿形，黄粒（有白顶）。抗病性较好。2001年委托河北省农林科学院植保所（国家黄淮海夏玉米区试抗病性指定鉴定单位）进行鉴定，结果：高抗小斑病（1.0级）、弯孢菌叶斑病（1.0级）、青枯病（病株率为0），抗大斑病（3.0级），中抗玉米黑粉病（病株率为7.1%）、玉米矮花叶病（5.0级）。对玉米螟（心叶期食叶等级3.0级）有一定抗性。抗倒伏（折）性较差。经农业部谷物品质监督检验测试中心（北京）检测，粗蛋白质含量10.74%，粗脂肪含量4.48%，赖氨酸含量0.29%，粗淀粉含量70.26%，容重745g/L。

产量表现 在1999—2000年山东省杂交玉米区域试验中，平均亩产635.4kg，比对照鲁单50和鲁玉16平均增产7.82%；2001年参加生产试验，平均亩产583.9kg，比对照鲁单50增产6.6%。2000年参加国家黄淮海夏玉米区试，平均亩产548.0kg，比对照掖单19增产19.15%，2001年区试亩产600.6kg，比对照农大108增产5.85%。2001年参加国家黄淮海生产试验，平均亩产568.4kg，比对照增产7.0%。

适宜地区　适宜种植密度每亩3 000株，高水肥地块每亩可达3 300株。前期注意蹲苗，中后期保证水肥供应。适宜黄淮海夏玉米区及西南山地丘陵玉米区等地种植，尤其适合黄淮海地区套种和夏直播。

（十）伟科702

品种来源　WK858×WK798-2。郑州伟科作物育种科技有限公司、河南金苑种业有限公司选育

审定编号　国审玉2012010。

特征特性　东华北春玉米区出苗至成熟128d，西北春玉米区出苗至成熟生育期131d。成株叶片数20片。幼苗叶鞘紫色，叶片绿色，叶缘紫色。株型紧凑，保绿性好，株高252~272cm，穗位107~125cm。花药黄色，颖壳绿色。花柱浅紫色，果穗筒型，穗长17.8~19.5cm，穗行数14~18行，穗轴白色，籽粒黄色、半马齿型，百粒重33.4~39.8g。西北春玉米区接种鉴定，抗大斑病，中抗小斑病和茎腐病，感丝黑穗病和玉米螟，高感矮花叶病；黄淮海夏玉米区接种鉴定，中抗大斑病、南方锈病，感小斑病和茎腐病，高感弯孢叶斑病和玉米螟。籽粒容重733~770g/L，粗蛋白含量9.14%~9.64%，粗脂肪含量3.38%~4.71%，粗淀粉含量72.01%~74.43%，赖氨酸含量0.28%~ 0.30%。

产量表现　2010—2011年参加西北春玉米品种区域试验，两年平均亩产1 006kg，比对照品种增产12.0%；2011年生产试验，平均亩产1 001kg，比对照郑单958增产8.8%。

适宜区域　适宜在吉林晚熟区、山西中晚熟区、内蒙古通辽和赤峰地区、陕西延安地区、天津市春播种植；河南、河北保定及以南地区、山东、陕西关中灌区、江苏北部、安徽北部夏播种植；甘肃、宁夏、新疆、陕西榆林、内蒙古西部春播种植。

第二节　常规栽培主要技术环节

一、整地

（一）整地时期

1. 华北春玉米区秋整地

秋季整地，要求在前作物收获后应立即灭茬，施入有机肥进行早秋耕、晚秋耕。据调查，早秋耕比晚秋耕增产。晚秋耕既可以接纳秋季雨水，秋雨春用，又可以使土壤经冬春冻融交替后耕层松紧度适宜，保墒效果好，肥效利用率高。有条件的地方，结合秋季耕地施入有机肥，耕地深度一般为 16~20cm，耕后立即耙耱，后面还应重压 1~2 次。

近年来，由于小型农机具的普及，加上土地由集体大面积经营变成农户零散经营，农民对秋整地认识不足，所以很少使用大型农机具进行整地。这样造成土壤熟土层日益变浅，犁底层日益加厚，土壤板结。更由于掠夺式经营，土壤有机质含量减少，使得土壤保肥保水能力差，以至于形成旱年不抗旱、涝年不抗涝的局面。因此，应大力提高秋整地质量，以促进作物产量的增加和品质的提高。

2. 秋整地的作用

（1）提高耕地的抗旱抗涝能力　通过秋整地提高土壤蓄水保墒能力，改善土壤性能，增强土壤肥力，提高耕地抗旱抗涝能力，减轻备耕压力，提高春耕生产质量。深松深度达 30cm 以上，打破了犁底层，加深了耕层，改善了耕地的理化性能，扩大“土壤水库”容量，可接纳大量的雨水，增强了土壤肥力和蓄水保墒能力。据专家测定：表土耕层每加深 1cm，每亩可增加 2t 蓄水能力，储存 3mm 降水，若一次降水 40~50mm，地表也不会有明水。

（2）保证施肥质量　秋整地结合施肥，要确保施肥深度，防治烧种、烧苗，利于有机肥的长效发挥。近年来，由于化肥做底肥数量越来越大，尤其是高氮复混肥的应用比例越来越多。通过秋整地施底肥这一技术，在整地过程中加深了耕层，施肥的深度容易达到质量要求，做到底肥深施，一般施肥深度可达 15cm 以上，避免了烧种、烧苗现象的发生，有效地提高了玉米根系吸收养分的范围，提高了肥料的利用率。因此采用秋整地结合施底肥，为苗全、苗齐和丰收奠定了良好的基础。

通过秋整地做到底肥（包括有机肥、化肥）深施，播种时把少量速效性肥料施在土壤表层做口肥，追肥时把 N 肥、部分 K 肥施于中层，做到各层土壤中养分均匀分布。这样可使作物在幼苗期就能得到充足的养分，在整个生长发育的各个阶段，随着根系的延伸能源源不断得到养分。

秋施肥的肥料为有机肥、少量 N 肥、大量 P、K 肥。由于肥料施入早，肥料可以与土壤有效融合并均匀地不断扩散到耕层的各个部分，包括最旺盛根层部位，防止幼苗阶段肥料过分集中造成烧苗现象，利于根系的吸收和利用。由于春播玉米区降水量少、施肥至播种前温度低，这段时间里，不至于造成各种肥料的挥发和淋失。

（3）促进农作物早熟，改善作物品质　深松整地可以抢农时，增积温，减少低温冷害对农作物的影响，有利于农作物生长。秋整地与秋施肥相结合，可将化肥施深、施足，使农作物产量提高。通过秋季深松整地，达到待播状态，翌年春季可以适时早播，争得有效积温 200℃以上，并且春季寒气散发快，地温高于未整地的地块，有利于作物生长，促早熟，降低低温冷害对农业的影响，提高农产品的品质。

（4）提高杀草效果，增加作物产量　秋整地具有一定的灭草作用，通过深翻将表面土壤的草籽翻入深处使其不能萌发，减少了杂草数量；秋整地利于秸秆、根茬还田，秋深翻、旋耙可将作物秸秆根茬打碎，混入耕层中，既利于播种，又适当增加了土壤有机质。秋整地可与秋施除草剂相结合，秋季混土施用除草剂，具有减少药剂损失、药效稳定，对农作物安全性高，提高杀草效果、增加作物产量等优点。

（5）保护耕地，促进农业可持续发展　过去，农民种地忽视养地，土壤耕层逐年变薄，有机质含量下降，这些都是影响农业可持续发展的根本问题。要解决这些问题，必须建立科学合理的土壤耕作制度，扩大深松面积，减少耕地的风蚀、水蚀；同时，在深松的基础上，实行保护性耕作，免耕播种，扩大根茬秸秆还田面积，增加有机质含量，进而提高农业的产出效益，增加农民收入。

（6）推动农业标准化建设，提高农业现代化水平　农业标准化是衡量农业现代化水平的重要依据，土壤耕作是实施农业标准化的最初环节。整地达不到标准，农业标准化就无从谈起；只有把耕地整好，才具备实现播种、施肥、植保等农业标准化的条件。从这个角度看，抓好秋季深松整地对于建设现代标准化农业具有非常重要的作用。

（7）躲开农忙季节，缓解劳动力紧张　对玉米春播区，秋收后到地面封冻这一段正是空闲时间，秋整地可以充分利用这一时间，缓解春季时间紧，劳动力短缺的矛盾。

3. 秋整地的标准

质量标准是地表平，土细碎，有一层松土并夹带有部分小土块，下面要有一层土壤紧实而湿润的种床，无大土块和架空现象；要求地表平整度在2.1m幅度内，高度差小于7cm，无漏耙、无拖沟和拖堆起垄现象。

（1）耕深及有无重耕或漏耕　玉米标准化耕作措施包含对土壤作用深度的指标，如翻耕深度、播前耙地、开沟深度等。这些指标与玉米出苗、根系发育等有密切关系，是耕作质量的重要指标。检查深度可在作业过程中进行，也可以在作业完成后，沿农田对角线逐点检查。有无重耕和漏耕可以由作业机工作幅宽与实际作业幅宽求得。重耕会造成地面不平，降低功效，增加能耗；漏耕则会使玉米出苗不齐、生长不匀，增加田间管理的难度。生产中如果出现大面积耕作深度不够和漏耕，则需返工。

（2）地面平整度　地面平整度是指地块内不能有高包、洼坑脊沟存在，否则会引起农田内水分再分配，导致一块田地土壤肥力和玉米生长状况出现显著差异。尤其对灌溉农区和盐碱土壤，平整度更是重要的质量指标。土地平整度检查必行从犁地开始把关，如正确开犁、耕深一致、没有重耕和漏耕等。辅助作业的平地效果只有在基本作业基础上才能更好地发挥作用。

（3）碎土程度　要求土壤碎散到一定程度，即绵而不细。理想的土壤团块大小应该是既没有比0.5~1mm小得多的土块，也没有比5~6mm大得多的土块。因为微细的土粒将堵塞孔隙，而大土块会影响种子与土粒紧密接触吸收水分，还会阻碍幼苗出土。土壤散碎程度间接反映水分状况。在过湿或过干的情况下耕作是造成大块的原因，出现这一情况，说明土壤水分已被大量损失，所以检查碎土状况的同时要检查耕层墒情。检查耕作后的碎土程度，通常是以每平方米地面上出现某一直径的土块数为指标。同时也要检查在耕层内纵向分布的土块，这些土块的存在是造成缺苗、断垄的主要原因。在过干时耕作所造成的土块，只有等待降雨和灌溉后去消除它们，过湿时耕作所造成的土块，如耕后水分合适，应及时用表土耕作措施将土块破碎。

（4）疏松度　过于紧实和过于疏松的土层均对玉米生长发育不利。检查疏松度一要抓住耕层有无中层板结，二要注意播前耕层是否过于松软。由于土壤过湿或多次作业，耕层中容易形成中层板结，而地表观察时，不易发现。所以疏松度的检查不能观察土表状态，而要用土壤坚实度测定仪，检查全耕层中有无板结层存在。破除中层板结的较好办法是播前全面深松耕以及玉米现行后及时中耕松土。播种前耕层不能太松，太松不仅使种子与土粒接触不紧，而且使播种深度不匀，幼苗不齐，甚至引起幼苗期根系接触不到土壤而受旱。播前或播后镇压可调节过松现象，一般是播前松土深度不超过播种深度为宜。

（5）地头地边的耕作情况　机械化生产的单位，因农具起落、机车打弯，地边地头的耕作质量常被忽视，这些地方玉米生长较差，单产较低。犁地、播种按起落线作业，并有精确的行走路线，才能改善和提高地头地边的耕作质量和玉米生长状况。

（二）保护性耕作

1. 黄土高原不同土壤结构体有机碳库的分布

土壤碳库是地球陆地表层系统最大的储存碳库，该碳库的变化深刻影响大气 CO_2 浓度的变化。近代由于人类对自然资源，尤其是对石化燃料的无节制燃烧，毁林开荒和改变土地利用方式等活动，碳在地球各圈层特别是气圈和土壤圈之间的平衡发生显著变化，造成大气 CO_2 浓度持续增高，直接影响全球温度变化。增加土壤有机碳储存有利于促进陆地生态系统对大气 CO_2 固定和延缓温室效应；同时，土壤有机碳对稳定和增加土壤生产力具有不可替代的作用。因此，深入研究土壤有机碳储量及其分布特征，对维持地球各圈层物质循环和健全生态系统具有重要科学意义。长期以来，国内外对土壤有机碳库及其在土壤不同结构体中分布研究取得了显著进展，国内对土壤有机碳库及其影响因素的研究报道不断涌现。李恋卿等（2000）研究发现，植被恢复尤其是豆科 - 禾本科植物轮作能够较快增加土壤有机碳储存，促进了土壤碳截存，显著贡献于陆地系统对大气 CO_2 的汇聚作用；同时发现这种碳存储主要发生在 2~0.25mm 团聚体。窦森等（1991）研究发现，棕壤和黑土微团聚体组成的优势粒级均为 0.01~0.05mm，次优势粒级为 0.05~0.25mm，这些团聚体对土壤有机碳库具有重要贡献。

黄土高原地区是中国乃至世界生态环境非常脆弱的地区之一，土壤有机碳库增加是生态系统改善的重要标志。对黄土高原地区土壤有机碳库虽然已进行了大量卓有成效的研究工作，但绝大部分研究对象为整体土壤，没有从纵向考虑不同土壤结构体有机碳含量和贮量，而不同土壤结构体（特别是土壤团聚体）有机碳含量和贮量的研究，对深入和准确评价土壤有机碳库分布特征，理解黄土高原土壤对生态环境变化的响应，具有一定的理论和科学价值。

以黄土高原从北向南不同地区土壤为例，研究土壤有机碳库在不同结构体中的分布状况。土壤有机碳与土壤有机质密切相关。不同土壤结构体因胶结物不同，其有机碳含量也明显不同。刘毅等（2006）研究表明，无论哪种结构体，从表层向下，有机碳含量皆呈递减趋势，与整体土壤有机碳变化趋势相同。同一层次不同土壤结构体，其有机碳含量显著不同。有机碳含量随土壤结构体从大到小呈“∧”形分布，各土层从 >5mm、2~5mm、1~2mm 到 0.25~1mm 结构体有机碳含量呈递增趋势，从 0.25~1mm 到 <0.25mm 结构体，有机碳含量呈下降趋势，以 0.25~1mm 结构体有机碳含量最大，各层分别为 11.27、5.37 和 4.37g · kg^{-1}，土壤有机碳很少以游离态形式存在于土壤中，而是与土壤矿质颗粒，特别是与黏粒结合形成有机 – 无机复合体，因此矿质土壤结合有机碳的多少与团聚体颗粒直径、表面积大小有关。因此有机碳含量以 0.25~1mm 粒径范围内最高，说明土壤在团聚化过程，特别是土壤颗粒从微团粒（<0.25mm）到团粒（>0.25mm）的转化过程中，有机碳起着极其重要的作用。这与土壤有机碳在多年保护性种植或耕作后，新有机碳的固定主要发生在 <0.25mm 团聚体中的结果相吻合。

（1）土壤类型对不同结构体有机碳分布的影响　土壤水平地带分布是土壤发生性状与气候生物带分布相吻合的土壤类型分布。刘毅等（2006）认为，对于黄土高原地区土壤，随纬度增加，>5mm 结构体含量降低，<0.25mm 结构体含量增加，因此其土壤结构体质量分布也具有明显地带性。总体上看，土垫旱耕人为土有机碳含量最高，干湿沙质新成土有机碳含量最低。刘国华等（2003）发现，土地风沙化过程会显著降低土壤有机碳含量，有机碳含量除土垫旱耕人为土在 <0.25mm 结构体中最大外，干湿沙质新成土、黄土正常新成土和简育干润均腐土在 0.25~1mm 结构体中最高，其中，干湿沙质新成土和黄土正常新成土间差异显著。干湿沙质新成土和黄土正常新成土有机碳贮量以 <0.25mm 结构体所占比例最大，而简育干润均腐土和土垫旱耕人为土有机碳贮量以 >5mm 结构体所占比例最大，差异均达显著水平，这种差异显然与结构体质量分布不同有关。以上结果进一步说明，土壤间有机碳分布的差异主要与气候条件、土壤形成过程以及每年输入土壤的有机碳有关。

（2）植被类型对不同结构体有机碳分布的影响　土地利用和植被类型发生变化是导致陆地生态系统碳释放，增加大气 CO_2 浓度的主要原因之一。土地利用方式的变化直接和间接影响土壤有机碳含量和分布。刘毅等（2006）以黄土正常新成土 0~20cm 土层为对象，研究不同植被对不同结构体有机碳含量和贮量的影响。结果表明，不同植被土壤有机碳含量和贮量明显不同，表现为自然林地 > 裸地 > 人工林地 > 农地。自然林地具有丰富的植物多样性，地面枯落物较多，土壤很少扰动，有利于增加土壤有机碳含量和贮量；试验所用裸地由自然林地开垦且时间不长，土壤有机碳含量较高；人工林地由农田土壤退耕形成，由于退耕时间较短，每年输入土壤有机碳有限，因此人工林地土壤有机碳含量比自然林地低；而农地由于耕种时间较长，表层通气好，微生物活动强烈，有机质分解快，土壤有机碳含量和贮量均较低。吴建国等（2004）指出，农田和草地土壤有机碳含量分别比天然次生林地低54%和27%，其原因可能是由于天然次生林地变成农田或草地后土壤有机质的输入量减少和耕作土壤温度增加导致土壤有机碳分解速度加快，同时破坏了土壤有机碳的稳定性。

对于不同结构体，农地和人工林地有机碳含量以0.25~1mm结构体最高，自然林地和裸地有机碳含量以<0.25mm结构体最高；而农地和人工林地有机碳贮量以<0.25mm结构体所占比例最大，自然林地和裸地有机碳以0.25~1mm结构体所占比例最大。这进一步说明人为作用通过影响土壤团聚化过程而导致不同结构体有机碳含量与贮量发生分异。

总之，土壤团聚体的形成不仅受自然过程影响，也受人类活动影响，如土地利用方式、耕作干扰、有机肥施用以及种植制度和轮作体系等均会对土壤结构体形成产生深刻影响。良好的土壤结构不仅取决于输入的有机碳总量，而且与有机质组成和特征有关。大量研究表明（张兴昌等，2000），土壤有机质与团聚体之间存在密切关系。对黄土高原不同生态环境条件下0~20cm、20~40cm和40~60cm土层土壤结构体有机碳库分布特征的研究结果表明，不同结构体有机碳含量和贮量不同：有机碳含量随土壤结构体从大到小呈“∧”形分布，在0.25~1mm结构体中最大；而有机碳贮量随土壤结构体从大到小呈“∨”形分布，在1~2mm结构体中最低。不同土壤结构体有机碳分布不同，具有明显的地带性差异，黄土高原南部土垫旱耕人为土有机碳含量最高，北部干湿沙质新成土最低；从不同结构体有机碳含量看，除土垫旱耕人为土在<0.25mm结构体中最大外，干湿沙质新成土、黄土正常新成土和简育干润均腐土在0.25~1mm结构体中最高；从不同结构体有机碳贮量看，干湿沙质新成土、黄土正常新成土以<0.25mm结构体中所占比例最大，而简育干润均腐土和土垫旱耕人为土以>5mm结构体中所占比例最大，不同植被下有机碳含量、贮量不同，表现为自然林地>裸地>人工林地>农地。农地和人工林地有机碳含量以0.25~1mm最高，自然林地和裸地有机碳含量以<0.25mm最高；而农地和人工林地有机碳贮量以<0.25mm所占比例最大，自然林地和裸地有机碳贮量以0.25~1mm所占比例最大。

2. 免耕对土壤环境因素和旱地玉米产量的影响

黄土高原区山多水少，尤其山西西北部、陕西北部是典型的北部旱作农业区，水资源贫乏，十年九旱。春旱则是旱地农业生产的关键限制因素，无法下种就无法保证收成。保护性耕作经过几十年的研究和发展，越来越成为研究的热点，而免耕是其核心技术。据郑华斌（2007）研究，免耕可以改善土壤的理化性状，提高土壤的供肥、保肥能力。相关研究认为，免耕减少了土壤耕作的次数，减少农田水土的侵蚀，提高土壤蓄水保墒能力，提升耕层土壤肥力，节本增效。为此，在干旱条件下，进行了玉米免耕探墒播种的比较，旨在寻找一种有效的玉米抗旱播种方法，作为玉米生产中特殊干旱年份的备用播种方法。

免耕探墒增加土壤容重，降低地温，抑制作物根系的生长发育，但可以明显提高耕层（0~20cm）土壤水分含量，在春旱发生比较严重的年份可以保证作物下种、出苗，有一定的产量，而且产量下降幅度小。减产效果没有达到显著水平，可以作为一种专门针对春旱的播种方法加以推广。目前人工进行探墒播种，费时费力，下一阶段的工作中应重点进行探墒播种机具方面的研究，真正做到艺机一体化，使免耕探墒播种技术易于推广。

免耕探墒播种增加了土壤容重，降低了地温，在一定程度上抑制了植株特别是根系的生长发育，但可以明显提高 0~20cm 土壤水分含量，这可能是产量没有显著下降的原因。从玉米产量看，免耕探墒产量较旋耕仅降低 553.36kg/hm^2，减产效果没有达到显著水平，水分利用效率的差异也不显著。在 2009 年春旱严重的情况下，免耕探墒播种在无补水条件下可充分利用土壤中积蓄的水分，保证了及时播种，且减产效果不显著，不失为旱地农业生产中有效的抗旱播种方法，应该作为一种新的播种技术加以推广。保护性耕作栽培模式和配套机具的试验研究，是中国保护性耕作的发展方向。针对不同地区的自然条件、种植制度、经济水平，应开展适应不同类型区和不同作物的保护性耕作技术模式、病虫草害防治方法、配套机具等方面的试验创新，逐步解决当前示范推广中的机具、植保、水肥高效利用、技术模式等瓶颈问题，并加快技术的组装、集成、配套和示范，支持和保障保护性耕作技术的广泛应用。鉴于试验中人工探墒播种的费时费力，在以后的工作中应加强探墒播种栽培模式与配套机具结合的研究，真正使农艺与农机相结合，实现免耕探墒播种技术的简单易行。

孙贵臣等（2014）针对山西旱作玉米田，采用行间深松免耕作业，研究了玉米深松免耕种植土壤容重、土壤水分等的量化指标及其对玉米产量的影响。试验结果表明，采用玉米深松免耕种植模式可以改善土壤结构，提高土壤蓄水能力，促进玉米生长与产量提高。0~60cm 土壤容重深松免耕比旋耕平作分别降低了 5.45%（2008 年）、3.47%（2009 年）；生育期平均蓄水量深松免耕比旋耕平作分别增多 5.43%（2008 年）、5.88%（2009 年）；玉米穗数、穗粒数和百粒重优于对照；先玉 335 产量深松免耕比旋耕平作分别提高 6.15%（2008 年）、

8.77%（2009 年），富友 9 号产量深松免耕比旋耕平作提高 7.05%（2009 年）。试验结果表明，深松免耕种植是适合旱作地区推广的一种保护性耕作模式。

3. 黄土高原春玉米保护性耕作农田土壤养分时空动态变化

保护性耕作对农田实行少耕或免耕，减少了对土壤的扰动，秸秆覆盖还田能增加土壤 N、P 特别是可溶性 K 的含量，促进土壤有机质的形成。但由于保护性耕作田土壤环境的特殊性，会导致有机无机复合度、腐殖系数的提高和有机质矿化率的下降，土壤养分变化也呈现出特殊的规律。保护性耕作措施对土壤养分的影响已成为生态效应研究的重要内容和热点问题之一。Franz luebber A J 连续 7 年在美国南部对免耕和翻耕作了对比试验研究，结果表明免耕措施下土壤有机 C 和 N 随着耕作年限呈线性增加，且免耕加剧土壤养分分层。目前对不同耕作模式土壤有机质、N、P、K 的变化规律已有不少研究，但对于在农机和植保措施相结合的基础上，黄土高原春玉米田保护性耕作条件下不同土层土壤有机质、碱解 N、速效 K 和速效 P 养分的时空变化研究资料零散。赵如浪（2010）在通过研究不同耕作方式下春玉米农田土壤有机质和碱解 N、速效 P、速效 K 含量的时空变化特征，分析保护性耕作技术对黄土高原春玉米田土壤养分状况的影响，旨在为本区春玉米优质高产栽培提供依据。

赵如浪（2010）研究表明，与传统耕作相比，保护性耕作可以导致土壤表层有机质的累积，养分成层分布，这是保护性耕作（特别是免耕）最典型的特点之一。许淑青（2009）研究表明，秸秆还田有利于提高土壤有机质的含量，且随免耕年限的增加而增加，随土层深度的增加而递减，造成这种现象的主要原因是秸秆还田为土壤有机质增加提供了“源”，而土壤耕作则为秸秆腐解提供了不同的环境。赵如浪（2010）研究结果也表明，与传统耕作处理相比，保护性耕作处理下土壤有机质含量呈明显上升趋势，其中，土壤耕作层增加明显，而传统耕作处理呈下降趋势。玉米收获后保护性耕作能显著提高土壤有机质含量。

张锡洲等（2006）指出，免耕条件下土壤碱解 N 含量随免耕年限增加而逐年上升，并且有明显表聚现象，雷金银等（2008）也得出同样的结果。赵如浪（2010）研究表明，保护性耕作下土壤碱解 N 含量高于传统耕作，且在 0~100cm 剖面碱解 N 含量有向表层富集趋势，随着玉米生育时期的进行表层碱解 N 氮含量呈逐渐下降趋势；而传统耕作下碱解 N 含量表现显著下降变化。传统耕作 + 秸秆还田处理则表现出相对较高的碱解 N 含量，其原因可能与免耕土壤排水较好，硝态 N 容易流失和免耕处理条件下植株生长较旺盛，水分状况较适宜，植株吸收养分量多，形成更多的生物量 N 以及因产量高带走的氮素营养较多有关。

Rold á A 等（2003）研究结果表明，保护性耕作在表层土壤中对土壤 P 含量有提高作用，P 元素在土壤中呈现分层分布现象。本试验结果表明，保护性耕作下速效 P 略显增加趋势，播前表层土壤速效 P 含量低于传统耕作，可能与微生物活性的提高增加了 P 的固定有关。随着春玉米生育期的推进，NT 处理〔即碎秆浅旋秸秆全程覆盖，即前茬玉米收获时留秸秆→秸秆（切）碎浅耙（旋）镇压→免耕施肥播种→除草、防病虫〕能提高土壤速效 P 的含量，其中，在玉米收获后表现比较明显，且较 TS〔前茬玉米收获时留秸秆→秸秆（切）碎浅耙（旋）镇压→铧式犁翻耕→浅耕施肥整地→露地条播→除草、防病虫。〕和 CT 处理（前茬玉米收获后清除秸秆→铧式犁翻耕→旋耕镇压→浅耕施肥整地→露地条播→除草、防病虫）。差异显著。大量研究表明（吴婕，2006；张电学，2006），免耕和秸秆覆盖对土壤 P 素供应产生抑制作用，秸秆还田后促进了作物对下层 P 素的吸收，提高了土壤速效 P 的有效性，而传统耕作随土壤深度增加土壤 P 素显著增加，造成土壤 P 素营养从表层向深层转移，不利于作物根系的吸收。

免耕覆盖和秸秆还田能明显提高土壤代换性 K（速效 K）的水平，同时由于有机质对土壤 K 的吸附作用，免耕提高土壤有机质含量，有机质吸附的 K 也会随之增加。诸多研究结果表明（秦红灵，2007；马月存，2007），免耕覆盖能够增加土壤 K 含量，尤其是耕作层土壤速效 K 的含量。赵如浪（2010）研究结果与前人不尽相同，保护性耕作农田速效 K 含量低于其他处理，但有增加趋势，其原因可能与保护性耕作下植株生长旺盛消耗速效 K 养分较多，同时与保护性耕作下表层土壤温度较低，减缓了秸秆腐烂分解速度有关。有关保护性耕作条件下土壤速效 K 等营养元素变化特征及机理有待进一步深入研究。

4. 保护性耕作对黄土高原春玉米田土壤理化特性的影响

干旱缺水、水土流失、沙尘一直是黄土高原地区所面临的主要问题，尤其是近年来农业生态环境的恶化问题给当地农业经济发展造成了严重的阻碍。由传统翻耕的耕作方式造成的农田大面积长时间裸露，加速了环境的恶化。保护性耕作是针对传统耕作弊端而发展的一种耕作技术，其通过少耕、免耕、地表微地形改造技术及地表覆盖、合理种植等综合配套措施，从而减少农田土壤侵蚀，保护农田生态环境，并获得生态效益、经济效益及社会效益的协调发展。因此发展与当地农业环境配套的保护性耕作技术体系，对于黄土高原春玉米区农业持续发展及当地生态环境改善具有重要意义。

不同土地利用方式将引起土壤性质（如土壤物理、化学和生物学特性）的变化，合理的土地利用方式可以改善土壤结构，增强土壤对外界环境变化的抵抗力（田慧，2006）。保护性耕作通过秸秆覆盖，减少耕作次数等途径，改变土壤结构和容重，调节土壤水气分配，进而使土壤的水、肥、气、热状况重新组合。不同耕作模式对土壤理化特性的影响已有不少研究，但对于黄土高原春玉米田保护性耕作条件下土壤理化特性的动态变化研究尚未见详细报道（谢瑞芝，2007）。刘鹏涛等（2009）通过对黄土高原春玉米田保护性耕作技术实施第二年农田土壤容重、水分、养分指标变化的研究，旨在探索保护性耕作方式下土壤理化特性动态变化规律，为探索保护性耕作技术对农田土壤生态环境影响的作用机理，完善黄土高原春玉米保护性耕作技术体系提供理论基础。

刘建忠（2006）和罗珠珠等（2005）研究发现，免耕在初始阶段往往导致表层土壤容重增大。雷金银等（2008）研究认为，多年免耕和保护性耕作能有效降低表层土壤容重。刘鹏涛等（2009）试验结果表明，春玉米保护性耕作处理第二年，保护性耕作和传统耕作 + 秸秆还田处理前期土壤容重小于传统耕作，有利于苗期作物生长和根系发育，后期增加幅度大于传统耕作。因此，连续多年进行保护性耕作，由于秸秆还田和土壤微生物活性高，造成休闲期土壤生物耕作作用强烈等正面效应不断积累，土壤通气状况得到改善，表层土壤容重降低。李玲玲等（2005）研究认为，免耕秸秆覆盖对表层土壤水分含量影响较大，在作物播种期可以减少表层水分蒸发，显著增加表层土壤含水量。秦红灵等（2007）研究认为，免耕地与翻耕地相比具有较好的贮水能力。马月存等（2007）研究认为，农牧交错带农田残茬覆盖能明显增加土壤水分状况。易镇邪等（2007）研究也发现同样结果。春玉米保护性耕作处理能显著增加表层土壤水分，明显提高土壤储水量，满足作物根系生长需要。同时，在作物生长后期传统耕作土壤储水量较低，表明其积蓄降水能力较差。

黄土高原保护性耕作第二年，保护性耕作土壤养分有机质、全 N、速效 N、速效 P 含量低于传统耕作，但能有效提高土壤全 K 和速效 K 含量，且除全 P 外各养分指标均有稳定升高趋势。易镇邪等（2007）研究认为，免耕和秸秆覆盖可提高土壤含水量，能提高土壤有机质、速效 K 和有效 P 含量，同时造成碱解 N 下降。张锡洲等（2006）研究发现，水旱轮作条件下不进行秸秆覆盖长期免耕土壤有机质、全 N、速效 N、速效 P 含量随免耕年限的增加而增加。马林等（2008）研究发现，免耕覆盖处理对提高土壤有机质、碱解 N 和速效 P 养分含量效果最佳，秸秆还田处理次之，但均高于对照翻耕处理。刘鹏涛等（2009）试验结果在土壤 K 元素变化方面与前人研究结果相近，但由于黄土高原试验地气候干旱，水分条件不足，秸秆还田后需要经过较长时间去腐化分解，且在前期微生物分解过程中也会消耗一定的N和P素营养，在提高土壤有机质和N、P养分含量方面保护性耕作尚未表现出优势。

保护性耕作处理虽然在土壤水分改善和提高K素营养方面作用明显，但由于持续时间较短，其对土壤生态环境改善作用的潜力还没有完全发挥。有关黄土高原保护性耕作农田土壤养分变化还有待于进一步研究。

5. 保护性措施对农田土壤风蚀的影响

保护性耕作（Conservation Tillage）的概念在国际上至今无一定论。国外是以秸秆碎茬覆盖度为定义标准，认为保护性耕作的覆盖度至少是30%（张海林，2005）。不过不同定义大致上都包含了以下几点：原则上尽量少地进行表层耕作（例如免耕、少耕）；充分利用作物的秸秆或者通过作物留茬，达到减少农田土壤侵蚀，例如风蚀事件、水蚀事件等（李洪文，2003）。对干旱半干旱地区农田的风蚀现象研究，提出预防和控制农田风蚀的措施已经是缓解粮食压力，改善环境问题的重要途径之一（张金鑫等，2009）。土壤风蚀造成了土壤中的营养物质和有机质大量流失，随着人们一次次的深翻耕，持续性流失，结果耕地质量逐渐下降，土地退化也一步步加剧（高焕文，2008），不仅影响到作物产量，其中，以悬移方式迁移的细小颗粒会随着大气飘至几百米甚至几千米之外，还造成了严重的大气粉尘污染。

美国1931年的那场“黑风暴”席卷美国南部大草原，多年形成的肥沃土壤表层瞬间流失殆尽，这种境况一持续就是10年（杨学明，2004），也由此拉开了土壤侵蚀研究的序幕，并推进了农田风蚀防护措施以及保护性耕作推广的步伐。众多学者的研究表明免耕技术对产量、经济收益、土壤微生物量以及其他土壤物理性状的影响上较之传统耕作方式都有积极作用（Mahdi M. Al-Kaisi, 2004；Elcio L. Balota, 2004；M. Alvear, 2004）。半个多世纪以来，随着农具、农药技术的发展，保护性耕作已经普遍推广。2000年，采用保护性耕作的面积达2 400万 hm^2。在澳大利亚，免耕和少耕技术应用的比较广泛，疏松层是地表以下5~10cm。加拿大1996年保护性耕作面积达495.5万 hm^2 占耕地面积12%。保护性耕作已经推广到70多个国家，面积占到全球总耕地面积的11%（高旺盛，2007）。

在中国，许多遭受农田风蚀的省份都在寻求相应的措施以缓解风蚀。如山西、河北、内蒙古、辽宁、陕西、甘肃等省区。很多专家也是不遗余力地专研于风蚀的发生条件、机理和为害以及防护措施（王长生，2004）。

哈斯（1994）就耕作方式对风蚀量的影响进行了研究，认为春翻地和留茬地相比，受众多因子的综合影响。赵沛义和妥德宝等（2011）通过在北方农牧交错带的中段设置野外的大田试验，设定了不同行距的作物留茬，用以研究带作宽度对农田土壤风蚀的影响，并得出结论：不同作物留茬高度的以间作方式相组合，风蚀量与风速呈现正相关，并服从指数关系；作物秸秆的覆盖措施是预防和控制风蚀的主要因素。更能降低风蚀量。因为秋翻处理会增加土壤表层可蚀性颗粒的比例；张丽萍等（1997）对黄土丘陵片沙区风蚀规律探讨，结果表明迎风坡的风蚀明显，背风坡的风沙堆积严重，这都造成了迎风和背风坡的沙粒粗化；李小雁（1998）就土壤侵蚀过程中的土壤性质因子进行了概括；李玉宝（2000）基于 GIS 技术，使用不同的指标体系划分出不同的土地类型，建立相应的数据库，进行评价，评价等级有无风险、有风险和高风险；王晓燕（2000）等通过径流小区试验研究保护性耕作对农田地表径流和水蚀影响的结果表明免耕覆盖不压实处理可以减少传统耕作 52.5% 的年径流量，减少传统耕作 80.2% 土壤流失量；李洪文（2000）对深耕技术的研究表明，深松可以增加土壤含水量，且可调翼铲式深松机耕作可以达到表层近乎平整，深层疏松的目的，有效地减少风蚀；杜兵（2000）经过 6 年的大田保护性耕作和传统耕作对比研究，发现臧英等人探讨了免耕覆盖、免耕覆盖 + 耙、免耕无覆盖和传统耕作对土壤风蚀量的影响，并得出第二种处理下的土壤风蚀量是最小的，还得出风蚀物大多以跃移方式移动，集中于近地表，风蚀量随着高度的增加呈现幂函数递减的结论；贾延明等（2002）在山西通过试验田试验，发现高覆盖量（如 80%）会造成初春时节地表温度出现回温较慢的现象，以及秸秆中杂草难清除等问题，而适当的表土浅耕和适当降低覆盖度会起到保水保墒，增产的功效，且机械回收期为 2~3 年，比传统耕作的回收期要短；杨秀春和徐斌（2005）研究表明免耕高茬耕作模式下土壤的含水量较高，这和雷金银和吴发启研究发现相一致，保护性耕作措施无疑会增加土壤的水分入渗率，而翻耕后的土地容易成为沙尘的来源地区；臧英和高焕文（2005）探讨了适宜于保护性耕作的土壤风蚀预测模型，该模型除了考虑留茬等处理对地表粗糙度的影响外还考虑到了土壤含水量对风蚀的影响，经验证，该模型是基本上能和实际情况相吻合；于爱忠和黄高宝（2006）通过室内风洞模拟了各种保护性耕作下不可蚀性颗粒含量与风蚀量以及起动风速之间的关系，随着土壤表层不可蚀性颗粒含量的增加起动风速呈递增趋势，风蚀量呈递减趋势；刘目兴（2006）通过试验验证垄作可以降低一定高度内风的挟沙量，垄间距和风蚀量密切相关；鲁向辉等（2007）通过分析归纳，认为保护性耕作可以减少土壤容重、增大总孔度，提高土壤的通气透水能力和土壤的有机质以及 N、P、K，提升土壤团聚体含量，增强抗风蚀能力。李艳（2008）证实了免耕秸秆覆盖处理的玉米产量大于传统耕作下的玉米产量，提高产量20%有余，保护性耕作的保水保肥作用较之传统耕作明显；李琳和王俊英（2009）使用移动式风洞在野外测试了不同保护性耕作措施下的风蚀量，免耕可以减低旋耕97%的风蚀量；陈智和麻硕士（2010）以及孙悦超（2009）对比分析保护性耕作农田地表风沙流特性，得出保护性耕作能有效的降低近地表的风速，改变风沙流结构，相比秋翻地输沙率减小50%以上；赵君（2010）和李明等人在野外就马铃薯免耕、油菜留茬和燕麦留茬与传统耕作进行了风蚀量和土壤含水量的对比研究，免耕和留茬都可以提高土壤含水量，减少土壤风蚀；孙悦超（2010）利用风洞对不同风速下留茬和覆盖保护性措施对土壤风蚀的影响，认为影响风蚀的不是上述因子单独起作用，而是众多因子的综合影响。赵沛义和妥德宝等人（2011）通过在北方农牧交错带的中段设置野外的大田试验，设定了不同行距的作物留茬，用以研究带作宽度对农田土壤风蚀的影响，并得出结论不同作物留茬高度的以间作方式相组合，风蚀量与风速呈现正相关，服从指数关系；作物秸秆的覆盖措施是预防和控制风蚀的主要因素。

6. 保护性耕作对黄土高原旱田春玉米生物学效应的影响

黄土高原是中国北方重要的旱作农区，也是中国水土流失最为严重的地区。传统耕作方式对耕层土壤翻动次数较多，致使耕地品质下降、生产成本增加，并导致水土流失加剧、生态环境恶化。通过改变耕作模式来改变农田生态环境，降低农业生产导致的水土流失，提高旱地农业生产力和水分利用效率，增强旱地农田土壤对外界不良环境侵蚀影响的抵抗力，探索黄土高原地区春玉米保护性耕作技术模式，对黄土高原春玉米保护性耕作技术体系的建立以及选择合理的耕作方式具有重要意义。

保护性耕作技术是针对传统耕作措施暴露出的弊端而发展起来的一项节水、抗旱、保墒、保肥增收的新技术，作为一种高效、高产、低耗、环保的农业耕作新措施，可以有效地解决由于传统耕作方式所带来的一系列问题。耕作技术对土壤水分、理化性质和生物学性质的影响，体现在对农田作物的生长上，不同的耕作措施对农作物不同时期农艺性状和产量影响较大，贾树龙（2003）、孙启铭（2002）、张雯（2006）研究结果表明，保护性耕作技术能够明显提高作物产量和影响作物的形态建成。

保护性耕作对作物生长的影响，众人研究结果不尽相同。马云祥（2007），谢瑞芝（2007）研究认为，免耕能显著促进作物苗期的根系发育，在作物生长干旱年份尤为明显；同时能不同程度地提高叶面积系数和干物质积累量。秦嘉海（2005）通过对西北地区不同耕作与覆盖措施对玉米农艺性状的研究发现，相比传统耕作处理，免耕留茬秸秆覆盖与免耕留茬下玉米穗粒数、穗粒质量和百粒质量均有所增加。免耕处理较翻耕平均增产幅度为4.46%~4.93%，在华北地区免耕覆盖和深松覆盖处理相比传统耕作处理，平均产量分别提高12.1%和11.3%。在干旱年份，有秸秆覆盖处理的作物增产效果最佳，正常年次之，而在丰水年增产效果最差。西北地区免耕秸秆覆盖或免耕处理均可以提高玉米产量（何进，2006；赵建明，2007）。孙平阳（2011）试验研究结果与以前研究结果基本一致，表明不同耕作和植保防治措施对春玉米田生物学效应的影响不同，与传统耕作相比，保护性耕作处理下春玉米在各关键生育时期次生根数、株高、茎粗和穗位叶面积均较多，各生育时期保护性耕作各处理生物量积累增幅均在30%以上，各处理间穗粒数和千粒质量显著增加。保护性耕作+植保防治处理增产明显，平均增产幅度均高达25.31%；保护性耕作+先正达包衣种子+金都尔耕杰植保碎秆浅旋秸秆全程覆盖处理各项指标均为最高，且与CK（传统耕作）相比，差异均达极显著水平（$P<0.01$）。这说明保护性耕作技术对春玉米生长及产量的影响变化波动较大，有利于黄土高原干旱田春玉米的生长和产量的提高。保护性耕作技术通过增加土壤肥力和养分的有效性，提高土壤的蓄水保水能力，为作物生长创造了良好的条件，使作物产量结构显著优化，有明显的增产效应，将会是旱区农业发展，粮食增产的一项重要技术措施。

7. 不同耕作模式对土壤理化性状及旱地玉米产量的影响

土壤是作物赖以生存的基础，以不同的外部机械力作用于土壤并从本质上改变土壤的物理化学性状，调节土壤的水、肥、气、热等因子，进而改善土壤理化性状，为作物生长发育创造良好的环境条件，进而达到提高作物产量的目的。不同的耕作方式对土壤进行了不同程度的扰动，使土壤紧实程度发生变化，影响土壤固、液、气三相变化，导致土壤蓄水保墒效果发生差异，促进土壤中有机物质的腐殖化过程，进而影响土壤生物数量和质量、土壤呼吸速率及玉米产量。以往的研究多数以同种耕作方式连续进行多年耕作，然后比较同种耕作方式下土壤理化性状及作物产量的变化，而不同处理中以不同耕作方式交替进行耕作的研究报道还较少。

研究不同耕作模式处理后各年度土壤理化性状、呼吸速率和玉米产量的变化，以筛选北方旱农区适宜的土壤耕作制度，对解决目前土壤耕作方式单一、耕作层浅、土壤蓄水保水和抗逆缓冲能力弱等问题具有重要意义。土壤耕作方式可改变土壤结构并影响诸多土壤生态因子，合理的利用方式可改善土壤结构、增强土壤对外界环境变化的抵抗力，不合理的利用方式会降低土壤质量。北方旱作农区连续多年单一的耕作方式，使土壤耕作层变浅、容重增大、持水保水能力减弱、抗逆缓冲能力变差等一系列问题（黄明，2009）。深翻和深松分别通过深翻铧式犁和深松铲松动土壤，虽然都对土壤产生了扰动，但深翻耕作翻转了土壤，深松耕作不翻转土壤，深翻扰动程度大于深松。韩宾（2007），李明德等（2009）研究表明，深翻和深松均可打破犁底层，增加耕作层厚度，降低土壤容重，改善土壤结构，增强土壤对降水的保蓄能力，增强土壤微生物活动能力，有利于土壤有机质的分解，提高土壤肥力，达到抗旱增产的效果。

免耕作为重要的保护性耕作技术，基本不扰动土壤，与常规耕作相比，同样可以改变土壤结构和微生物种类与数量，调节土壤水、气分配，进而使土壤的水、肥、气、热状况重新组合。关于免耕对作物的增产和减产效应均有较多报道。据谢瑞芝（2008）研究，中国华北平原少耕处理减产最严重，减产高达36.36%，免耕处理也造成24%的减产；邱红波等（2011）研究认为，免耕栽培玉米较翻耕栽培玉米倒伏率高、有效株数少，从而导致单位面积产量显著低于翻耕栽培玉米，这些报道与本研究结构一致。尚金霞等（2010）研究认为，免耕条件下玉米产量比传统耕作有所增加。

8. 秸秆还田模式对旱地玉米产量以及水分的影响

土壤水分作为作物产量的主要限制因子之一，对作物发育和产量具有很大影响。中国北方半湿润偏旱区农田土壤在黄土母质上形成，黄土具有较大的赋存土壤水和N素的能力，为农作物生长所需水分和养分的调节提供了良好的物质基础，但同时在自然和人为活动的强烈作用下，水土流失严重，土地破碎化，土壤退化，作物产量低而不稳，有限的降雨及土壤水资源得不到高效利用。因此，采取适宜旱作农业技术显得尤为重要。

秸秆还田技术是改善农田生态环境、发展现代灌溉农业、旱作农业的重大措施，是节本增效型农业的重要技术支撑，也是促进绿色食品产业和农业可持续发展的有效手段（韩永俊，2003）。近年来关于秸秆还田的研究报道较多，研究焦点主要集中在单一还田方式对土壤物理性状、土壤养分和土壤酶活性的影响等方面，并取得了一些进展（田慎重，2010）。关于同一地区同一生态系统下不同秸秆还田方式间的环境响应差异研究还不多，相应的技术体系也未形成。为此，于1992—2010年在中国北方半湿润偏旱区进行定位试验，通过设置秸秆覆盖还田、秸秆粉碎直接还田、秸秆过腹还田等3种主要秸秆还田方式，研究长期秸秆还田条件下还田方式对土壤水分及作物生产力的影响，探索适宜当地生产和生态的最适秸秆还田方式，为该区作物生产及土壤扩蓄增容提供理论依据。

不同方式秸秆还田秋施肥增产效果十分明显。秋施肥与春施肥对应处理比较，据田慎重（2010）统计，18 年累计增产玉米籽粒 9.71~15.58t/hm^2，增产率为 8.33%~16.19%。不同秸秆还田方式的玉米产量存在差异，其产量由高到低依次为：秸秆过腹还田、秸秆覆盖还田、秸秆粉碎直接还田、秸秆未还田，以正常年份产量最高，偏旱年份秸秆覆盖还田的增产效果明显优于秸秆粉碎直接还田。

秸秆还田秋施肥可以适度减少玉米生育期耗水量，18 年平均玉米生育期耗水量由低到高依次为：秸秆覆盖还田、秸秆粉碎直接还田、秸秆过腹还田、秸秆未还田。玉米生育期耗水量主要与玉米生育期降水量相关，一般表现为丰水和偏丰年份各处理玉米生育期耗水量较多，正常降水年份次之，偏旱年份再次之，大旱年份玉米耗水量最少。

不同秸秆还田方式各处理间土壤贮水量及分布状况存在明显差异，秸秆覆盖还田处理可增强土壤的蓄水能力。

同秸秆未还田相比，秸秆还田秋施肥各处理玉米水分利用效率 18 年累计平均值提高 2.24~3.17kg/hm^2·mm；其由高到低依次为：秸秆过腹还田、秸秆覆盖还田、秸秆粉碎直接还田、秸秆未还田。各处理玉米水分利用效率，在偏旱年份较高，大旱年份最低。秸秆覆盖还田处理提高玉米水分利用效率的效果在偏旱年份最为明显。

二、播种

（一）种子处理

1. 种子质量标准

种子质量对产量的影响很大，其影响有时会超过品种间产量的差异。因此在生产上不仅要选择好的品种，还要选择高质量的种子。在现阶段，中国衡量种子质量的指标主要包括品种纯度、种子净度、发芽率和水分 4 项。国家对玉米种子的纯度、净度、发芽率和水分 4 项指标做出了明确规定，一级种子纯度不低于 98%，净度不低于 98%，发芽率不低于 85%，水分含量不高于 13%；二级种子纯度不低于 96%，净度不低于 98%，发芽率不低于 85%，水分含量不高于 13%。中国对玉米杂交种子的检测监督采用了“限定质量下限”的方法，即达不到规定的二级种子的指标，原则上不能作为种子出售。

2. 种子包衣的意义和作用

种子剂是一种含有一定的成膜物质的，可专用于良种包衣处理的有效种子处理剂。有效成分是杀菌剂，丸衣化物料有杀菌作用；杀虫剂，有杀虫作用；着色剂，有化妆或警戒作用；惰性物质，起丸粒化作用。

玉米种子包衣，是将具有药效、肥效的种衣剂均匀地黏附在经过精选的玉米良种表面，再进行播种的一种技术。能起到种子消毒、防治种传、土传病害及地上地下害虫侵害的作用，同时还能刺激玉米根系生长。不仅能提高保苗率，节省种子，而且能增加玉米产量。

（1）保苗率提高　种子播入土壤，种衣剂在种子周围形成防治病虫害的保护屏障，使种子消毒，防治种传、土传病菌侵害；种衣剂被植株吸收并传导到地上部位，起到防治病虫害的作用，提高了保苗率。

（2）促进生根发芽，植株健壮生长　含有微肥的种衣剂，能刺激玉米根系生长，苗期营养充足，玉米苗期生长健壮，为增产奠定了基础。

（3）省药省肥省工　玉米种衣剂所含药肥缓慢释放，能被种子充分吸收，持效期 50~60d，在此期间不必进行病虫害防治，易于实现一次播种保全苗。

（4）减少用药量，有利于环境保护　使用玉米种衣剂与喷药防治病虫相比可以降低对周围环境的污染，减少对天敌的伤害。种子包衣节省用种量，可实现精量播种。

（5）提高玉米产量　玉米种子使用种衣剂比未使用的增产 12%，扣除成本等费用，亩净增加收入 45 元。

（二）播种时期

1. 适期早播

适时播种，可以为玉米发芽、出苗创造良好的条件。玉米的适宜播期主要根据玉米品种特性、温度、墒情以及当地的地势、土质、栽培制度等条件综合考虑确定的。播种是一项非常关键的技术，要做到适时、适量、精确、均匀，确保苗全苗壮。根据每个省各地的玉米栽培模式、种植习惯、播种方法的不同，合理确定播期、播量。

在地温允许的情况下，根据土壤墒情，适当调整播种时间或等雨播种。适宜播种的土壤含水量在 20% 左右，一般黑土为 20%~24%，冲积土 18%~21%，沙壤土 15%~18%。适时早播有利于延长生育期，增强抵抗力、减轻病虫为害，促进根系下扎、基部茎秆粗壮，增强抗倒伏和抗旱能力。土壤墒情较差不利于种子萌发出苗的地区，可采用坐水抗旱播种，也可等雨播种。

早春干旱多风地区，适时早播有利于利用春墒夺全苗；覆盖栽培可比露地早播 7~10d；同一纬度山坡地要适当晚播；盐碱地温度达 13℃以上播种较为适宜。

山西中、北部一般在4月24日至5月5日播种较合适，陕西北部一般在4月28日至5月5日播种较合适，甘肃定西地区一般在4月20—29日播种较合适。

播期对玉米的影响是与生长发育期间光、热、水和土壤等生态因子综合作用的结果。适期早播能延长玉米生育期，植株生长量大，物质基础好，茎秆粗壮，根系发达，穗大粒多，有利于创高产。随着播期推迟，玉米的株高、穗位高有下降趋势，在田间表现为个体的生长量和生产力的下降，播种越晚，玉米田间空秆率越高。

不同播期对果穗性状有影响。随播期推迟，穗长、穗粗均呈下降趋势，穗长与播期之间有着极显著负相关关系。随播期推迟，秃尖长有增大趋势。每穗行数和每行粒数随播期推迟逐渐减少，千粒重均随播期推迟逐渐减少。随播期推迟，各处理籽粒产量逐渐降低，二者有着极显著负相关关系。

2. 播期对生长发育和产量的影响

玉米是高产谷类作物，自身调节能力小，缺苗易造成穗数不足而减产。因此，适时播种、提高播种质量，对实现全苗、苗匀、苗壮，建立合理群体结构，获得玉米高产具有十分重要意义。

（1）播期对生长发育进程的影响　气温和光照是影响生育时期长短的主要生态因子。玉米为喜温短日照作物，从整个生育期看，播期的推迟引起了全生育期持续时间的缩短，推迟播期后所带来的温度升高是影响生育期持续时间变化的主要原因。

低温有利于延长生育期。随着播种期推迟玉米的生育期由长变短，随着播期的推迟，温度逐渐升高，各分期播种至出苗天数逐渐减少，达到各生育时期所需积温的日数逐渐减少，各处理的各生育时期依次缩短，生育进程加快。播种越晚，生育期越短，但播期过分提早并不等于相应早熟。玉米播种期相差的天数与出苗期相差的天数并不相等，它们之间呈明显正相关；玉米自交系播种期相差的天数并不等于雌雄穗开花相差的天数，它们之间呈明显正相关。随着播期的推迟，气温逐渐升高，玉米的生育进程也逐渐加快，生育期随着播期的推迟逐渐缩短。抽雄期若提前1d，则抽雄至成熟所需活动积温相应增加13℃，即用≥10℃活动积温来表示，但这一指标是随着抽雄期的不同而变化的。抽雄越早，抽雄至成熟所需积温越多，间隔日数也多；抽雄越晚所需积温越少，抽雄至成熟的间隔日数也越少。

播期对玉米的影响是与生长发育期间光、热、水和土壤等生态因子综合作用的结果。适期早播能延长玉米生育期，植株生长量大，物质基础好，茎秆粗壮，根系发达，穗大粒多，有利于创高产。玉米随着播期的推迟，节间逐渐增长，尽管叶片数变化不大，但植株却显著增高，穗位也随之升高、成穗率显著降低、穗粒数和千粒重都显著下降。随着播期推迟，玉米的株高、穗位高有下降趋势，在田间表现为个体的生长量和生产力的下降，播种越晚，玉米田间空秆率越高。

（2）播期对产量构成因素的影响　不同播期对果穗性状有影响。随播期推迟，穗长、穗粗均呈下降趋势，穗长与播期之间有着极显著负相关关系。随播期推迟，秃尖长有增大趋势。每穗行数和每行粒数随播期推迟逐渐减少，千粒重均随播期推迟逐渐减少。随播期推迟，各处理籽粒产量逐渐降低，二者有着极显著负相关关系。

播期与株高、穗粒数、千粒重和有效穗长均为负相关。随播期推迟，秃顶有增大趋势。每穗行数和每行粒数随播期推迟逐渐减少，千粒重和出籽率均随播期推迟逐渐减少。由于播期后延生育期缩短，穗长、穗粗、穗行数、行粒数、千粒重、穗粒重、出粒率都大幅下降，而秃尖长则加大，从而致使理论产量也迅速降低。这与生育期的缩短和干物质积累的降低相一致。

播期对春玉米总生育期及不同生育阶段持续时间影响显著，其中，播种至拔节期持续时间变异最大，温度条件的差异是其主要原因。不同播期间春玉米叶面积指数和干物质累积量差异显著，拔节—大喇叭口的降雨是其出现差异的根本原因。

通过抢时早播、早促早管、适时晚收获，使夏播玉米达到充分成熟，是提高夏播品种产量和品质的重要环节。

三、种植密度

（一）种植密度对旱地玉米主要农艺性状、产量和水分利用效率的影响

种植密度是影响产量的关键因素，合理的种植密度可使玉米群体与个体协调发展，在单位面积上获得最大的产量。近年来各地开展玉米高产创建活动中，旱地玉米密植高产典型不断出现。2006—2007 年在陕西省澄城县、2008 年在山西省长子县和壶关县、2010 年在陕西榆林市定边县都创造了旱地春玉米超 15 000kg/hm^2 的高产纪录。旱地玉米密植高产典型都是在某一特定年份出现，没有连续性。因此如何在旱区不同降水年型通过合理密植，充分利用有限降水达到可持续高产高效的目的就成为需要研究的课题。前人针对种植密度对玉米产量及相关性状影响的研究较多，大多是在充分灌溉或补充灌溉条

件下，或是在降水较多的湿润、半湿润地区进行。张冬梅等（2011）和王晓凌等（2009）在半干旱区和半湿润易旱区研究了密度对旱地玉米产量的影响，研究表明，密度对玉米耗水量影响的研究屈指可数；刘战东等（2010）在充分灌溉条件下，研究了春玉米品种和种植密度对植株性状和耗水特性的影响及种植密度对夏玉米形态指标、耗水量及产量的影响；黄学芳等（2010）在补充灌溉条件下，研究密度对旱地玉米产量形成和耗水量的影响；程维新等（2008）在半湿润区鲁西北平原研究了种植密度对春玉米耗水量的影响；刘镜波（2011）在西北黄土高原旱作条件下研究了基施有机肥和密度对耗水量的影响，所有以上密度对耗水量的影响均是一年的研究结果。张冬梅等（2014）通过两年不同地块试验，在半干旱区不同降水年型的旱作条件下，研究种植密度对旱地玉米植株性状及耗水特性的影响，为旱地玉米通过合理密植达到高产稳产提供理论依据。

株高在很大程度上决定了玉米群体冠层对光的截获能力和光能利用率，与群体对水分、养分、光照、空间等的竞争有关。张冬梅等（2014）研究表明，平水年玉米拔节前土壤水分充足，地温较低，群体内竞争较小，因此拔节期株高无差异。随着玉米生育进程推进，在玉米抽雄吐丝期经受了一定程度干旱，株高随密度增加呈降低趋势，可能与高密度群体内竞争激烈，导致植株缺乏营养而生长缓慢有关，这与王晓凌等（2009）在雨养条件下的研究结果一致。丰水年土壤水分条件较为适宜，拔节期、抽雄期，随着密度增加，株高呈明显增加趋势。刘战东等（2010）在充分灌溉条件和高玉山等（2007）在补充灌溉条件下也得到同样结果。各降水年型，随着密度增加，穗位高都在直线增加，且有很好的相关性，唐保军等（2008）的研究结果也是如此。

玉米产量随密度变化趋势不仅和底墒、年降水量、降水量年内分布有关，还与当地特定气候条件以及品种特性、密度范围、土壤肥力状况有关。张冬梅等（2014）认为，受“卡脖旱”的平水年，经济产量随密度增加先增加后明显减少，呈抛物线型；降水分布合理的丰水年，玉米产量随密度增加而增加，当密度增至 7.5 万株 /hm^2 时，产量不再显著增加。除秃尖长和百粒重外，丰水年产量性状随密度增加的变异系数明显小于平水年，丰水年减小了因增加密度而带来的穗部性状指标的恶化。在充分灌溉条件下，刘战东等（2010）、杨国虎等（2006）和王楷等（2012）的研究结果表明，产量随密度增加先增加后降低；杨吉顺等（2010）、刘战东等（2010）的研究指出，产量随密度增加而增加；在补灌条件下，邵立威等（2011）的研究结果是不同品种产量对密度的反应明显不同；在雨养条件下，王晓凌等（2009）的研究结果表明，产量随密度增加而增加；曹庆军等（2009）和陈传永等（2010）的结果为产量随密度增加先增加后降低。旱地玉米生产中应根据具体的气候、土壤以及补灌条件，选择适宜的品种及密度获得较高的产量。

旱地玉米不同密度耗水量和土壤可供水情况以及植株与土壤环境、气候因素的互作有关。张冬梅等（2014）研究认为，平水年不同密度生育期总耗水量无差异，极差值仅为 4.1mm；丰水年耗水量随密度的增加而增加，当密度从 6.0 万株 /hm^2 增加至 10.5 万株 /hm^2 时，耗水量也仅增加了 17.8mm。黄学芳等（2010）、王晓凌等（2009）、程维新等（2008）及刘镜波（2011）对旱地玉米不同密度处理耗水量的研究也得到类似结果。本研究中，不论什么降水年型，玉米出苗—拔节期耗水量随着密度增加呈明显增加趋势，以往研究也得到类似试验结果。张冬梅等（2014）研究认为不同密度间耗水量差异不大还可能和密度范围的设定有关。北方旱区由于降水资源有限且变率较大，旱地玉米生产中应根据土壤底墒情况及降水预测，结合该区域土壤养分、光照等自然条件，针对品种特性进行合理密植。

玉米群体籽粒产量的变化取决于遗传性、环境条件和种植密度三者的相互作用。早在 20 世纪 60 年代，就已经有大量相关试验报道，结论基本一致：在任何情况下玉米的密度与产量都密切相关，现代玉米生产单位面积上的增产，应归因于密度的适宜提高而不是单株产量的增加。玉米群体的生物产量开始是随着密度的增加而提高（黄宜祥，1993），当密度增至一定程度时产量增加变的不明显，但也不明显下降，两者呈渐进状曲线关系。群体的籽粒产量开始是随密度的提高而迅速提高，以后渐慢，进一步增加密度则产量开始明显下降。密度增加超过一定限度则破坏了群体与个体发育的平衡关系。植株过密造成郁闭，通风透光不良，特别是中下部叶片受光不好（郑焼，1993；郭国亮，1998），光合速率明显下降，干物质积累减少。

（二）在正常肥力水平下，旱地玉米的种植密度

玉米高产不仅受品种基因型的制约，还受栽培技术措施的影响。在玉米生产过程中，品种和密度是高产栽培技术中主要的人为可控制因子。近年来，玉米高产创建活动结果已经表明，改种耐密型高产品种和合理增加种植密度已经成为玉米创高产的重要技术规程。但是密度对产量及产量构成因素的影响随品种不同差异很大。大量实践证明，不同品种进行合理密植可使玉米群体和个体协调发展，解决穗数、穗粒数和粒重三者之间的矛盾，达到高产的目的。与此不同，曹庆军等（2009）的研究结果表明，耐密性强的品种‘先玉 335’在种

植密度为 8.0 万株 /hm^2 时产量最高，而耐密性中等的品种‘军单 8’产量最高时的种植密度 6.5 万株 /hm^2。

1. 根据品种特性确定密度

一般应掌握以下原则：肥地宜密，瘦地宜稀。阳坡地和沙壤土地宜密，低洼地和重黏土地宜稀。日照时数长、昼夜温差大的地区宜密。精细管理的宜密，粗放管理的宜稀。株型紧凑和抗倒品种宜密，株型平展和抗倒性差的品种宜稀；生育期长的品种宜稀，生育期短的品种宜密；大穗型品种宜稀，中、小穗型品种宜密；高秆品种宜稀，矮秆品种宜密。一般中晚熟杂交品种适宜密度为 3 500~4 500 株 / 亩；中熟杂交品种 4 000~5 000 株 / 亩；中早熟杂交品种 4 500~5 500 株 / 亩；早熟杂交品种 5 500~6 000 株 / 亩。稀植大穗型杂交种如沈单 16、海玉 5 号、豫玉 22，中间型如兴垦 3 号、农大 108、四单 19，耐密型如郑单 958、浚单 20、先玉 335。

2. 根据土壤肥力确定密度

土壤肥力较低，施肥量较少，取品种适宜密度范围的下限值；土壤肥力高、施肥水平较高的高产田，取其适宜密度范围的上限值；中等肥力的取品种适宜密度范围的平均值。

3. 根据水分条件确定密度

北方春玉米区全年降水量平均 469mm，90%置信区间为 383~555mm，从西向东、由北向南递增。无灌溉、水分条件较差的宜稀；有灌溉、水分条件适宜的宜密。

4. 根据地形确定密度

在梯田或地块狭长、通风透光条件好的地块可适当增加密度；反之，减小密度。

5. 根据光照条件确定密度

陕北、宁夏、内蒙古中西部光照条件较好，每亩可增加 500 株。山地向阳坡密度可比山阴坡密度高一些。

6. 机播适当增加播量

为避免机械损伤和病虫害伤苗造成密度不足，需要在适宜密度基础上增加 5% ~10%的播种量。

四、种植方式

（一）单作

在一熟制条件下，单作是黄土高原旱地玉米的主要种植方式。

1. 等行距种植

20世纪80年代初期，随着中国小麦－玉米两作农业机械化的试验、示范和推广，提出玉米种植方式逐步实行间套作畦式规格化，以适应机械作业的需要。这尽管确定了不同地区玉米清种或与其他作物套种的种植方式和耕作方法，但从种植方式上玉米仍为等行距种植方式。行距一般为50cm、55cm、60cm。谭秀山（2010）认为这种等行距种植方式的弊端是：玉米群体内通风透光受到影响，限制了玉米的种植密度，进而限制了玉米产量的提高。

2. 宽窄行种植

宽窄行栽培方式下，玉米群体叶面积指数和干物质积累增加。群体叶面积指数的变化具有高产冠层特性的发展趋势，即“前快、中稳、后衰慢”的特点，且最大叶面积指数持续期长；干物质积累前期差异不明显，后期宽窄行种植方式下干物质积累量明显大于等行距种植，这可能是由于宽窄行种植方式的光照条件和通气条件较好，给叶片创造了充分的生长空间。高产田玉米叶片的光合特性有所改善。冠层内叶片的光合特性与光照存在着密切的关系。宽窄行种植方式改善了冠层的微环境，增加了中部冠层的透光率，使穗位叶的初始量子效率明显增高，能有效利用弱光，使玉米叶片的光合性能有所改善。

宽窄行种植模式常用的有四种：60cm×40cm，70cm×40cm，80cm× 40cm，90cm×40cm。不同密度和行距配置方式对玉米产量是有影响的，因此，在选择行距时应根据土地条件和所用品种来定。如郑单958类耐密型品种就应选择60cm×40cm，70cm×40cm这两种方式，先玉335类型品种就应选择80cm×40cm，90cm×40cm两种方式。

（二）间套作

1. 春玉米与春小麦带田种植

主要在内蒙古西部、甘肃和宁夏中部地区应用。

（1）规格与模式

◎ 带比：有3种配置方式。带宽1.5m，种小麦6~7行，种玉米2行。带宽1.8m，种小麦6~8行，种玉米3行。带宽2m，种小麦8~10行，种玉米4行。各地实践经验，以带宽1.5m产量最高。

◎ 行向：农作物在单作情况下，南北行向种植有利于光合作用。据研究，在套种情况下东西行向种植较南北行向种植，两作群体透光好，能提高光能利用率。

◎ 良种：两作要合理搭配。春小麦宜选用矮秆、抗病、丰产、早熟种，春玉米宜选用株型紧凑、叶片直立、适宜密植、高产抗倒的杂交种。

◎ 密度：小带田的春小麦每亩要求 45 万 ~50 万穗，大带田的春小麦每亩要求 35 万 ~40 万穗。春玉米密度随带宽加大而增加株数。

（2）种植方式

◎ 小麦 / 玉米全覆膜带田：总带幅 160cm。用 145cm 宽的地膜覆盖，膜面中间种植 5 行小麦，行距 20cm，在小麦带两侧膜上各种玉米 1 行，小麦距玉米 25cm，玉米小行距 30cm，株距为 20cm。

◎ 地膜小麦 / 玉米带田：总带幅 160cm。用 120cm 宽的地膜覆盖，膜面中间种植 5 行小麦，行距 20cm，在小麦带两侧 25cm 处露地各点 1 行玉米，玉米小行距 30cm，株距 20cm。

◎ 小麦 / 地膜玉米带田：总带幅 155cm。小麦带幅 75cm，种植小麦 6 行，行距 15cm，不覆膜；在小麦带间留 80cm 空带，用 70cm 宽地膜覆盖，膜上种 2 行玉米，行距 30cm，株距 20cm，小麦距玉米 25cm。

◎ 露地小麦 / 玉米带田：总带幅 155cm。小麦带幅 75cm，种植小麦 6 行，行距 15cm；在小麦带间留 80cm 空带，空带内种 2 行玉米，行距 30cm，株距 20cm，小麦距玉米 25cm。

2. 玉米与马铃薯套种

主要见于河北、山西北部、内蒙古东北部地区。

常用的带宽 200cm，马铃薯种植 4 行，行距 40cm，株距 50cm，亩种植马铃薯 2 500 株左右。两边各 1 行玉米，马铃薯株距玉米 40cm，玉米株距 30cm，亩种植玉米 1 200 株左右。一般亩产马铃薯 1 300~1 500kg、玉米 350~400kg，马铃薯按照 1.20 元 /kg 计算，玉米按照 2.20 元 /kg 计算，比单种一季马铃薯增收 300 元左右，比单种一季玉米增收 500 元左右。可根据所选品种不同适当调整株行距，总之，既保证了单位面积的种植密度，又改善了行间通风透光条件，有利于提高两者的单株产量。

3. 绿豆与玉米间作

主要见于内蒙古北部、陕西北部地区。在目前的技术条件下，采用玉米与绿豆间作的种植方式，通过合理配置各复合群体的结构，充分利用光、热、水、肥等资源，进一步挖掘单位土地的产出能力，是实现种植业高产高效的一种有效途径。由于这种技术应用地区少，研究人员也少，所以，玉米绿豆不同比例带田模式也在初步探索阶段，许多理论和技术问题尚有待于进一步深入研究来不断完善、充实。

常用的带宽 490cm，绿豆、玉米均采用大垄双行种植模式，大垄垄距 98cm，玉米株距 30cm，绿豆株距 20cm，比例为 6∶4。一般亩产绿豆

45~50kg、玉米 200~220kg。以 2010 年玉米 2 元 /kg、绿豆 14 元 /kg 的价格分析经济效益，两种作物合计收入 1 000~1 200 元 / 亩。

五、田间管理

（一）施肥

1. 底肥与追肥

（1）底肥

◎ 秋施肥的时间：据大量试验表明，10 月末至 11 月上中旬期间，在土壤 5cm 深度处，温度等于或小于 4℃时，进行秋施肥较为适宜。因为施肥后不久，土壤就可结冻。过早施肥，会使地温过高，土壤中微生物活动比较旺盛，尿素容易分解，造成肥分流失；过晚施肥，表层土上冻，与肥料接触不紧密，达不到应有的效果。同时还要根据气温、人畜、机力等其他条件进行合理安排。

◎ 秋施肥的种类和数量：主要是有机肥和无机肥。

有机肥：一般施腐熟的农家肥 15 000~30 000kg/hm^2，主要为圈粪、坑沤粪、禽畜粪等，以鸡粪效果最好。农家肥是完全肥料，营养全面，同时还能改善土壤结构，促进土壤熟化，提高土壤肥力。农家肥深施，肥效持久，能够全面调节土壤的水、肥、气、热状态，而且可以提高化肥肥效。如将 P 肥与农家肥混合沤制，在分解过程中产生的有机酸能使难溶的 P 提高其溶解度，增加 P 肥的有效性，效果更好。

无机肥：根据玉米需肥规律，结合有机肥施用及土壤肥力，合理搭配 N、P、K 肥的用量。可将 N 素化肥施用总量的 1/4 到 1/5 做底肥施入。如果施用尿素，每公顷施用量不宜超过 90~105kg，否则影响出苗。P 肥可将施用总量的 2/3 做底肥施入，K 肥可以将绝大部分做底肥施入，剩余部分做种肥于播种前施入。

◎ 秋整地施肥的优点：蓄水保墒，增强抗旱能力：秋整地、施肥同灭茬、扣垄、镇压一并进行，可以创造一个深厚、疏松、细碎的土壤耕作层，这样就能够充分地接纳秋季雨水和冬季雪水。另外由于春季不动土，返浆水留在耕层，从而提高了土壤的蓄水保墒能力，使有限的水资源最大限度地被利用。山西省郑联寿等（2004）的研究表明，在前一年 10 月下旬秋深耕结合秋施肥将肥料施入 10~20cm 深的土层中，然后将耕地整平，待翌年春播玉米，这样改善了耕层土壤状况，促进了根系生长，减少 N 素的挥发损失，具有抗旱蓄水的作用，提高了土壤含水量，确保苗全苗壮。李春娟等（2012）的研究表明，秋整地、施底肥的地块，播前 0~10cm 土壤含水量为 14.1%，而对照则仅为 10.8%，秋施肥较传统施肥水分利用率提高 0.5%~3.8%。因此秋整地、施底肥可以减少土壤水分蒸发，提高抗旱能力，最大限度地保持土壤墒情。

确保施肥深度，防治烧种、烧苗：近年来，由于化肥做底肥的数量越来越大，尤其是高N复混肥的应用比例越来越多。春整地耕层浅，容易烧种、烧苗。通过秋后起垄施底肥这一技术，在整地过程中加深了耕层，施肥的深度容易达到质量要求，做到底肥深施。一般施肥深度可达15cm以上，避免了烧种、烧苗现象的发生，有效地提高了玉米根系吸收养分的范围，提高了肥料的利用率。

确保分层施肥，提高肥效：秋施肥的肥料为有机肥、少量N肥、大量P、K肥。通过秋打垄做到底肥深施，播种时把少量速效性肥料施在土壤表层做口肥，追肥时把N肥、部分K肥施于中层，做到各层土壤中养分均匀分布。这样可使作物在幼苗期就能得到充足的养分，在整个生长发育的各个阶段，随着根系的延伸能源源不断地得到养分。

（2）追肥

◎种类：进入穗期阶段，植株生长旺盛，对矿质养分的吸收量最多、吸收强度最大，是玉米一生中吸收养分的重要时期，也是施肥的关键时期。春玉米从拔节到抽雄是吸收N素的第一个高峰，30d左右的时间吸收N量占总量的60%。拔节期追施N肥有促进叶片茂盛、茎秆粗壮的作用；大喇叭口期追施N肥，可有效促进果穗小花分化，实现穗大粒多。该阶段主要是追施速效N肥，如尿素、碳酸氢铵、硫酸铵、硫酸钾和氯化钾等。追肥量与时期可根据地力、苗情及前期追肥情况等确定，一般追施总N量的60%。追肥时应在行侧距植株10~15cm范围开沟深施或在植株旁打孔穴施或用施肥器注施，深度在5~10cm，施肥后覆盖严密。如在地表撒施时一定要结合灌水，以防造成肥料损失。这次追肥时可在尿素中加入一定数量高效涂层尿素（约30%），控制并延缓速效肥的释放速度，延长尿素的肥效期。对于发生缺锌症状的地块，苗期及时喷施0.2%的硫酸锌液肥。

◎施用时期、用量和方法：玉米施肥应坚持“基肥为主，追肥为辅；有机肥为主，化肥为辅；基肥、P肥、K肥早施，追肥分期施”的原则。具体施肥时一是基肥中要重视P、K肥。二是若土壤肥力低，基肥不够或者没有施用基肥，施用种肥壮苗效果明显。施用时采取条施或者穴施，注意要与种子隔开或者与土混合，防止烧苗。三是早施苗肥。由于旱区春季气温低，雨水少，肥效较慢，应早施苗肥；四是适施穗肥，多在大喇叭口期追肥。不论地块肥力如何，追施穗肥的增产效果显著。追肥要深施，深施使肥效长且稳定，促进根系深扎，扩大吸收面积，利于增产。

根据旱地玉米生态特点，追肥时间应有别于水地玉米。化肥的早期施用和“前重后轻”的施肥技术能加快旱地玉米的生育进程。采用施肥技术时，主要考虑如何促进前期生育，使营养体繁茂，增大叶面积，为提高光合生产率打好基础。

◎玉米的需肥特点：玉米生长需要矿物质元素有十几种，但是主要以N、P、K等常量元素及Fe、Mn、Zn等微量元素为主。玉米生长的不同生育阶段吸收肥的数量和比例是不同的。玉米全生育期需要吸收多种营养元素，这就要求土壤中含有的各种营养元素，不仅要有一定的数量，而且要保持适宜的比例，使土壤的供肥能力可以满足玉米的生长需要。而土壤自身的供肥能力不能满足玉米某些生育阶段的生理需求，必须通过施肥补充土壤养分来满足玉米正常发育的需求。

第一阶段为苗肥。可在幼苗4~5叶期，结合间苗、定苗、中耕除草进行。随着幼苗的生长，对养分的消耗量也不断增加，虽然，这个时期对养分的需求量还较少，但却是获得高产的基础。此时施肥可有效促进根系发育，有利于秧苗生长。苗肥约占总追肥量的1/10，施肥原则本着早施、轻施、偏施，也就是补基肥性缓，促小苗赶大苗，促弱苗变壮苗，达到苗齐、苗壮的目的。只有满足这个时期的养分需求，才能获得优质的壮苗。

第二阶段为秆肥。在幼苗7~9片叶，也就是在玉米拔节前后进行。此期是玉米果穗形成的重要时期，也是养分需求量最高的时期。对于茎部生长、幼穗分化、实现茎秆粗壮培育目标，有着积极促进作用。但是，一定要合理控制追肥量，尤其是避免营养过剩，茎部生长过旺，最终导致茎秆倒伏。

第三阶段为穗肥。穗肥是指雄穗发育至四分体期，正值雌穗进入小花分化期的追肥。其主要作用是促进雌雄穗的分化，实现粒多、穗大、高产。这时是决定雌穗粒数的关键时期。以速效N肥为主，一般在小喇叭到大喇叭口期间，生产上还应根据植株生长状况、土壤肥力水平以及前期施肥情况考虑施用的时期和数量。

第四阶段为粒肥。灌浆开始后，玉米的需肥量迅速增加，以形成籽粒中蛋白质，淀粉和脂肪，可于吐丝初期追施。追施粒肥，可延长绿叶功能，促进籽粒饱满，减少秃尖长度，提高玉米的产量和品质。粒肥主要施用速效N肥，也可叶面喷施0.2%的磷酸二氢钾溶液。

◎施肥方法：根据旱地玉米生态特点，追肥时间应有别于水地玉米。化肥的早期施用和“前重后轻”的施肥技术能加快旱地玉米的生育进程。玉米定苗后，及时施肥。苗肥主要是对基肥不足的地块或弱苗作轻施和偏施，促成幼苗生长整齐、健壮均匀，为高产打好基础。苗肥应在4~6叶施用，用量应遵循

“苗肥轻、穗肥重、粒肥补”的原则。苗期追肥占总追肥量的20%~30%，一般追施尿素75.0~112.5kg/hm^2。玉米穗肥应占追肥总量的50%~60%。对中低产地块和后期脱肥的地块，尤其要猛攻穗肥，加大追肥量，施尿素或碳酸氢铵375~450kg/hm^2。同时，可根据长势适时补充适量的微肥，一般用0.2%的硫酸锌进行全株喷施，每隔5~7d喷1次，连喷2次。抽穗后，还可用磷酸二氢钾2.25kg/hm^2，加水750kg，均匀地喷施，一般喷1~2次即可。

2. 缓释肥的应用

（1）缓释肥的作用　N素是玉米生长发育的必需营养元素之一，而且施N量多少对玉米产量和生态环境均有一定的影响。过量施N除了造成不必要的浪费之外，还会对生态环境造成严重的威胁。有研究表明，当N肥施用量在90~270kg/hm^{2}范围内时，玉米产量会随N肥用量的增加而提高，而当P肥施用量达360kg/hm^{2}时玉米产量则下降。还有研究表明，施N量为200kg/hm^{2}时，玉米及其秸秆的生物量随着施N量的增加而增加，而当施N量达240kg/hm^{2}后，玉米籽粒产量不再增加，且玉米秸秆产量呈下降趋势。在黄淮海地区，玉米生长季属雨热同期，传统生产中常采用的一炮轰的施肥方式易引起N素的淋失，使玉米常常在生长后期发生脱肥早衰，同时玉米生育后期追肥难度大，需要消耗大量的人力物力，并且还会对玉米植株造成一定的伤害，从而对玉米产量造成不良影响。此外还有研究表明，前期适当控N能够促进玉米的干物质和N素向籽粒的运转，实现玉米产量与N素利用的协同提高。N肥肥效适当后移能提高夏玉米植株N积累量和肥料利用效率，促进玉米籽粒灌浆，增加其百粒重和产量。缓释肥能显著增加玉米产量，在产量构成因素中增加千粒重的优势较大，能显著提高N素利用效率和农学效率。

在相同的耕作措施下，N素积累及其向籽粒的分配量均表现为缓释尿素>普通尿素两次施用>普通尿素一次施用>不施N处理；结果表明，相同耕作方式下，缓释尿素处理可显著提高植株的总吸N量，在玉米吐丝后光合叶面积指数显著高于常规尿素处理（$P<0.05$），缓释尿素处理也可显著提高玉米穗位叶SOD、POD和CAT活性，增加可溶性蛋白含量，降低MDA积累量。因而，该缓释尿素处理对籽粒灌浆速率的提高效果显著。

不同类型的N肥会对作物的N素吸收利用造成一定的影响。研究表明，郑单958两年花后植株N素利用效率和积累N素向籽粒的分配量均表现为施用缓释尿素高于传统的施用常规尿素。原因是常规尿素前期大量的吸收和淋失造成花后表层土壤N素损失，导致植株根系周围出现N素亏缺，花后玉米N素供需矛盾加重，不利于植株花后N素的吸收。前期适当控N可提高根系的吸收和合成能力，后期还可使植株保持较强的光合生产能力，增强根系吸收N素的能力，并促进N素向籽粒的运转，促使玉米N素利用的提高。而N肥适当后移也可提高夏玉米植株N积累量和N肥利用效率。玉米专用缓释尿素是针对玉米生长特性而选择性释放的一种肥料，前期释放缓慢，从大口期以后释放速率加快，花后土壤N素的供应能力显著提高，利于植株N素的积累及向籽粒转运。可见，施用包膜缓释尿素能显著提高玉米的N素积累利用及向籽粒的分配。

改善供N能力是使玉米获得高产的有力措施之一。研究结果表明，与传统一次施常规尿素相比，缓释尿素能显著提高花后植株的干物质积累量、向籽粒的转运量以及产量。因为充足的N素供应可促进作物的养分吸收和干物质累积，不但对作物的生长发育有直接贡献，而且也改善了作物后期营养体养分向籽粒的运输，从而增加了收获期植株养分总量中籽粒养分所占的比例，但一次性施肥由于是过早施底肥或苗肥，或者过晚施粒肥均对产量形成不利，前期不施N或者施N过多都会增加败育粒，对产量的形成造成不良的影响。由于夏玉米生育后期追施N肥极不方便，而缓释尿素具有肥效长且稳定，能满足玉米在整个生育期对养分的需求的优点，一次性大量施入不会造成“烧苗”，并可减少施肥数量和次数，提高产量。

（2）缓释肥对玉米碳、氮代谢等生理活动的影响　卫丽等（2010）以夏玉米杂交种豫单998为材料，研究3种缓释肥对夏玉米C、N代谢的影响。结果表明，在等养分量条件下，与常规施肥技术相比，3种控释肥均能有效协调吐丝期至成熟期植株体C、N代谢，叶片可溶性蛋白的含量增加2.20%~10.39%，硝酸还原酶（NR）活性提高3.22%~32.10%，植株叶片和茎鞘可溶性总糖分别增加6.78%~46.71%和1.26%~35.99%，全N含量分别增加0.50%~10.69%和1.09%~41.92%；而可溶性总糖和N素转运率均小于常规施肥。说明控释肥能较好满足夏玉米在吐丝期至成熟期生长需要，协调其C、N代谢，其中，以硫加树脂包膜控释肥效果较好。

李宗新等（2007）试验研究发现，与施用普通化肥相比，施用等养分量的控释肥有助于夏玉米干物质积累和延缓植株后期的衰老，明显改善产量构成因素，可分别提高穗粒数、容重和千粒重达3.6%、2.6%和8.4%，比对照增产22.2%，比施普通化肥增产4.3%。可显著减小玉米穗部秃尖长，但对穗长、穗粗、出籽率等穗部性状的影响不明显。2/3量的控释肥仅比普通化肥增产4.3%。与施用普通化肥相比，施用等养分量的控释肥可部分地改善和提高玉米籽粒的品质，控释肥更有助于提高籽粒粗蛋白、可溶性糖的含量，对籽粒淀粉、粗脂肪、氨基酸含量影响不明显；2/3量的控释肥与普通化肥施用相比效果不明显。

（3）缓释氮肥对玉米产量和氮肥效率的影响　施用缓释肥料是提高作物产量和肥料利用率的重要方法和措施。缓释 N 肥与等养分量的常规化肥相比，增加产量 5.1%~19.6%，提高 N 肥利用率 3.5%~19.0%。一次性施用 ZP 型缓释肥的产量和 N 肥利用效率高于习惯 2 次施肥（苗肥 50%+ 大口肥 50%），但仍不如 3 次施肥（苗肥 30%+ 大口肥 30%+ 吐丝肥 40%）的效果好，说明用 ZP 型缓释肥的养分释放与夏玉米对 N 素的需求还没有完全吻合，需进一步研究改进 N 素控制释放的时期和释放量。

王宜伦等（2011）采用田间试验研究缓释 N 肥对晚收夏玉米产量、N 素吸收积累和 N 肥效率的影响。结果表明，夏玉米施用缓释 N 肥较习惯施 N 籽粒产量在习惯收获和晚收条件下分别增加 2.90% 和 4.88%，蛋白产量分别增加 7.07% 和 4.41%，N 素积累量分别增加 5.51% 和 4.18%；N 肥利用率提高 3.78% 和 2.95%，N 肥农学效率提高 0.97 和 1.69kg/kg。晚收较习惯收获产量增加 2.12%~6.42%，蛋白产量增加 1.11%~7.68%，N 积累量增加 1.10%~3.18%，N 肥农学效率提高 0.82~1.55kg/kg。夏玉米苗期一次性施用缓释 N 肥可促进生育后期 N 素供应和吸收，提高产量和 N 肥利用效率，实现简化、高产和高效施肥的目的。

3. 旱地龙和保水剂的应用

在干旱条件下，旱地龙对玉米的生育有着营养调节作用，能保持玉米的正常生长和发育，有明显的抵御干旱的能力。同时能促进玉米根系发达，促进玉米新陈代谢，增加玉米产量，增产幅度达 14.9%（何文章，2000）。

保水剂是一种由化工原料合成的颗粒状晶体，是一种有机高分子树脂，通常为白色，它能吸收超过自身重量 150~800 倍的水分，并且具有良好的反复吸水功能，不过这种吸水能力也会随着反复吸水次数的增加而略有降低。聚丙烯酰胺类型在土壤中的有效吸水保水时间可以达到 3~4 年。除了具有吸水保水的特性外，保水剂还具有无毒、无污染、无腐蚀等特性，它既不溶于水，也不会燃烧和爆炸，最终完全降解成 CO_2、水和含氮化合物。将保水剂用在农业上，具有明显的节水、抗旱作用。同时，保水剂还具有改善土壤结构和促进植物生长的作用。施用保水剂可以提高土壤抗旱能力，促进籽粒灌浆，提高玉米产量（邵秋红，2015）。

（二）灌溉

1. 灌溉水源

（1）玉米的需水量与需水规律　在黄土高原旱地，基本上是雨养农业。但在有灌溉水源的条件下，在玉米关键生育阶段进行补充灌溉，有显著的增产效应。

◎玉米单株耗水量：一株玉米一生究竟需要消耗多少水，目前尚无定论。国内外许多著作中，一株玉米一生蒸腾耗水量常常引用“200kg”这一数据。在《中国玉米栽培学》中，则提出了蒸腾耗水量为80kg/株，两者相差2.5倍。程维新等（2008）研究表明：单株春玉米的总耗水量为100kg/株左右，蒸腾耗水量为60kg/株左右；华北平原夏玉米总耗水量为50~80kg/株，蒸腾耗水量为30~40kg/株；只要土壤水分不出现长期干旱，土壤水分状况不会对单株玉米耗水量产生大的影响；种植密度对单株玉米需水量产生重大影响，当玉米种植密度由 5.0×10^4 株/hm^2 增至 10.0×10^4 株/hm^2 时，总耗水量仅增加13.18%，而单株耗水量减少了44.48%。

◎玉米生育期的需水量及影响因素：中国春玉米需水量变化在400~700mm，自东向西逐渐增加，低值区在东部牡丹江一带，高值区在新疆哈密一带。夏玉米需水量变化在350~400mm，济南附近为高值区；春玉米需水高峰期为7月中旬至8月上旬，即拔节—抽穗阶段，日耗水量达4.5~7.0mm/d。夏玉米需水高峰期为7月中下旬至8月上旬，同样在拔节—抽穗阶段，日耗水量达5.0~7.0mm/d。春玉米和夏玉米生长期棵间蒸发量分别占需水量的50%和40%。

各生育期土壤水分影响玉米产量大小的顺序是灌浆期 > 孕穗期 > 拔节期 > 开花期 > 苗期。灌浆、孕穗期是影响玉米产量的关键期。当土壤水分低于13%时，茎叶会枯萎，若继续下降到11%时，整个叶片卷缩，即便苗期需水也不得少于17%。从拔节到灌浆期，是一生需水第一个高峰期，占总需水量的43%~48%；灌浆到成熟期需水量仍达33%，是第二个需水高峰期，24h内一株玉米耗水1.5kg以上。据试验，抽雄时当叶出现1~2d的萎蔫，就会减产五成左右；萎蔫1周则将减产50%，此时再浇水也徒劳无用。

孙景生等（1999）用水分适宜处理夏玉米。夏玉米生育期107d，平均划分为7个生育时段，生育期耗水量425.25mm，各时段耗水量占全生育期耗水量的百分比分别为14.34%、10.49%、10.43%、15.70%、27.16%、13.63%和8.25%，相应的日平均耗水强度分别为4.064mm/d、2.973mm/d、2.958mm/d、4.452mm/d、7.699mm/d、3.860mm/d和2.192mm/d；玉米田的棵间蒸发量较大，占其整个生育期总耗水量的35%~38%；各生育时段遭受水分胁迫均会引起一系列不良后果，其中，尤以抽雄吐丝前后40d左右缺水影响最大，其次是拔节期缺水。

东先旺等（1997）研究表明，夏玉米经济产量与耗水量呈二次函数关系。玉米苗期阶段吸水范围主要在0~20cm土层，中、后期吸水范围主要在

0~40cm 土层。大口期以后缺水，穗粒数和千粒重与 0~100cm 深土层绝对含水量的关系呈二次函数变化。夏玉米耗水量前期少，后期多，9 000kg/hm^2 产量水平，全生育期总耗水里 6 750mm/hm^2 左右，平均耗水强度 69.5mm/hm^2·d，拔节期 ~ 大口期 67.7mm/hm^2 · d，大口期 ~ 开花期 81.2mm/hm^2 · d，开花期 ~ 乳熟期 78.5mm/hm^2 · d. 乳熟期 ~ 成熟期 65.7mm/hm^2 · d。阶段耗水动态分布为：苗期阶段 990mm/hm^2，穗期阶段 2 175mm/hm^2，花粒期阶段 3 639mm/hm^2，生育前半期耗水量占总耗水量的 46.5%，后半期占 53.5%。模系数分布动态为：苗期阶段 14.6%，穗期阶段 31.8%，花粒期阶段 53.5%。各生育阶段适宜的土壤水分指标为：播种—拔节田间相对持水量 60%~70%，拔节—大口 70%~75%，大口—开花 70%~80%，开花—乳熟 80% 左右，乳熟—成熟 80%~70%。夏玉米灌溉水分生产效率表现为报酬递减规律，底墒水水分生产效率最高，其次为开花水，9 000kg/hm^2 夏玉米的水分生产效率为 60kg/mm · hm^2，夏玉米灌水最佳经济效益有一个适度 9 000kg/hm^2 左右的适度值为 1 800~2 400mm/hm^2。正常年份夏玉米全生育期浇 4 水为宜，灌水定额以底墒水 450mm/hm^2，开花水、乳熟水、蜡熟水各 675mm/hm^2 为宜。

曹云者等（2003）研究表明，试验条件下，夏玉米全生育期需水量为 359.8mm。不同生育阶段，夏玉米对水分的需求有较大的差异，其中，以拔节到抽雄需求最高，其次是灌浆到成熟。日需水强度呈抛物线型，苗期较小，拔节到抽雄达到最大，抽雄到灌浆后需水强度逐渐减小。降雨和灌溉是夏玉米耗水的主要来源。就土壤水分周年变化而言，夏玉米生长季属于蓄水增墒时期，土体供水在全生育期耗水来源组成中所占比例很小，甚至出现负供水。但并不是说，土壤供水在夏玉米生长季不重要。事实上，在生长发育过程中，土体作为降雨及灌溉水的储水库，在降雨或灌溉期间蓄水，而在降雨或灌溉不足时释放出来供给作物生长。充分认识这一点，对于合理控制灌溉时期，充分利用降雨，减少灌溉量有重要意义。

◎不同水分处理对玉米生长发育和产量的影响：王群等（2011）以玉米各生育时期（苗期、拔节期、抽雄期、灌浆期及成熟期）某一深度土层的平均含水量为试验对象，确定各处理的灌水控制下限，即当某一深度土层平均含水量达到试验设计的数值后，则灌溉至田间持水量，试验区土壤的田间正常持水量为 38.9%。茎粗和叶面积与玉米全生育期水分供给量呈正相关关系。玉米的产量与耗水量和灌溉水量均呈明显的二次抛物线型关系。当灌水量和耗水量小于某一临界值（4 500m^3/hm^2）时，产量会随着水量的增加而增加，但当超过最大（本试验中，最大是 60 000m^3/hm^2）之后，产量随着水量的增加而减少。

玉米对水分亏缺最为敏感的时期是在抽穗期，其次是拔节和乳熟期，制定玉米灌溉制度时，应重点考虑抽穗期的供水。

肖俊夫等（2010）研究表明，水分胁迫抑制了玉米的生长发育，高水分处理均具有较高的叶面积、株高及茎粗；轻度胁迫对各项指标影响不大，随着胁迫的进一步加深，各项生态指标均呈下降趋势；低水分处理产量明显降低，耗水量较小，后期植株衰老加速，成熟期提前；高水分处理存在奢侈性蒸腾蒸发，耗水量最高，产量低于轻度胁迫处理。作物的生长发育与土壤水分状况密切相关，当土壤水分出现亏缺时，作物的生长性状（叶面积、株高和茎粗）就会受到影响，受旱越重，株高越低，叶面积指数越小。不同土壤处理春玉米叶面积、株高和茎粗的变化趋势一致，水分胁迫对春玉米植株生态指标影响最大的时期是拔节至抽穗期，其次是抽穗至灌浆期。水分胁迫对产量和耗水量影响显著。重度水分胁迫产量在各处理之中最低，耗水量也最小；中度水分胁迫处理产量明显高于重度水分胁迫处理，耗水量也相应增加（516.3mm）。高水分处理耗水量最大，主要消耗于后期灌浆与成熟期，在玉米整个生育期中株高和叶面积均达到最大，但是产量不高，这表明高水分处理存在奢侈性蒸腾耗水，水分生产效率低。轻度水分胁迫处理土壤水分适宜，产量与其他处理相比达到最高值（9 375.0kg/hm^2），水分生产效率高。

白向历等（2009）对不同生育时期水分胁迫的研究结果表明，任何生育时期的土壤干旱均会导致玉米减产，其中，抽雄吐丝期水分胁迫减产最重，其次是拔节期，苗期相对较轻。苗期水分胁迫使玉米籽粒的“库”形成受到一定阻碍，但由于后期仍维持较大的绿叶面积，复水后可迅速补偿由于前期水分胁迫所减少的生长量，减产较轻。拔节期水分胁迫导致植株矮化，穗位高降低，从而使产量降低。抽雄吐丝期是玉米的水分临界期，干旱可导致散粉至吐丝期间隔（ASI）加大，致使花期不遇，穗粒数大幅度下降，从而严重影响玉米的产量。不同生育时期的水分胁迫均可导致玉米籽粒产量下降，且不同处理间差异极显著。抽雄吐丝期水分胁迫减产最严重，拔节期次之，苗期减产最小，与对照相比分别减产 40.61%、13.97%、10.97%。水分胁迫条件下，穗粒数和行粒数在抽雄吐丝期下降幅度最大，拔节期次之，苗期最小。百粒重在拔节期和抽雄吐丝期水分胁迫则略有增加，与对照相比增加 8.62% 和 6.59%，达到了显著水平；苗期水分胁迫百粒重略有下降，与对照相比下降 0.33%，下降不显著。抽雄吐丝期水分胁迫玉米穗长下降幅度最大，苗期次之，拔节期较小，水分胁迫也使玉米穗粗减小，下降幅度大小依次为抽雄吐丝期胁迫 > 拔节期胁迫 > 苗期胁迫，分别较对照下降 6.69%、3.85%、1.42% ；抽雄吐丝期和拔节期水分胁迫与对照相比差异达到了极显著水平，苗期胁迫则差异不显著；各时期水分胁迫对秃尖长的变化规律与穗长的变化规律基本一致，但与对照比较差异均未达到显著水平。玉米拔节期水分胁迫对株高和穗位高的影响较大，拔节期水分胁迫后植株高和穗位高平均较对照下降 15.92% 和 15.59%，差异极显著；另外两个处理与对照差异不显著。抽雄吐丝期水分胁迫对玉米散粉至吐丝期间隔（ASI）影响较大，较对照延迟 6d，差异达到极显著水平；另外两个处理与对照间差异不明显。水分胁迫对茎粗的影响较小，各处理与对照相比差异不显著。

玉米受干旱胁迫的影响程度因受旱轻重、持续时间以及生育进程的不同而不同，受旱越重，持续时间越长，影响越大。拔节期前，玉米株高和生物产量受有限供水或轻度干旱影响较小，但从拔节期后，至抽雄和灌浆期，干旱胁迫对株高和产量产生较大的不良影响，进而引起果穗性状恶化，穗粒数和百粒重减小，最终导致经济产量大幅下降。玉米各生育阶段遭遇干旱胁迫无疑将导致植株矮化，生长发育受阻，果穗性状恶化，以至于产量大幅下降。玉米受干旱胁迫的影响程度因受旱轻重、持续时间以及生育进程的不同而有所差别，受旱越重，持续时间越长，受影响程度就越高。拔节期前，玉米株高和生物产量受有限供水或轻度干旱影响不算很大，但从拔节期后直至抽雄和灌浆期，干旱胁迫对株高和产量产生较大不良影响，进而引起果穗性状恶化，穗粒数和百粒重减小，最终导致经济产量大幅下降。根据干旱胁迫下营养器官和生殖器官的反应敏感程度，认为玉米高产栽培条件下节水应有一个合理限度，营养生长阶段的土壤水分含量不应低于相对含水量的 60%，雌穗分化前是节水的主要阶段，此后应避免出现水分胁迫。而在产量形成阶段应加强水分管理，避免水分胁迫。

◎不同水分条件对玉米光合特性和产量的影响：刘祖贵等（2006）研究了土壤水分状况对夏玉米生理特性及水分利用效率的影响。结果表明，各生理指标有着明显的日变化特征。不同处理气孔导度（Gs）峰值出现的时间早于光合速率（Pn）和蒸腾速率（Tr），在高水分条件下（T-80，土壤水分控制下限占田间持水量的 80%，下同）Tr 峰值出现的时间滞后于 Pn，而 T-60 处理、T-50 处理的 Tr 峰值出现的时间早于 Pn，随着土壤水分胁迫程度的增加，Gs、Tr、Pn 的峰值有提前出现的趋势；不同处理细胞液浓度（CSC）的峰值及叶水势（LWP）的低谷均在 14：00 左右出现。Pn、Tr、Gs 和 LWP 随土壤含水量的增加而增加，而 CSC 则下降。叶片水分利用效率 LWUE（Pn/Tr）随光合有效辐射（PAR）的增加而增大，其峰值在 10:00 左右出现，T-70 处理的

LWUE 最高，T-50 处理的最低。此外，通过对各处理的产量和产量水平水分利用效率（WUE）的分析得出，夏玉米节水高产的适宜土壤水分控制下限指标为田间持水量的 70%。张振平等（2009）结果表明：水分胁迫使光反应中心受到抑制，非气孔限制是影响净光合速率增加的主要限制因子；WUE 与 Pn、Gs、Tr 存在显著的正相关关系，与 Ci 存在显著的负相关关系，叶片在水分胁迫条件下主要通过降低蒸腾作用来提高水分利用效率。

常敬礼等（2008）研究表明水分胁迫及复水后玉米叶片叶绿素含量与光合速率的变化趋势相同，尤其是重度水分胁迫下叶绿素破坏严重，光合速率下降，复水初期叶绿素含量仍保持下降趋势。耐旱性强的品种表现出较强的维持叶绿素含量的能力。水分胁迫下玉米叶片光合速率随着胁迫强度增强而明显下降。而在重度水分胁迫下，玉米叶片光合速率都显著下降，品种间的下降幅度差异不明显。耐旱性强的沈单 10 叶片光合作用受轻度水分胁迫的影响较小。在水分胁迫下，穗分化期叶片光合速率较拔节期更敏感，相同胁迫程度下光合速率下降幅度更大。恢复正常供水 6d 后，同一品种各处理间，光合速率的恢复速率均以轻度和中度水分胁迫处理较快，重度胁迫最慢。说明品种的耐旱性不仅表现在水分胁迫期间也体现在复水以后。水分胁迫处理 6d 后，3 个品种的叶绿素含量均呈下降趋势。各处理均以丹玉 13 号叶片叶绿素含量最低，沈单 10 叶片叶绿素含量最高，与对照比，下降幅度也最小。胁迫解除后复水第 6d，3 个品种各处理叶片叶绿素含量均有不同程度的恢复。恢复速率的快慢也与品种耐旱性一致。但叶绿素含量的恢复速率均快于光合速率的恢复。随胁迫程度加强，各品种灌浆末期叶片单株绿叶数和绿叶面积均减少。耐旱性弱的品种其群体光合能力相对较弱，这也是水分胁迫下其产量降低幅度大的原因之一。结果表明，水分胁迫下玉米叶片光合速率随胁迫增强而下降，而在重度胁迫下光合速率显著下降。

郝玉兰等（2003）研究表明，水淹导致细胞活性氧代谢失调，膜脂过氧化作用加剧，丙二醛（MDA）含量增加，过氧化氢酶活性迅速下降，玉米叶片叶绿素含量下降。在水淹条件下，植物体内保护酶活性与膜脂过氧化水平有紧密的关系。水淹胁迫造成玉米叶片丙二醛（MDA）含量增加，过氧化氢酶（CAT）活性下降，并导致叶片中叶绿素被降解，叶绿素含量降低。这些结论与前人研究得到的结果大致相同。在水淹胁迫条件下，植物膜脂过氧化作用增强，使叶片中 MDA 含量不断积累，从而加速了植株自然老化的进程。实验结果表明，苗期和大喇叭口期受到水淹胁迫的植物叶片中 MDA 含量均高于对照植株，但不是很显著，在灌浆期的测定结果中有显著的增加。由此看出，玉米叶片中 MDA 含量的增加是一个逐渐积累并增加的过程。从整个生育期来看，玉米植株吐丝期前受水淹胁迫的为害较吐丝期后更严重。

◎不同水分条件对玉米籽粒灌浆和产量的影响：张俊鹏等（2010）研究了 3 种水分条件（75%、65%、55% 田间持水量）下无覆盖（CK）、地膜覆盖（PM）和秸秆覆盖（SM）处理对夏玉米籽粒灌浆特性、产量、耗水量及水分利用效率的影响。结果表明，不同水分条件下，各处理夏玉米籽粒增重进程符合 Logistic 生长曲线。相对于无覆盖处理，地膜和秸秆覆盖处理提高了夏玉米的灌浆速率、产量和水分利用效率。其中，中水分（65% 田间持水量）条件下地膜和秸秆覆盖处理夏玉米产量及水分利用效率（WUE）增幅最大，增产率分别为 21.99% 和 35.86%，水分利用效率增加幅度分别为 16.41% 和 16.79%；其次为低水分（55% 田间持水量）处理，高水分（75% 田间持水量）处理增幅最小。拔节期高水分（W1）条件下 PM、SM 和 CK 处理间叶面积指数差异不显著，但中、低水分（W2、W3）环境下，SM 处理的叶面积指数极显著高于 CK 处理；抽雄期高、中水分（W1、W2）条件下 SM 处理叶面积指数高于 PM 和 CK 处理；灌浆期所有 SM 处理叶面积指数都高于相同水分条件的 PM 和 CK 处理。玉米全生育期中、低水分（W2、W3）条件下地膜和秸秆覆盖对夏玉米叶面积的促进效应比高水分条件大。就土壤水分环境而言，高水分（W1）处理的理论最大粒重、平均灌浆速率和最大灌浆速率最大，其次是中水分（W2）处理，低水分（W3）处理最小。其中，高水分（W1）条件下 PM 处理的理论最大粒重、平均灌浆速率和最大灌浆速率与低水分（W3）条件下相比分别增加 15.01%、14.80% 和 21.90%，SM 处理分别增加 12.08%、12.50% 和 14.41%。最大灌浆速率出现时间以及第一拐点和第二拐点出现时间有随土壤水分的增高而滞后的趋势。对覆盖处理而言，同一水分条件下理论最大粒重、平均灌浆速率以及最大灌浆速率的大小顺序均为 SM>PM>CK，说明地膜和秸秆覆盖可以提高夏玉米籽粒灌浆速率和粒重。地膜覆盖处理最大灌浆速率、第一拐点、第二拐点的出现时间最早，其次是对照处理，秸秆覆盖处理出现的时间最晚。不同土壤水分条件下，PM 和 SM 处理穗部性状和产量优于对照处理。PM 和 SM 处理夏玉米的果穗长、穗粗、穗行数、百粒重等穗部性状指标基本都大于同水分条件下的 CK 处理。同一水分条件下地膜和秸秆覆盖处理的玉米产量都极显著高于对照处理。高水分（W1）条件下 PM 处理玉米产量和 SM 处理间差异不显著，但中、低水分（W2、W3）条件下 PM 处理都极显著低于 SM 处理。高、中、低 3 种水分条件下 PM 处理玉米产量与 CK 处理相比依次增加 9.48%、21.99% 和 15.15%，SM 处理分别增加 9.22%、

35.86%、25.02%，可见中水分（W2）条件下覆盖处理玉米增产效果最好。

王永平等（2014）研究表明，干旱胁迫显著降低夏玉米籽粒灌浆速率，进而降低夏玉米粒质量；同时，干旱胁迫显著提高夏玉米籽粒中 ABA 含量，降低了籽粒中 IAA、Z + ZR 和 GAs 含量；相关性分析表明，在不同水分处理下，ABA 与夏玉米籽粒灌浆速率呈显著负相关，IAA 和 Z + ZR 与夏玉米籽粒灌浆速率呈极显著正相关关系。可见，水分可能主要通过影响籽粒中 IAA、ABA 和 Z + ZR3 种激素调控夏玉米籽粒灌浆。

（2）黄土高原旱地的地表和地下水源 由于黄土高原独特的地形地貌，对其进行大规模水利建设和跨流域调水比较困难，因此以控制水土流失为前提，合理开发利用地表水、地下水和雨水资源为目标，在黄土高原地区开展以小流域为单元的淤地坝拦水蓄水利用、雨水蓄集利用和农业节水灌溉等黄土高原小流域水资源可持续利用模式对于合理开发利用当地水资源，恢复生态环境，促进地区经济和社会发展具有重要作用（李莉，2011）。

◎淤地坝拦蓄灌溉：淤地坝是黄土高原重要的水土保持工程。淤地坝主要功能是拦泥拦沙，不同运行阶段发挥不同作用（徐明权，2000）。针对黄土高原汛期降水集中的特点，黄土高原在小流域治理中利用淤地坝及其坝系把汛期水资源拦蓄起来，并将拦蓄的水资源合理调节利用，以解决农村生产生活用水；同时也利用淤地坝前期蓄水，发展养殖业，提高水资源利用率。

甘肃省定西县道回沟坝系，利用骨干坝前期蓄水，每年给中河灌区补充水源灌溉 60hm^2，发展水地 5hm^2, 每年向流域外调水 50 万 m^3。甘肃庄浪县榆林沟骨干坝，控制面积 4.18km^2, 总库容 52.6km^2，坝前蓄水 30.74 万 m^3，通过坝右岸修建抽水站 1 处，布设 200m^3 蓄水池 3 座，解决了流域 1 257 人，837 头大家牲畜饮水和一处高效农业示范基地用水，年灌溉面积 3.3hm^2，坝内养鱼 5 万尾（尚虎君，2002）。

宁夏聂家河小流域治理中，采用"坝、窑、池、田联网"的新模式将工程建设和水资源开发利用有效结合。即通过各种小型工程，将坝系工程建设进一步延伸到田间地头，丰水期利用小型抽水设备将坝内蓄水抽到池、窑中，以备缺水期灌溉使用（卜崇德，2000）。在宁夏中宁县长沙河流域，通过四坝一库的淤地坝修建模式，有效转化利用了洪水资源，通过流域坝系对暴雨洪水跨季节、跨年度调节，直接和间接增加了灌区取水量 466 万 m^3，增加灌溉面积 487.5hm^2。

◎雨水蓄集：黄土高原地区以窖灌为标志的集雨节水技术是黄土高原农业的一项革命性措施，也是解决小流域水土保持治理中水资源缺乏的一个重要措施。窖灌集雨技术是通过修筑水窖、水池、涝池等蓄水工程设施，把集流面所汇集的径流拦蓄储存起来，用于灌溉或饮用。其中，甘肃“121 雨水集流工程”、内蒙古“112 集雨节水灌溉工程”、宁夏“窖水蓄流节灌工程”是其典范。甘肃“121 雨水集流工程”1995 年开始实施，即在干旱地区每户建立一个 100m^2 左右的雨水集流场，修两眼贮水 30~50m^3 的水窖，发展 1 亩左右的庭院经济。截至 2005 年，全省建成混凝土蓄水窖 52 万眼，平均年可集蓄雨水 0.143 亿 m^3，解决了甘肃中东部地区 129.9 万人，97.7 万头牲畜的饮水问题。

内蒙古自治区 1995 年在干旱的准格尔旗和清水河县实施“112”集雨节水灌溉工程，即一户建一眼蓄水 30~40m^3 的旱井或水窖，采用坐水种或滴灌技术发展 1 334m^2（两亩）抗旱保收田。到 1999 年，全区可蓄积雨水 1 440 万 m^3 解决了 6.33 万人、48.85 万头牲畜的饮水问题（崔灵周，2000）。

宁夏“窖水蓄流节灌工程”建立了以水窖建设为基础，集集水—蓄水—用水为一体的干旱、半干旱地区降水资源高效利用模式，即“窖水蓄流节水补充灌溉农业”新模式，实现了“秋雨春用，安苗补灌”，实现了干旱山区对降水资源的高效利用。

2. 利用径流

集雨节灌农业，是以天然降水富集、贮存工程为基础，以有限供水、节水补灌为手段，以水的高效利用转化为核心，并以社会经济管理和技术服务保障体系为重要支持系统的技术体系。集流效率随降水量、降雨强度、下垫面结构类型和坡度及其下垫面降雨前含水量等多种因素的不同而变化。为此，蓄水窖的修建位置和大小，要根据集雨场地、集流效率和周围适宜灌溉的农田、林地和人畜缺水的多少而确定。灌溉型蓄水窖，一般离村庄较远，可选择较为完整的流域，利用道路、山坡、荒沟径流和公路涵管汇流集蓄。这种以集雨形式兴建的蓄水窖，在山、川、塬都适宜修建。

雨水集蓄灌溉农业是一种新型集水农业，它能在时间和空间两个方面实现雨水富集，实现对天然降水的调控利用。20 年来，雨水利用技术有了很大发展。在以色列、美国、德国、澳大利亚及非洲许多国家对雨水的研究和应用已取得许多有价值的成果。集蓄雨水在作物需水关键期及水分临界期进行有限补充灌溉，可提高作物产量水平及土地生产力。在黄土高原干旱半干旱区，农业上使用的工程集水、覆膜坐水、滴灌等措施，均能在一定程度上增加土壤有效水分，减少田间土壤水分损失，增加作物产量，达到防旱抗旱的目的。在玉米需水关键期进行集雨补充灌溉，增产效果明显，水分利用效率显著增加，表现出需水关键期有限水分供给的高效性。

径流汇集技术也是黄土高原地区雨水利用的主要措施，径流汇集技术一是通过修建隔坡梯田、坝地、水平沟、鱼鳞坑、造林整地工程等，把降水集流存贮在土壤中，以达到雨水就地拦蓄入渗，提高水分利用率；二是采用自然集流面或人工修建的防渗集流面，将雨水收集并储蓄起来供作物灌溉或饮用。

据陕西省延安地区水保所在上贬沟流域中连续5年观测，坡地相比隔坡梯田减少径流88.9%~95.8%。产量提高20%~94%；水平阶、水平沟、鱼鳞坑等工程整地造林与挖穴造林相比，0~75cm土层内的平均土壤水以水平沟和水平阶最好，鱼鳞坑次之，挖穴最差，水平阶整地造林林木年生长量是挖穴造林的200%~500%。

3. 灌溉技术

节水灌溉方法主要有畦灌、沟灌、管灌、喷灌和渗灌等。

（1）畦灌　是高产玉米采用最多的一种灌溉方法。它是利用渠沟将灌溉水引入田间，水分借重力和毛细管作用浸润土壤，渗入耕层，供玉米根系吸收利用。在自流灌溉区畦长为30~100m，宽要与农机具作业相适应，多为2~3m。据试验，畦灌比漫灌（淹灌）节水30%左右；采用小畦灌溉比大畦灌溉又节约用水10%左右。

（2）沟灌　是在玉米行间开沟引水，通过毛细管作用浸润沟侧，渗至沟底土壤。沟宽60~70cm，灌水沟长度30~50m，最多不超过100m。与畦灌相比，可以保持土壤结构，不形成土壤板结，减少田间蒸发，避免深层渗漏。

（3）管灌　管道灌溉是20世纪90年代大力推广的实用灌溉技术，主要用于井灌区。采用预制塑料软管在田间铺设暗管，将管子一端直接连在水泵的出水口，另一端延伸到玉米畦田远段，将灌溉水顺沟（垄）引入田间，减少畦灌的渠系渗漏。灌水时随时挪动管道的出水端头，边浇边退，适时适量灌溉，缩短灌水周期，有明显的节水、节能、节地的效果。

（4）喷灌　是利用专门的压力设备，将灌溉水通过田间管道和喷头喷向空中，使水分散成雾状细小水珠，类似于降雨散落在玉米叶片和地表。

喷灌优点

◎节约用水：喷灌不产生深层渗漏和地表径流，灌水均匀，并可根据玉米需水情况，灵活调节喷水强度，提高水分利用率。据试验，喷灌比地面灌溉节约用水30%~50%，如果用在保水力差的沙质土壤，节约用水达70%~80%，喷灌比畦灌也减少用水量30%以上。

◎省地保土：喷灌可以减少畦灌的地面沟渠设施，节约农地10%；将化肥或农药溶于喷灌水滴，提高肥效和药效，还减轻劳动强度。喷灌可实现三无田（无埂、无渠、无沟），土地利用率可提高到97%，节水55%~60%，提高肥料利用率10%以上。

◎移动方便：采用可移动式喷灌系统，喷头为中压或低压，体积较小，一般轻型移动喷灌机组动力为2.2~5.0kW，每小时流量为12~20m^3，控制灌溉面积2~3hm^2。

◎提高产量：喷灌调节农田小气候，改善光照、温度、空气和土壤水分状况，为玉米创造良好的生态环境。据吉林省农业科学院（1986）试验，高产玉米全生育期喷灌3~5次，每次每亩灌水18~20m^3，较地面灌溉节水50~70m^3，随着喷灌次数的增加，玉米的光合强度、灌浆速度以及产量性状均有所改善。

（5）渗灌　渗灌是迄今为止最节水的灌溉技术。它是在机械压力下，以渗水细管在田间移动，管壁上布满许多肉眼看不见的细小弯曲渗水微孔，在低压力（0.02Mpa）条件下，水分通过微孔缓慢渗入植物根区，为作物吸水利用。其优点是节约水源，提高水分利用效率，比沟灌节水50%~80%，比喷灌节水40%；使用压力低，节约能耗，比畦灌节能70%~80%，比喷灌节能60%~83%；减少蒸发，保温性能好，并降低植物生长过程中空气湿度；充分利用水分和养分，疏松土壤，有利于植物生长。

（三）中耕

玉米是中耕作物，需要勤中耕。中耕能疏松土壤，疏通空气，提高地温。中耕松土能调节土壤水分，保墒防旱，促进生长。中耕可以消灭杂草，从而减少了杂草对土壤水分和养分的争夺，以利于玉米的生长和发育。俗话说“干铲干蹚如上粪，湿铲湿蹚上夹板”，所以中耕松土要掌握好时间。中耕一般在定苗前、拔节前后、拔节至小喇叭口期分3次进行。

（四）防病、治虫、锄草

具体见第四章。

六、适时收获

（一）成熟标准

每一个玉米品种在同一地区都有一个相对固定的生育期，只有满足其生育期要求，使玉米正常成熟，才能实现高产优质。对于玉米成熟的标准，1969

年 Daynard 等提出，玉米籽粒基部黑色层形成是玉米生理成熟的指标；1984 年 Afuakwa 等指出：玉米籽粒乳线消失是玉米成熟的指标。

玉米成熟期的特征为果穗包叶发黄、上部籽粒变硬，乳线下移到籽粒 1/2 至 3/4 处，乳线上方坚硬，下方较硬，有弹性，此时为蜡熟期。植株的中下部叶片变黄，基部叶片干枯，果穗包叶呈黄白色而松散，籽粒乳线消失，籽粒含水量为 30% 左右，籽粒基部黑层出现，变硬，并呈现出本品种固有的色泽，此时为完熟期。

（二）适时晚收的作用和方法

1. 适时晚收的作用

普遍存在偏早“砍青”的问题，即当玉米还没有完全成熟、灌浆还在进行时就已经开始收获。玉米收获过早或过迟对产量和品质都有影响。过早收获，茎叶中有机物质向籽粒运输尚未结束，籽粒水分含量多，干后皱缩，千粒重低；过迟收获，玉米秆、穗断折，果穗着地易发霉、发芽和遭鼠为害。因此，玉米适宜的收获期是蜡熟末期，此时茎叶变黄，苞叶黄白干枯；籽粒变硬，尖端处出现黑色层，内部呈蜡质状态，含水量约为 25%，收获后粒重最高、品质佳。玉米晚收必须以延长活秆绿叶时间为前提，青枝绿叶活棵成熟才能实现玉米高产。玉米生长中后期要加强肥水管理，延长叶片的光合时间，防止早衰。同时要坚决杜绝成熟前削尖、打叶现象。

关于玉米适时晚收，研究表明，玉米在籽粒乳线消失时产量最高，与苞叶变黄时收获相比，晚收 7~10d，增产 8%~10%。刘月娥（2007，2008）分别在中国主要玉米产区（东北、华北和黄淮海地区）的 41 个试验点，设置推迟 7d 和 14d 两个时间收获，分析适时晚收对玉米产量的影响。调查数据显示，推迟 7d 收获，两年各试点的平均产量分别比对照增产 4.20% 和 4.94%；推迟 14d 收获，两年各试点的平均产量分别比对照增产 7.79% 和 7.92%。适时晚收，玉米产量和千粒重显著增加。不同生态区玉米适时晚收增产效果，许多专家在不同试验地点做的相关研究也得到类似的结果。

2. 收获方法

（1）站秆晾晒，机械直收　站秆晾晒，机械直收的收获方式。当玉米含水量小于 25% 左右时，采用玉米联合收获机进行联合收获。

玉米站秆扒皮晾晒可以加速果穗和籽粒水分散失，促进脱水、晒粒，提高籽粒等级。据测试，在玉米蜡熟后期扒皮晾晒 15~20d，含水量可降低 14%~18%，早熟 5~7d，可使玉米增产 5% 左右。

扒皮晾晒的时间：玉米蜡熟中期为扒皮晾晒的适宜时期，籽粒形成一层硬盖时进行即可。不能过早，也不能过晚。过早进行，影响穗内的营养物质转化，对产量影响较大；过晚进行，脱水时间短，起不到短期内降低玉米含水量，提高品质的作用，失去站秆扒皮的意义。

扒皮晾晒方法：将已硬盖的苞叶轻轻扒开，使果穗全部露出，接受光照，充分干燥，到完熟期适时晚收。

注意事项：在扒皮晾晒时，不要用力过猛，特别是螟虫为害较重的和穗柄较脆的品种更要注意，以免折断穗柄造成损失。

（2）机械摘棒、晾晒脱粒　玉米成熟后，当籽粒水分含量为 32%~35% 时，采用机械摘棒。当玉米果穗籽粒水分含量降至 25% 以下时，再用机械进行脱粒。

（3）机械割晒、机械拾禾　玉米收获时，对于倒伏率较高的地块，适合采用机械割晒和机械拾禾的收获方式。当籽粒含水率为 30%~32%时进行割晒较为适宜。但在秋雨多的年份不要采用割晒收获技术。

3. 适时晚收的意义

延长籽粒灌浆时间，增加玉米千粒重，提高玉米产量。9 月下旬至 10 月上旬光照充足、昼夜温差大，最有利于玉米灌浆。玉米 80%~90% 的籽粒产量来自于灌浆期间的光合产物，10%~20% 是开花前贮藏在茎、叶鞘等器官内，到灌浆期再转运到籽粒中。因此，灌浆期越长，灌浆强度越大，玉米产量就越高。玉米蜡熟期千粒重仅为最大值的 90%，此时收获可减产 10% 左右。蜡熟至完熟期，每晚收 1d，可以增加产量 75~105kg/hm^2，如按晚收 10d 计算，籽粒灌浆期可延长到 50d 以上，可增产 750kg/hm^2 以上。在适宜的范围内，晚收玉米，能够使玉米高效利用光热资源，从而增加玉米的灌浆时间，最终达到增产的目的。

玉米蛋白质、氨基酸含量增加，商品质量提高。玉米适当晚收不仅能增加籽粒中淀粉含量，其他营养物质也随之增加。玉米籽粒营养品质主要取决于蛋白质及氨基酸的含量。籽粒营养物质的积累随着籽粒的充实增重，蛋白质及氨基酸等营养物质也逐渐积累，至完熟期达最大值。玉米籽粒中蛋白质及氨基酸的相对含量随淀粉量的快速增加呈下降趋势，但绝对含量却随粒重增加呈明显上升趋势，完熟达到最高值，使玉米的商品价值提高。

另外，晚收的玉米籽粒饱满、均匀，小粒、秕粒减少，籽粒含水量较低，蛋白质含量高，商品性好，便于脱粒贮存。

（三）机械化收获

1. 玉米机械化收获现状

解决玉米收获的机械化问题是农业生产的急需，玉米生产机械化水平低已成为制约实现农业机械化的瓶颈。实现农业机械化过程中，必须解决玉米收获的机械化。而玉米从种到收机械化水平都比较低，特别是收获，秸秆还田机械化程度更低。由于收获基本靠人工和旧式工具进行，劳动强度大，效率低，“三秋”时间拖得很长，有些地区影响适时种麦。特别是由于秸秆不能粉碎还田，不少地方焚烧秸秆现象屡禁不止，既污染环境又造成很大浪费。因此做好推广玉米机械化收获工作，已迫在眉捷。玉米面积不断扩大，单产不断提高，是玉米收获机械化发展的客观需要。

（1）国外玉米收获机械化现状　由于国外多一年一作，收获时玉米籽粒的含水率很低，所以多数国家采用玉米摘穗并直接脱粒的收获方式，摘穗装置多采用板式。国外玉米种植多采用家庭农场的方式进行，研制的玉米收获机械收获行数比较多，并通过采用很多先进的技术，实现玉米收获机械的智能化。

（2）国内玉米收获机械化现状　近年来，中国玉米生产机械化呈现出良好发展趋势。2009 年，中国玉米耕、种、收综合机械化水平为 20.24%，其中，机耕水平为 83.55%，机播水平为 72.48%，比 2008 年增长了 7.88 个百分点，机收水平为 16.91%，比 2008 年增长了 6.31 个百分点。玉米联合收获机为 8.17 万台，比 2008 年增加了 4.02 万台。六大玉米生态区中，北方春玉米产区的耕、种、收综合机械化水平最高，达到 73.97%；西北灌溉玉米区次之，为 55.67%；黄淮海夏播玉米区第三，为 54.96%；其余分别为南方丘陵玉米区 24.55%，青藏高原玉米区 19.18%，西南山地丘陵区 4.90%。

全国玉米机械收获水平普遍较低，最高的黄淮海夏播玉米区也仅为 30.95%，其余均在 20% 以下。山东省在 2009 年的机收水平达到 53.00%，远远超过全国平均水平。玉米机械收获水平居全国第二的天津市 2009 年机收水平为 36.29%。

2. 玉米机械化收获方向

今后玉米播种将朝着精量、免耕播种联合作业方向发展，机具趋于大型化。田间管理机械将朝着通用机架方向发展，可实现中耕、植保和追肥等；田间灌溉将朝着喷灌化和大型化发展。玉米收获机械会继续坚持大中小机型相结合，朝着大功率、自走式、一机多用、等行距发展，在一年一作和一年两作地区将有各自适合的机型，玉米收获机将会逐步形成适于区域化种植方式的若干玉米收获机型。

（1）向大型化、大功率方向发展　如美国的John Deere公司、Case公司，德国的Mangle公司、道依茨公司等生产的玉米联合收获机，绝大部分是在小麦联合收获机上换装玉米割台，并通过调节脱粒滚筒的转速和脱粒间隙进行玉米的联合收获。以John Deere公司为例，大型谷物联合收割机配备的1293型玉米割台，一次可收获玉米达12行，割台总宽度达8m左右。联合收割机所配发动机的功率达250kw左右，生产效率高，适合大农场、大地块作业。

（2）向专业玉米收获机方向发展　德国、法国、丹麦等欧洲国家，有专门生产小区育种玉米收获机、糯玉米收获机、种子玉米收获机等公司。例如用于田间育种的小区收获，是育种试验获得正确试验结果的重要环节，小区收获与大田收获不同，单个小区面积小，而且整个试验地内又包含很多的试验小区和试验品种，所以既要提高作业效率，又要防止品种收获带来的混杂。

（3）向智能化方向发展　玉米收获机越来越“聪明”。智能化的小区收获机可在育种田收获过程中将小区的种子进行称重、计量并测定种子含水率，同时计算出干重并迅速计算、打印出小区的产量数据，并将整个试验小区试验的平均数、变异系数和显著性都由计算机计算出来，同时汇总成表，这种智能化的小区收获机在整个收获完成后即可结束试验和数据处理的全过程。

（4）向舒适性、使用安全性、操作方便性方向发展　现代玉米收获机的设计，在考虑提高技术性能的同时更注重驾驶的操控性、舒适性和安全性。一些玉米收获机还配有自控装置，包括自动对行、割茬高度自动调节、自动控制车速、自动停车等功能。

3. 玉米机械收获方式

玉米收获机械化技术是在玉米成熟时，根据其种植方式、农艺要求，用机械来完成对玉米的茎秆切割、摘穗、剥皮、脱粒、秸秆处理及收割后旋耕土地等生产环节的作业机具。

在中国大部分地区，玉米收获时的籽粒含水率一般在25%~35%，甚至更高，收获时不能直接脱粒，所以一般采取分段收获的方法。第一段收获是指摘穗后直接收集带苞皮或剥皮的玉米果穗和秸秆处理；第二段是指将玉米果穗在地里或场上晾晒风干后进行脱粒。玉米收获方式主要有两种，联合收获和半机械化收获。

（1）联合收获　用玉米联合收获机，一次完成摘穗、剥皮、集穗（或摘穗、剥皮、脱粒，但此时籽粒含水率应为23%以下），同时进行茎秆处理（切段青贮或粉碎还田）等项作业，然后将不带苞叶的果穗运到场上，经晾晒后进行脱粒。其工艺流程为：摘穗—剥皮—秸秆处理等三个连续的环节。

（2）半机械化收获　分为人工摘穗、机械摘穗、整株机械割铺。

◎人工摘穗：用割晒机将玉米割倒、放铺，经几天晾晒后，籽粒含水率降到20%~22%，用机械或人工摘穗、剥皮，然后运至场上经晾晒后脱粒；秸秆处理（切段青贮或粉碎还田）。

◎机械摘穗：用摘穗机在玉米生长状态下进行摘穗（称为站秆摘穗），然后将果穗运到场上，用剥皮机进行剥皮，经晾晒后脱粒；秸秆处理（切段青贮或粉碎还田）。其工艺流程为：摘穗—剥皮—秸秆处理（三个环节分段进行）。

◎整株机械割铺：人工摘穗并运至场上经晾晒后脱粒。秸秆一是用机械粉碎还田；二是人工收获后用机械加工饲草青贮。

玉米收获机生产应用需达到技术性能指标是：收净率≥ 82%、果穗损失率 <3%、籽粒破碎率 <l%、果穗含杂率 <5%、还田茎秆切碎合格率 >95%、使用可靠性 >90%。

（3）收获机型　收获主要机型有自走式、背负式和牵引式 3 种。背负式玉米联合收获机主要机型是 3 行，一次进行完成摘穗、剥皮、秸秆粉碎联合作业。自走式玉米联合收获机主要机型是 3 行和 4 行，一次进地完成摘穗、剥皮、集箱、秸秆粉碎联合作业。

七、收后储藏

（一）适时收割，降水储藏

玉米要适时晚收，使茎秆中残留的养分继续向籽粒中输送，充分发挥后熟作用，增加产量，提高质量，改善品质。一般在完熟期收获，其特征是玉米叶片变黄，苞叶干枯，籽粒完熟时收获。过早收获，茎叶中尚存有部分营养物质未输入籽粒，影响籽粒饱满，而且籽粒含水量高易霉烂，不易贮藏；过迟收获，玉米虽然不会落粒，但茎秆易折断倒伏而发霉或发芽，遇多雨时，果穗自行发芽或发霉。山区、半山区还会遭到鸟兽的为害。

连根堆放一周后脱粒，籽粒千粒重增加 15.64%；将果穗掰下堆放一周后脱粒，增重 5.98%。因此，抢收的玉米可竖立堆放，让其继续成熟。一般收获的果穗也不应即时脱粒，而应置于通风处充分干燥再脱粒，有利于籽粒饱满。农村中有经验的农民常常将果穗收获后编成串，挂在通风处，待干燥后再进行脱粒，既符合玉米种子后熟的科学道理，又调节了农忙时劳动力的不足。

另外，因玉米种子的胚大，胚内含脂肪较多，脱粒时伤口较大，而且胚部的角质保护层差，容易吸湿受潮。所以玉米种子在贮藏前必须将籽粒进行充分爆晒，使种子含水量降至 13% 以下，并藏于荫凉干燥的地方，才能减少在贮藏中发生霉变和虫害。贮藏中如果水分含量过高，呼吸作用旺盛，会释放大量水分和热量，造成脂肪水解，使种子发霉腐烂，并导致仓库害虫大量为害，造成大的损失，这就是为什么在贮藏前必须将种子充分晒干的道理。

（二）选择适宜的储藏方法

田间扒皮晒穗即站秆扒皮晒穗，通常是在玉米生长进入腊熟期、末期（定浆期）苞叶呈现黄色，捏破籽粒种皮籽实呈现腊状时进行。田间扒皮晒穗的时间性很强，要事先安排好劳力，适时进行扒皮。

果穗储藏：玉米的耐储性差，而高水分玉米的安全储藏更难。玉米收获到农户家里，不要急于入仓。把品种不同、质量不同、水分不同的粮食分开。利用收获后天气较暖的一段时间，把玉米穗摊开，堆放在朝阳的地上晾晒降水，并经常翻动，分层入仓。

（三）加强玉米的储藏管理

玉米储藏的重点是防鼠、防霉，其次是防虫。防鼠农户储粮存在严重的鼠害损失，预防难度也较大。防霉玉米属晚秋作物，收获时原始水分较高，防止玉米霉变的关键因素为控制玉米的水分。

第三节　覆盖栽培

一、免耕秸秆覆盖栽培

20 世纪 70 年代对残茬覆盖减耕法进行了试验，以后不断发展壮大并成功应用和推广。在北方主要有秸秆覆盖免耕、秸秆覆盖减耕、宽窄行免耕、旱地免耕秸秆半覆盖技术等（韩思明，1988；朱文珊，1998；刘武仁，2009）；在南方地区主要有覆盖少耕、免耕、多熟作物覆盖少耕技术等（潘遵谱，1983；韩永俊，2003）。伴随着少、免耕技术的发展，秸秆覆盖还田也得到了相应的发展，秸秆覆盖和少耕措施是保蓄水分、培肥地力和确保作物稳产、高产的有效途径之一。秸秆覆盖免耕措施是一项重要的农业生态管理体系。中国农业大学和山西省农科院对秸秆覆盖免耕技术的 8 年定位试验研究发现，秸秆覆盖免耕技术是传统耕作制的一项重大改革，具有明显的经济、生态和社会效益，值得在半湿润地区或半干旱地区推广应用（高焕文，2008）。

中国是主要的干旱国家之一，干旱地区农业持续发展的主要问题是降水少、气温低、土壤贫瘠、自然条件恶劣，产量低而且不稳定。风蚀沙化是中国北方旱区近年来更为突出的问题，北方旱区约 80% 以上农田受到不同程度的风蚀、水蚀，土壤肥力和土地生产力不断下降，资源和环境的压力继续上升（王燕等，2008）。从 1991 年开始国内陆续开展了适合中国旱地农业可持续发展的保护性耕作技术的研究。研究结果表明，保护性耕作与传统耕作相比，具有显著的经济效益和生态效益。中国农业部从 2002 年启动“保护性耕作示范县建设”项目，从 2002 年到 2007 年，中央已累计投入项目资金 1.7 亿元，带动地方各级财政配套资金和农民及服务组织自筹基金 17.28 亿元。目前已在北方 15 个省（区、市）及新疆生产建设兵团、黑龙江省农垦总局建设了 173 个国家级示范县、328 个省级示范县。保护性耕作实施面积达到 204 万 hm^2，免耕播种面积约 667 万 hm^2，带动机械化稻秆还田面积 2 000 万 hm^2。通过实施保护性耕作，年增产粮食 40 万 t 以上，节省灌溉用水 12 亿 m^3，节省用工 1.2 亿个，节约生产成本 9 亿元；减少水土流失 3 000 万 t，减少农田扬尘 60 万 t，减少 CO_2 等温室气体排放量达 125 万 t。保护性耕作在中国经过近 20 年的试验示范和推广，已经成为一项农民接受、政府重视的新型耕作模式，2005 和 2006 年“改革传统耕作方法，发展保护性耕作”连续 2 年写入中央 1 号文件。2007 年农业部出台《大力发展保护性耕作的意见》标志着中国实施保护性耕作开始迈入新的时期，“十一五”时期末，中国保护性耕作实施面积超过 400 万 hm^2，达到北方适宜地区耕地面积的 6%，实现保护性耕作技术体系基本完善，机具质量基本满足生产要求，实现区域生态、经济和社会效益明显提高的目标。从建设节约资源、保护生态环境、增加农民收入和可持续农业需要出发，预计保护性耕作将得到更快和更大的发展。通过免耕、少耕、秸秆覆盖、养分管理、轮作覆盖作物等保护性耕作措施，可提高水分、养分和能量利用率，可增加土壤有机碳含量，减少大气 CO_2 的排放。实施保护性耕作对于保障粮食安全、提高耕地质量、促进农业可持续发展具有重要的意义。免耕作为保护性耕作的最高形式，是一项有利于增加土壤有机质，改善土壤理化性质，减少土壤碳排放的耕作措施，已经成为被越来越广泛推广和应用的农作方法（高焕文，2008）。

（一）秸秆覆盖对土壤水分和玉米产量的影响

土壤水分利用效率主要受作物生长、蒸腾、土壤水分蒸发等因素的影响。免耕下土壤蒸发一般比传统耕作小。

张海林（2000）研究也认为免耕覆盖耗水量往往比传统耕作低，平均来看，免耕覆盖夏玉米耗水量比传统耕作低 4.69%，在播种和苗期与传统耕作相比最低。这主要是因为免耕土壤蒸发明显小于传统耕作，免耕覆盖日蒸发量在 2mm 以下，而传统耕作均超过 3mm，高可达 6mm。刘立晶（2004）认为全程免耕秸秆覆盖水分利用效率比传统耕作提高 13.24%。晋凡生（2000）认为不同秸秆覆盖量将影响土壤水分利用效率。免耕玉米秸秆覆盖 4 500kg/hm^2 的土壤水分利用效率最高，比传统耕作高 23.7%。如果秸秆覆盖量更低，土壤水分利用效率更低，而秸秆覆盖量再增加，土壤水分利用效率却不再增大。车建明（2002）认为秸秆覆盖程度能引起土壤导水和保水的相互变化。不同土壤性质将影响土壤水分利用效率。在黏壤条件下，免耕较深耕无覆盖和深耕有覆盖分别节水 6.6% 和 17.1%，水分生产率提高 19.07% 和 16.12%，而在沙壤条件下，分别节水 26.6% 和 27.5%，水分生产率提高 45.02% 和 19.88%，沙壤水分利用效率高于黏壤。

彭文英（2007）认为不同气候、作物产量等免耕与传统耕作土壤水分利用效率比较有不同的结论。研究显示，多雨年份免耕水分利用效率比传统耕作低 24.1%，而在少雨年份仅低 3.2%。也有研究认为免耕粮食产量不低于甚至高于传统耕作，而在降水明显低于平均降水量时，免耕土壤水分利用明显高于传统耕作，而在降水大于平均降水量时，免耕土壤水分利用却显著低于传统耕作区。而 Lopez（1997）研究显示地中海式气候下免耕小麦早期生长不好导致与传统耕作减产 53%，这主要是因为作物早期水分利用效率很低，大约比传统耕作低 20%，而水分用于蒸发的比例较大，比传统耕作大 69%~50%，其原因主要是因为季节性干旱严重，免耕秸秆覆盖量较少。

（二）免耕秸秆覆盖的生态效益

1. 保持水土

留茬免耕起到了水土保持的良好作用。不刨根茬，根茬护土，减少风蚀及雨水对土壤的侵蚀，防止了冲沟。

2. 具有培肥地力的良好效应

由于根茬及其分泌物、脱落物形成的土壤微团聚体没有被破坏，土壤的物理性状得以改善，对培肥地力有较好的作用。据测定，每公顷玉米根茬干物量可达 2t 以上，不刨根茬相当于增施有机肥 20t，土壤有机质可增加 0.3%。

3. 保持地力

耕作与休闲的统一，土地得以休养生息。连年留茬玉米正好播在前一年根茬腐烂的根际，视为肥沃区。

4. 促进土壤水的合理运动

翻耕破坏了土壤毛管水的运动，大孔隙的形成，造成了土壤水分的大量散失。不翻耕，在原垄茬间播种，踩实后的播种区毛细水管很快形成，恢复抗旱保墒能力，为确保全苗奠定了基础。

5. 减少劳力

实现了免耕，使农民从被束缚的土地上解放出来，有更充足的时间去从事效益高的产业，为农业增效、农民增收、财政实力增强打下基础。

6. 减少土壤风蚀和水蚀

利用作物秸秆或根茬覆盖地表，以减少土壤风蚀和水蚀。

胡芬（2001）认为秸秆覆盖保护耕作法可减少对土壤的搅动次数；有农作物秸秆残茬覆盖，可以使土壤有机质含量增加，非侵蚀性团粒增多，渗水性改进，风蚀、水蚀明显减少，保持水土的效果非常明显。长期采用秸秆覆盖能够促进农作物生长，提高产量。

高鹏程（2004）研究表明，秸秆覆盖可以提高土壤肥力及地温，抑制蒸发、改善土壤水分条件，提高作物产量等。

杨学明（2000）认为土壤本身固有的养分在增加秸秆有机物质覆盖后，土壤的碳氮比发生了变化，为增强酶促反应和土壤呼吸强度提供了基质，从而促进了土壤生物活性的提高。保护性耕作可以减少土壤有机碳的损失，降低土壤有机质矿化速率，增强土壤碳汇，进而减少温室气体排放，加以秸秆还田更能持续地减少 CO_2 的释放。

赵聚宝（1996）认为免耕秸秆覆盖对土壤呼吸的影响十分显著，由于地表秸秆覆盖，土壤温度和湿度增大，秸秆腐解为作物生长提供养分，植物根系和土壤微生物的组成与活性也会发生变化，相应的，土壤呼吸也会大不相同。

崔凤娟（2011）认为免耕留茬覆盖处理能够减少对土壤的扰动及对微生物环境的破坏，减缓土壤有机质的分解速率，从而降低土壤呼吸速率。土壤呼吸速率日变化与大气温度日变化呈现较好的一致性。而免耕留高茬全量覆盖处理峰值的出现比大气温度峰值的出现略有推后，这可能是由于免耕留高茬全量覆盖处理地表有秸秆覆盖，地温增高缓慢，在大气温度峰值出现以后地温才达到峰值，从而影响了土壤呼吸速率。长期的免耕留茬覆盖处理比传统耕作提高土壤有机质含量，使土壤养分主要富集于土壤表层，同时有机质分解降低了土壤对 N、P、K 的固定作用，从而使土壤速效养分得到提高，也为作物生长和微生物活动提供了最有效的能源。同时提供给土壤酶大量的作用底物，从而激发了表层土壤的酶活性。脲酶、蔗糖酶活性影响土壤营养物质的转化能力，反应了土壤熟化程度，故与土壤肥力水平密切相关，有利于土壤 C、N 转化，在土壤 C 素循环中起着重要作用。免耕秸秆覆盖能有效的调节土壤的温度，防止水分蒸腾和增强持水的能力，为作物提供良好的生长环境，适于在干旱少雨，无霜期短的冀西北高原地区推广。

秦嘉海（2005）认为免耕留茬秸秆覆盖对荒漠土改土培肥具有十分重要的意义，充分利用了农村家家户户的秸秆资源，增加了地表覆盖度，减轻了土壤水分蒸发，抑制了土壤返盐，提高了土壤有机质、速效 N、P、K 的含量，增强了土壤保水肥能力、黏结力、固结能力，改善了灰棕荒漠土区域农田生态环境，减轻了沙尘暴对人类的为害，具有较好的社会、生态、经济效益。

二、地膜覆盖

（一）应用地区和条件

20 世纪中叶，随着塑料工业的发展，尤其是农用塑料薄膜的出现，一些工业发达国家开始利用塑料薄膜覆盖地面，进行蔬菜和其他作物的生产，均获得良好效果。日本最早从 1948 年开始研究利用，在 1955 年首先应用于草莓覆盖生产，并进行推广，1965 年正式开展了研究工作。1977 年日本 120 万 hm^2 的旱地作物（包括蔬菜），地面覆盖面积已超过 20 万 hm^2，占旱地作物栽培面积的 16%。而且日本覆盖栽培多用在产值高、效益大的蔬菜及其他经济作物上。1961 年法国开始试用薄膜栽培覆盖瓜类作物。意大利于 1965 年对蔬菜、草莓、咖啡及烟草等主要作物进行地面覆盖栽培。美国于 20 世纪 60 年代末开始用黑色薄膜覆盖栽培棉花。苏联主要在低温干旱季节进行薄膜地面覆盖栽培，用以提高地温，减少土地蒸发。

中国于 20 世纪 70 年代初利用废旧薄膜进行小面积的平畦覆盖，种植蔬菜，棉花等作物。1978 年开始进行试验，1979 年在华北、东北、西北及长江流域一些地区进行试验、示范、推广。随即生产出厚度为 0.015~0.02mm 的聚乙烯薄膜，为发展地面薄膜创造了条件。由于覆盖生产的显著效果，薄膜覆盖生产发展到全国，并简称为地膜覆盖。

中国半干旱地区面积约占全国总面积的 41.4%，在这一地区天然降水是农业生产的主要水源，因此提高降水利用效率是本地区农田管理的关键环节。而合理耕作、增加地面覆盖、降低无效蒸发、合理施肥等措施是提高农田降水利用效率的主要途径。地膜覆盖栽培技术自 1979 年由日本引进后，由于其显著的增产作用得到了大面积的推广应用，尤其是在早春低温、有效积温少或高寒的干旱半干旱地区。地膜不仅能够提高地温、保水、保土、保肥，提高肥效，而且还具有灭草、防病虫、防旱抗涝、抑盐保苗、改善近地面光热条件，使产品卫生清洁等多项功能。对于刚出土的幼苗，具有护根促长等作用。对于中国三北地区，低温、少雨、干旱、无霜期短等限制农业发展，而覆盖栽培农业技术与专用地膜、地膜覆盖机三者配套，逐步形成了适合中国国情、自然条件、生产水平及经济状况的具有中国特色的地膜覆盖栽培技术体系。

地膜覆盖后，使地膜与土壤之间设置了一道物理阻隔，膜下土壤至作物冠层形成了一个相对独立的微生态系统，温、光、水、肥、气等生态条件都发生了变化，但地膜覆盖的增产机制主要在于改善上壤生态环境，即水、热状况，活化土壤养分，提高养分有效性及利用效率，用于粮、棉、油、菜、瓜果、烟、糖、药、麻、茶、林等 40 多种农作物上，使作物普遍增产 30%~50%，增值 40%~60%。

（二）地膜覆盖方式

1. 根据地膜覆盖位置划分

（1）行间覆盖　即将地膜覆盖在作物的行间。这种覆盖方式又包括隔行行间覆盖和每行行间覆盖两种。隔行行间覆盖即在播种时，一膜盖两个播种行。出苗时，将塑料薄膜移覆在另一行间，使一膜影响两行玉米，形成隔行覆盖。一般适应于灌溉地区或人多地少地区。每行行间覆盖，即在每个播种行上，覆盖一幅薄膜，待出苗时，再将塑料薄膜移到行间，形成每个行间都有薄膜覆盖。隔行行间覆盖，每行行间覆盖，一般适用于旱作地区。

（2）根区覆盖　即将塑料薄膜覆盖在作物根系分布区。此种覆盖方式可分为单行根区覆盖和双行根区覆盖两种。单行根区覆盖是每一作物行覆盖一幅塑料薄膜，一般适用于高肥水地。双行根区覆盖是一幅塑料薄膜覆盖两个播种行和一个行间，在生产上应用较广。

2. 根据栽培方式划分

（1）畦作覆盖　中国南方地区多采用高畦，便于排水和提高地温，并能降低土壤湿度，减轻病虫为害。畦内用塑料薄膜进行两行覆盖，或将畦面全部覆盖，畦面中央部位稍高出畦面两侧，形成馒头状的波形畦面，便于排水。

（2）垄作覆盖　中国北方地区多采用垄作，便于灌溉与排水，也利于提高地温。生产上多为一垄上覆盖两行作物，也有垄作单行覆盖的。由于垄的高低不同，又可分为高垄双行覆盖和低垄双行覆盖等方式。低垄双行覆盖方式一般采用宽窄行，窄行 40~46cm，宽行 80~85cm。在窄行上筑垄，垄高 6~10cm，垄宽为 66~80cm，垄上覆盖薄膜，一垄上种两行作物，一般适于雨量一般或雨量较少地区、水源不足的灌溉地区和旱地农田。高垄双行覆盖方式垄较高，约16cm，覆盖方式和低垄相同，宜于雨水较多的湿润地区、下湿地和水源充足的灌溉地区采用。

（3）平作覆盖　此种方式不用筑垄作畦，直接将薄膜覆盖在土壤表面。生产上多采用平作双行覆盖，窄行33~40cm，宽行60~66cm，薄膜覆盖在窄行的两行作物行上，适于干旱半干旱地带的旱地或灌溉地区应用。

（4）沟作覆盖　一般在播种前开沟，播种于沟内，然后用塑料薄膜覆盖。由于地区和栽培目的不同，又可分为平覆沟种和沟覆沟种两种方式。平覆沟种方式在播种前开沟整形，一般沟深7cm，沟宽12cm左右，播种于沟内，然后覆膜于沟上。此种方式适于北方半干旱地带的旱作田或水源不足的灌溉田。沟覆沟种方式在播种前起垄造沟，一般垄高15cm左右，垄宽65cm左右，两垄之间的沟底宽80cm左右。播种前，在沟内灌水压碱，后在沟内播种，覆放薄膜。此种方式适于有灌溉排水条件的盐碱地区应用。

3. 根据播种和覆膜程序划分

（1）先播种后覆膜　在播种之后覆盖薄膜，其优点是能够保持播种时的土壤水分，利于出苗；播种省工，尤其利于条播机播种。缺点是放苗和围土比较费工；放苗如不及时，容易烫苗。

（2）先覆膜后播种　先覆盖塑料薄膜，然后再打孔播种。其优点是，不需破膜放苗，不怕高温烫苗；在干旱地区，降雨之后可适时覆膜，待播期到时再打孔播种，能起到及时保墒作用。其缺点是，人工打孔播种费工，且播深常不一致，压土多少不好掌握，因此出苗往往不够整齐；播后遇雨易板结成硬塞，不易破除；打孔播种，保墒效果不如先播种后覆膜方式好，因此采用先播种后覆膜的占大多数。

（三）地膜覆盖的技术措施

要实现地膜覆盖的增产作用，关键在于根据不同作物的特性和地膜覆盖的特点，制定一套综合技术措施，促使作物苗全苗壮，生育壮健，达到高产优质的目的。

1. 播前准备

（1）选地　玉米对土壤质地的要求不太严格，但对水肥要求较高。除了低洼下湿地、重盐碱地、过分贫瘠的土地、陡坡地、岩壳石砾地外，一般应选择地势平坦，没有多年生恶性杂草，土层较厚，肥力较高（至少也要选择中等以上肥力）的田块。无灌溉条件的地区，降水量需在400mm以上。可进行玉米覆盖栽培。

（2）选择地膜　农用塑料薄膜种类很多，各有独特的作用。因此，在使用时应该根据作物的种类、栽培目的和当时的具体条件，选定适宜的薄膜，才能达到预期的栽培目的。一般在生产上应用的是无色透明的聚乙烯薄膜。此类薄膜透光率高，土壤增温快，能促进作物生长发育，早熟丰产。但是由于地膜的质量、回收和杂草丛生等问题，一些具有针对性用途的地膜，例如耐老化膜、杀草膜和光解膜等，已成为生产上急需的地膜种类。

（3）精细整地　地膜覆盖地块要及时进行秋冬翻耕，春季耙耱保墒，防止蒸发，保蓄水分。整地质量要达到田面平整、土壤细碎、上虚下实，无大土块、无根茬的要求，为覆膜质量和玉米生长创造一个良好的土壤环境。

（4）施足基肥　翻耕时施足以有机肥和 P 素化肥为主的基肥，必要时配合施用适量 N 素化肥。施肥种类、数量、时间和方法，应根据不同玉米品种、不同土壤肥力等条件因地制宜进行。

（5）选择品种　选择适应地膜覆盖的，比一般品种生长后期长势较强、不早衰、抗病虫力较强的优良玉米品种。在病虫害较重地区，选择包衣种子或进行药剂拌种、浸种，杀灭病菌。

2. 播种与覆膜

（1）播种　首先应根据不同地区气候特点和地膜覆盖的形式等选择适宜播期。一般地膜覆盖作物的播种期应与露地种植的同期播种或者略早为宜，一般提前 5~7d。播种方式一般为条播和穴播两种，根据播种和覆膜的顺序进行选择。播种深度应掌握墒好宜浅，墒差宜深的原则，适宜的条件下，播深以 5cm 为宜；底墒不足时可加深到 6~7cm。播种密度根据不同品种和当地的种植习惯确定。

（2）覆膜　玉米地膜覆盖时间应提早，可以提高地温和防止水分蒸发。覆盖时，要将地膜拉展铺平，使之紧贴地面、垄面或畦面，不得松弛产生皱褶。为了解决杂草问题，采用除草膜覆盖最好，若无此类膜，在覆膜前要喷洒除草剂。

3. 田间管理

覆膜后要经常查看，不要出现皮口或漏洞，若发现，要及时封堵。出苗后，要及时放苗，防止烧苗。还要注意防止徒长及早衰，达到高产丰收目的。

4. 适时收获

当玉米植株转黄，果穗苞叶松散，籽粒内含物硬化，用指甲不易压破，籽粒表面有新鲜的光泽，籽粒含水量降到 20% 左右时即可收获。作物收获后，要及时捡净残膜，防止污染农田环境，影响下茬作物生长。

（四）对土壤水分、温度和肥力的影响

塑料地膜覆盖具有增温、节水、早熟和增产作用，是目前推广的一种具有很高经济效益的种植方法（王耀林，1988）。其保墒增温机理是在土壤覆盖带中形成了一个相对独立的水分循环系统，这个系统与大气间同样存在着水分交换和热量交换，只是对水分交换和热量交换进行了有效的控制。迄今在世界上已成为应用面积广、行之有效的节水保墒技术。该项技术的应用，是对自然资源环境进行适当改造和对自然资源进行弥补的行之有效的手段。但是，随着聚乙烯地膜长年的使用，土壤中的残膜给土壤及生活环境带来严重的污染，这已是全球性难题（Roth 等，1996；Haruyuki，1999；黄占斌等，2000；Paul 等，2004）。此外，膜下肥力消耗大，易使植株早衰，同时降水不易渗透到土壤中，易产生干旱，覆盖后不易除草，易产生病虫害（祝旅，1992）。

地膜覆盖有效的提高了玉米生长前期的土壤温度，为玉米提供了良好的地温条件，7 月下旬前，10d 平均土壤温度提高了 1.83℃，全生育期 20cm 土壤积温提高了 129~156℃。地膜覆盖在玉米生长前期能够有效的保持土壤水分，7 月下旬前膜地比裸地多贮水 36mm，7 月下旬后膜地玉米多耗水 23.9mm。覆膜能够使玉米生长前期的土壤水分的无效蒸发变为后期的有效蒸腾，膜地的水分的利用效率比裸地提高了 50%. 膜地玉米全生育期耗水与降水基本平衡，而裸地盈余 67cm，降水资源利用不充分。覆膜的保水增温作用，在低温干旱的玉米生长前期，覆膜提供了一个适宜的水温条件，促进了玉米的生长发育和养分的吸收（杜雄，2005）。

土壤养分含量与土壤肥力和土壤质量密切相关，地膜覆盖对土壤养分的影响报道较多。如陈火君等（2010）研究表明，地膜覆盖显著增加了土壤中的碱解 N、速效 P 和速效 K 含量，提高了土壤养分利用率，减少养分流失，对预防农业面源污染和水体富营养化有一定的积极意义。蔡昆争等（2006）研究表明，与不覆膜旱作和常规水作相比，地膜覆盖旱作土壤中的养分含量变化与作物的生育期有关，分蘖期土壤中的速效 P 含量显著增加，而在抽穗期土壤中的速效 P 和速效 K 含量明显下降。宋秋华等（2002）研究表明，地膜覆盖土壤速效 P 含量在 1999 年的生长季有所升高，而在干旱的 2000 年生长季却显著下降。李世清等（2003）研究表明，土壤中矿质 N 素水平在不同的覆膜进程下不尽一致，其中，全程覆膜能够增加收获时土壤剖面中残留的硝态 N 含量，而按态 N 含量变化相对较小。与常规水作相比，覆膜旱作稻田土壤硝态 N 和

铵态 N 含量明显增加，硝态 N 占土壤总无机 N 氮含量的 81%~90%，是土壤铵态 N 的 4~9 倍（李永山等，2007）。汪景宽等（2006）研究表明，长期地膜覆盖土壤中硝态 N 有累积，并抑制了硝态 N 的迁移，但对铵态 N 的含量影响较小；地膜覆盖促进了土壤有机 N 素的矿化，加速了铵态 N 和硝态 N 的释放进程。综合现有的报道可知，土壤养分含量在地膜覆盖下的变化还存在不确定性，有必要对其作进一步的研究。

土壤微生物是土壤有机组分和生态系统中最活跃的部分，被认为是最敏感的土壤质量生物学指标，其生物质量称为微生物量，是土壤中体积小于 $5 \times 10^3 \mu m^3$ 的生物总量，但大型动物和活的植物体如根系等不包括在内（Jenkinson and Ladd，1981）。土壤微生物量的大小可用土壤微生物量碳间接的反映，土壤微生物量碳一般只占土壤有机碳总量的 1%~4%（Jenkinson and Ladd，1981），虽在土壤 C 库中所占比例很小，但由于其对外界条件变化敏感，周转速度快，受土地利用方式、耕作、施肥、土壤污染等人为因素和自然环境因素影响强烈，因而能够及时反映土壤质量状况。土壤微生物活性反映了土壤中整个微生物群落或其中的一些特殊种群的状态，可用土壤呼吸强度、土壤酶活性和矿化 N 量等来表征，也能够较早指示生态系统功能的变化。

土壤有机质含量是影响土壤微生物量的重要因素，微生物生物量 C 与土壤有机 C 和 N 的含量密切相关（Ekblad and Nordgren，2002），这与土壤有机质不仅能提供微生物生命活动所需的营养和能量，而且有机质能改善土壤环境条件，有利于土壤微生物的活动。金发会等（2008）对黄土高原石灰性土壤微生物量 C 随纬度和海拔的变化研究结果表明，土壤微生物量 C 与土壤有机 C 变化趋势一致，相关分析表明，土壤微生物量 C 与土壤有机 C 含量具有明显的相关性。Thibodeauetal（2000）对森林土壤生态系统研究结果表明，疏伐后林木根系在土壤中的积累促进了微生物生物量的增加。朱志建等（2006）研究了四类森林植被下土壤微生物量 C 含量与土壤总有机 C 含量的关系。结果表明，常绿阔叶林和马尾松林土壤微生物量 C 与土壤总有机 C 含量相关性均达到了极显著水平。王晓龙等（2006）以中国南方红壤丘陵区为背景，研究了红壤小流域花生地、花—橘间作、橘园和板栗园 4 种不同土地利用方式下土壤微生物量与土壤有机 C 的相关性，结果表明，土壤微生物量 C 与有机 C 呈显著相关。当有机 C 输入受限制时，微生物将利用土壤中现存的活性有机 C 直至耗尽为止，随后微生物生物量开始下降（Fonett，1997）。不仅有机质的数量对土壤微生物量 C 有影响，而且有机质的质量（C/N）也能影响土壤的微生物量碳。C/N 高低决定微生物是否受到 C 和 N 有效性的影响（Kayo and Hart，

1997），有机质的 C/N 低的土壤，其单位重量所含的微生物量 C 高于有机质 C/N 比高的土壤（Smolande，et *al.*，2002）。

（五）效益分析

地膜覆盖的增温效应主要在玉米生长初期，播种时增温效果最大。随着生育期的推进，增温效应逐渐减小，至抽雄期不再有增温效果；周年全膜覆盖增加了玉米翌年生长季播期和苗期土壤含水量。

地膜覆盖促进了玉米生长和干物质积累；地膜覆盖显著增加玉米产量，增产效果全膜覆盖大于半膜覆盖。地膜覆盖在水热限制严重区域的增产效果明显大于水热条件限制比较小的区域。地膜覆盖使用不当时能导致玉米减产。地膜覆盖显著增加了水分利用效率，全膜覆盖增加水分利用效率的效果大于半膜覆盖。

地膜覆盖对玉米器官（籽粒、茎叶、穗轴和根）中的全氮和全磷浓度没有影响，但由于生物产量的显著提高而增加了 N、P 养分回收量，提高了养分利用率。

地膜覆盖显著促进土壤有机质的降解，全膜覆盖促进土壤有机质降解的速度大于半膜覆盖。

地膜覆盖显著增加了垄上土壤无机 N 含量。地膜覆盖不会使土壤铵态 N 大量累积。

地膜覆盖显著增加土壤微生物量及其酶活性。土壤微生物活性与土壤微生物量的变化趋势一致。

三、全膜双垄沟播

（一）种植规格和技术模式

中国是世界上严重缺水的国家之一，农业水资源非常短缺。虽然水资源总量丰富，居世界第六位，但人均占有量不足。受季风气候的影响，有限的水资源在时空分布上很不均匀，南多北少、东多西少。长江以南地区拥有全国水资源总量的 81%，耕地面积只占全国的 36% 左右；而长江以北地区仅拥有约全国水资源总量的 19%，耕地面积却占全国的 64%；夏秋多、冬春少，降水量分布不均，主要集中在 6—9 月，其降水量占全年降水量的 70%~80%，这是造成季节性干旱的主要原因。其次，中国农业效益低下，生产用水堪忧：水资源仍过度消耗，用水严重浪费，水质下降、水体污染严重，缺水条件下污染的加剧致使对污水的净化能力进一步下降，形成恶性循环，制约农业的发展。

在中国西北地区缺水尤为严重，西北地区的干旱缺水不仅造成当地工农业的发展受到限制，而且造成内陆河下游环境退化，土壤沙漠化，沙尘暴频发，严重为害人类生存环境。

随着工业化、城市化进程的迅速推进，公路、铁路等交通基础设施建设的飞速发展，农用地转化为非农用地、耕地面积持续减少的趋势将会延续下去。如何高效合理地利用现有水资源，生产足够、高质量的粮食以满足人口的需求，已成为迫切需要解决的问题。干旱半干旱地区，地下水、地面水资源少，降水是土壤水分最主要的，甚至是唯一来源。而在平地，夏季降水除了少量地表径流损失外，蒸发损失是水分损失的主要途径，因此，在重视拦蓄降水的同时，千方百计地减少地面蒸发是保蓄土壤水分的主要出路。在这方面覆盖栽培有着巨大潜力。覆盖措施在土壤与大气之间形成了隔离层，防止水分直接向空气逸散，可有效地减少蒸发、保蓄降水。合理地利用这些保水和节水措施可以有效地促进干旱半干旱地区农业发展。

西北黄土高原旱作区多年平均降水量不足 300mm，且年际变化大，年内分布不均，年内降水多集中在 7—9 月，冬春降水比例小，季节性干旱特别严重，干旱年份和干旱季节的缺水矛盾突出。且越是干旱的地方降雨越加集中，又多以局部暴雨、冰雹、雷阵雨的形式出现，而农作物播种期和幼苗生长期的 3—5 月降水量仅占全年降水量的 18%~26%。而随着畜牧业的发展以及沿黄灌区和雨养农业区玉米种植面积的逐年扩大和产量的提高，玉米种植已成为一大主导产业。但由于受耕地减少和气候条件限制，不可能通过增加玉米面积来提高玉米总产，提高玉米产量的主要途径，靠提高玉米单产，而地膜覆盖栽培是农作物增产的一项重要措施，在棉花、玉米等作物上已大面积推广应用，并且随地膜覆盖度的增大，地温升高，土壤含水量增大。

玉米全膜双垄沟播栽培技术是在克服传统栽培（平作）许多不利因素的基础上发展起来的一种耕作栽培制度，经历了从半膜平铺到半膜垄沟栽培，从半膜平铺到全膜平铺、再到全膜覆盖双垄沟播以及从播前覆膜到秋季（顶凌）覆膜等发展阶段，是旱作农业上的一项突破性的创新技术。该项技术集覆盖抑蒸、膜面集雨、垄沟种植技术为一体，最大限度地保蓄自然降水，使地面蒸发降到最低，特别能使春季 10mm 以下的降雨集中入渗于作物根部，被作物有效利用，实现了集雨、保墒、抗旱、增产。在年降水 300mm 左右的半干旱地区推广，对旱作农业的发展具有十分重要的作用，可以解决年年花钱抗旱、年年效果不明显的被动抗旱问题，保障半干旱地区农民的口粮。而且为发展畜牧业提供大量饲草饲料，显著提高旱作农业区的综合生产能力。

全膜覆盖双垄面集流沟播栽培技术简称全膜双垄沟播技术，就是在地表起大小双垄并在双垄之间形成集雨沟槽后，用地膜全地面覆盖，再在沟内播种作物的种植技术。该技术集覆盖抑蒸、垄面集流、垄沟种植技术于一体，改常规半膜覆盖为全地面覆盖地膜、改常规地膜平铺为起垄覆膜、改常规垄上种植为沟内种植，使地膜的抑制蒸发、雨水集流、贫水富集等作用得到最大限度地发挥，极其显著地提高了降水保蓄率、利用率、水分利用效率和作物产量。秋季全膜双垄春季沟播技术就是改春覆膜为秋季覆膜、改半膜覆盖为全地面覆盖地膜、改平铺为垄沟相间覆膜。其主要技术原理为：前茬作物收获后，在土壤封冻前（一般10月中下旬至11月初），深耕整地，按大小双垄（大小垄相接处为播种沟）相间在田间起垄，进行全地面覆盖地膜。通过秋季全覆膜，最大限度地抑制土壤水分的大量无效蒸发，保蓄自然降水，使季节分布不均的降水得到均衡利用，能有效解决玉米、马铃薯等大秋作物因春旱无法播种、出苗的瓶颈。

顶凌全膜双垄春季沟播技术就是改常规播期覆膜为早春顶凌覆膜、改半膜覆盖为全地面覆盖地膜、改平铺为垄沟相间覆膜。其主要技术原理为：早春土壤昼消夜冻时（一般3月上中旬），及早整地、按大小双垄（大小垄相接处为播种沟）相间在田间起垄，进行全地面覆盖地膜。通过早春抢墒覆膜，可明显减少早春土壤水分的无效蒸发，使土壤水分保持较高的水平，满足早春干旱条件下作物对水分的需求。

目前，全膜双垄沟播技术主要栽培模式有两种，其技术原理一致，但主要技术参数不同：第一种栽培模式的主要技术参数为：大小双垄总幅宽120cm，大垄宽70~80cm，高10~15cm；小垄宽40~50cm，高15~20cm。种植密度：肥力水平较高的地块，株距为30~35cm，密度为48 000~56 000株/hm^2；肥力水平较低的地块，株距为35~40cm，密度为42 000~48 000株/hm^2。第二种栽培模式的主要技术参数为：大小双垄总幅宽110cm，大垄宽70cm，高10~15cm；小垄宽40cm，高15~20cm。种植密度：年降水量250~350mm的地区株距为35~40cm，密度为45 000~52 000株/hm^2；年降水量350~500mm的地区株距为30~35cm，密度为52 000~60 000株/hm^2；年降水量500mm以上地区，株距为25~30cm，密度为60 000~73 000株/hm^2。

关于全膜双垄沟播技术的增产机理，多数研究认为主要是水分效益。张雷等2003年在榆中县清水驿乡开展了玉米不同覆膜模式试验研究，结果得出：全膜双垄沟播玉米生育期平均土壤含水量为159.4g/kg，比垄作条膜覆盖栽培的玉米生育期平均土壤含水量高49.3%。牛建彪2003—2004年在榆中县清水驿乡研究得出：全膜双垄沟播玉米0~60cm土壤含水量较对照半膜平铺提高

32.0%~39.9%，自然降水水分生产效率提高47.1%。张雷等2003—2004年在榆中县清水驿乡研究得出：全膜双垄沟播玉米降水生产率为33.26kg/mm·hm^2，较全地面平铺覆盖栽培降水效率提高11.2%；较常规覆膜栽培降水效率提高39.4%。刘广才等（2008）研究了甘肃中东部350mm、400mm、450mm、500mm 4个降雨区域全膜双垄沟播降水的水分效益，结果表明，玉米播前至拔节期，0~20cm土壤含水量，秋季全覆膜较传统播前半膜平铺提高5.6%~6.2%，顶凌全覆膜较播前半膜平铺提高3.9%~5.2%，播前全覆膜较播前半膜平铺提高0~4.0%；1m土壤贮水量，秋季全覆膜较播前半膜平铺增加49.5~51.3mm，顶凌全覆膜较播前半膜平铺增加33.9~39.6mm，播前全覆膜较播前半膜平铺增加0~26.9mm。结果得出，正是由于秋季全覆膜和顶凌全覆膜前期较高的土壤含水量，从而有效解决了玉米4—5月因春旱无法播种、出苗的瓶颈。该研究还发现，旱地全膜双垄沟播技术使农田降水利用率最高达到75.2%，平均达到70.1%以上；使玉米水分利用效率最高达到35.93kg/mm·hm^2，平均达33.63kg/mm·hm^2，较常规半膜平铺的24.89kg/mm·hm^{2}平均增加8.74kg/mm·hm^2，增长35.1%，旱地全膜双垄沟播技术在农田降水高效利用关键技术方面取得了重大突破。

研究还表明，温度也是影响全膜双垄沟播技术的增产因素之一。牛建彪和张雷等2003—2004年在榆中县清水驿乡研究得出：全膜双垄沟播栽培与半膜平铺穴播栽培相比，能明显加快玉米生育进程，可使玉米生育期提前10~15d，从而使玉米适种海拔高度提高100m以上，有利于中晚熟品种生产潜力的充分发挥，同时促进了高海拔地区种植结构的调整。杨祁峰等（2008）研究提出：全膜双垄沟播技术较传统半膜平铺穴播技术，使耕层土壤温度增加4~6℃，使土壤有效积温增加300~670℃，可使玉米提早成熟10~15d，并使玉米的适种海拔提高150m左右，使原来不能种植玉米的地区可以种植玉米，一些中晚熟品种在海拔2 000m的地区能够正常成熟，发挥了品种的生产潜力，扩大了高产作物的种植区域。近年来关于全膜双垄沟播技术增产效果的研究也有不少。赵凡2003年在榆中县清水驿乡研究得出：全膜双垄沟播玉米较传统半膜覆盖模式增产38.6%；2004年在榆中县清水驿、甘草店、韦营、龙泉和中连五个乡镇研究得出：全膜双垄沟播玉米平均单产7 752kg/hm^2，较对照半膜平铺增产1 881kg/hm^2，增产32.0%。张雷等2003年在榆中县清水驿乡开展了玉米不同覆膜模式试验研究，结果得出：全膜双垄沟播较垄作条膜覆盖栽培净增玉米2 444.2kg/hm^2，增产37.9%。牛建彪2003—2004年在榆中县清水驿乡研究得出：全膜双垄沟播玉米平均单产8391.0kg/hm^2，较半膜覆盖栽培净增玉米 1 594.5kg/hm^2，增产 30.4%。张雷等（2007）研究了不同时期覆膜的增产效果，结果得出：秋季全膜双垄春季沟播较播前全膜双垄沟播增产 20.7%、早春顶凌全膜双垄春季沟播较播前全膜双垄沟播增产 11.3%，秋季（或顶凌）全膜双垄春季沟播增产效果显著。

（二）应用地区和条件

旱地全膜双垄沟播技术是甘肃省农业技术推广总站和甘肃省榆中县农业技术推广中心等单位经过十余年的大量研究，于 2003 年提出的一项重大旱作农业新技术。其核心是在地表起大小双垄并在双垄之间形成集雨沟槽后，用地膜全地面覆盖，再在沟内播种作物的种植技术。该技术体系集垄面集流、覆膜抑蒸、垄沟种植技术于一体，大幅度提高了土壤水分的保蓄率、降水利用率和水分利用效率，并使玉米等作物增产 30% 以上。由于该技术极其显著的集雨、保墒和增产作用，2004 年起在甘肃及西北的青海、宁夏、内蒙和陕西等北方旱作区大面积推广应用，至 2009 年仅甘肃省应用面积达到 60 多万 hm^2。但以往的研究主要集中在中部年降水 350mm 左右的半干旱区，而对半干旱偏旱区和半湿润偏旱区的研究较少。丁世成等（2006）、郝玉梅等（2006）对马铃薯双垄面集雨全膜覆盖栽培技术也进行了试验研究，增产效果明显，较传统半膜覆盖增产 20% 以上。但以上研究主要集中在中部半干旱区的榆中县。通过对甘肃中、东、南 3 各旱作区域的 9 个旱作县区的大量研究提出：全膜双垄沟播技术的增产幅度明显表现为：半干旱偏旱区 > 半干旱区 > 半湿润偏旱区，三个旱作区秋季全膜双垄春季沟播玉米较对照播前半膜平铺穴播（下同）增产率分别为 48.1%、39.6% 和 34.3%，顶凌全膜双垄春季沟播玉米较对照增产率分别为 40.6%、35.0% 和 31.7%，播前全膜双垄沟播玉米较对照增产率分别为 35.0%、30.3% 和 28.0%。研究还发现，半湿润偏旱区采用秋季或顶凌全膜双垄春季沟播技术，玉米增产量最大，可使该区玉米达到高产和超高产，是该区玉米实现产量跨越式增长的最佳途径。

（三）施肥和节水灌溉

1. 施肥技术

王桂琴（2013）在陇西北部干旱川区进行了全膜双垄沟播玉米“3414”肥效试验，建立了玉米产量与 N、P、K 之间的三元二次肥料效应方程，得出玉米最大施肥量为 N341.55kg/hm^2、$P_2O_5$143.70kg/hm^2、K_2O127.35kg/hm^2，产量为 9 367.80kg/hm^2；最佳施肥量为 N247.80kg/hm^2、$P_2O_5$132.45kg/hm^2、

K_2O84.75kg/hm²，玉米产量为 9 164.85kg/hm²。

2. 缓释肥的应用

中国用占世界不到 9% 的耕地消费了世界 1/3 的化肥。化肥利用率偏低，不仅浪费资源，而且污染环境。在发展资源节约型、环境友好型农业的新形势下，保障粮食安全和农产品有效供给面临巨大挑战，传统的高耗、低效、污染的肥料施用方式将难以为继，提高肥料利用率刻不容缓。提高肥料利用率的途径主要是采用测土配方施肥、改进施肥方式、应用高效缓释肥料。目前中国在测土配方施肥和改进施肥方式方面取得了重要进展，进一步提高肥料利用率必须推广应用高效缓释肥料。高效缓释肥集成示范可减少高耗低效肥料使用，减少过量施肥，减轻农业面源污染，减少施肥用工，推进轻简施肥，解决覆膜栽培作物在生长期无法追肥、玉米大喇叭口期雨热同季追肥困难的难题。为探索高效缓释肥料集成示范模式和机制，2014 年，甘肃省开展了全膜双垄沟播玉米一次性施用“金正大”缓释肥技术研究。全膜双垄沟播玉米应用“金正大”缓释肥，与推荐配方施肥相比，增产效果不显著，说明推荐施肥配方合理，所含养分总量能够满足全膜双垄沟播玉米生长发育的需要。“金正大”缓释肥比农民习惯施肥表现增产，小区试验增产率达到 18.4%，大田示范增产率达到 19.0%（催增团，2015）。主要原因是“金正大”缓释肥所加缓释因子，养分缓慢释放，被作物充分吸收利用，推荐配方施肥结合当地土壤化验值、玉米需肥规律与生产实际合理配方施肥，提高了种植作物的产量。经济效益分析表明，小区试验“金正大”缓释肥较农民习惯施肥对照亩增加产值 224.4 元，产投比为 5.76∶1；大田示范较对照亩增加产值 276 元，产投比为 5.24∶1。建议在全膜双垄沟播玉米种植中，使用“金正大”缓释肥，每亩施用量 70~80kg，一次性做基肥施用，施后立即覆土，最好集中在小垄沟内。同时，农业技术推广部门应加大宣传培训力度，应用测土配方施肥技术，节本增效，提质增产。

3. 节水灌溉技术

雨水利用一直伴随着人类漫长的生产实践活动，是一项古老的技术。在中国，2700 年前的春秋时期，黄土高原地区已有引洪漫地技术。2 500 年前，安徽寿县修建了平原水库来拦截径流，灌溉作物。600 多年前出现水窖、旱井等设施（黄乾等，2006）。20 世纪 50 年代到 60 年代，抗旱耕作技术体系建立，如当时推广的水平沟种植法、垄沟种植法、鱼鳞坑等，北方用水窖集蓄雨水来发展粮食生产。从 20 世纪 60 年代到 80 年代，开展了水保型农业技术体系，其基本思想是接纳尽可能多的天然降水，防止水土流失，将天然降水就地拦蓄，强迫入渗，以提高自然降水的利用率和农作物的生产能力，并使水土流失得到有效控制。从20世纪80年代后期至今，利用雨水资源，发展集水补灌农业在北方大规模推广。一批集雨示范区陆续建立起来，例如甘肃的“121”工程，即每个家庭修筑100m^{2}的混凝土集水面和两个水窖（40m^3）灌溉一亩田，成效显著。宁夏“窑窖工程”，内蒙古的“112”工程和陕西的“甘露工程”等在雨水利用上都收到了明显的效果（屈振民等，2004）。在国外，雨水利用的历史也很悠久。在4 000年之前的中东、南阿拉伯以及北非就出现了用于灌溉、生活和公共卫生等的雨水收集系统。1 000多年前，墨西哥、秘鲁和南美的安第斯山山坡上就建有既能灌又能排的旱作梯田。15世纪，在印度的Thar沙漠地区就开始采用集水农业系统。泰国和肯尼亚建立钢筋混泥土的集雨存水罐。伊朗建立微集水、广泛集水、洪水收集3种集水类型及永久灌、补灌和污水灌溉等类型灌水方法。美国和日本也成功的利用了雨水收集系统。美国国家科学院（1976）出版了一本关于合理开发利用水源的文集，共16章节，详细论述了非常有应用价值的保水、集水技术。具体内容包括从丘陵坡地和人造小流域收集降水，为干旱地区创造成本低、质量高的新水源的雨水存集方法；用此方法将所存集的雨水用于专门设计的农业生产制度中的径流农业；在适宜条件下用咸水进行农业灌溉的咸水灌溉方法；重复高效用水；应用新科技和新材料修筑坎儿井和卧井进行井水灌溉的方法；用脱盐等新技术开采新水源的六项供水技术。同时报告文集还详细介绍了减少渗透损失；抑制土面蒸发；采用滴灌；抑制蒸腾；选育和管理作物，提高水分利用效率；抑制农田渗透损失；土壤水的保水剂等一系列保水技术。雨水利用最成功的典范当属以色列，以色列是世界上土地资源最为贫瘠，水资源十分缺乏的国家之一，同时以色列也是世界上节水技术最高超，旱作农业最发达的国家之一，每立方米水生产粮食已达到2.32kg。归纳这些对干旱问题的解决方案主要集中在两个方面，一个是“开源”，另一个就是“节流”。

自20世纪80年代以来，由于地表水体的匮乏，地下水位的下降，水质变坏，土壤盐渍化和荒漠化日益严重，对于雨水资源的利用，人们有了更深刻的认识。80年代初，国际雨水收集系统协会的成立，对各国雨水利用的情况有了更系统的研究。提高农田降水利用效率（RWUE）的途径有多种，其中，防止流失，使降水就地入渗、增加覆盖降低土面蒸发、拦蓄非耕地径流都是集水农业研究的出发点。一般通过水保工程技术（如梯田、水平沟、鱼鳞坑、地膜覆盖等）或水保耕作技术（等高耕作、起垄耕作、带状间作、渗水孔耕作，少免耕等）来达到集水农业的三个用水模式，即雨水就地入渗、雨水就地富集叠加和雨水聚集异地利用（杨封科等，2003）。例如据武继承（1999）

的研究表明，常规耕作水分蒸发损失为88%，免耕法只有57%，土壤贮水量增加10%~20%，作物产量增加800kg/hm^2。GuPta（1995）报道了裸露的沟垄集水可以显著增加印度沙漠地区Asadirachtaindiea，Teeomellaundulata和prosopiseineraria的生长。钮溥（1992）的研究表明，秸秆覆盖冬小麦增产幅度一般为17.5%~31.27%，增产作用随覆盖年限的增加而增加，在特别干旱的年份可达到50%~60%，而地膜覆盖栽培技术在旱作农业地区有效改善了土壤水、热状况（宋秋华等，2002；王俊等，2003；李世清等，2001）。温室棚面也是一个用水效率相对稳定的高效集水面，甘肃镇原实验站曾测定其集水效率平均达88.06%，也可将水保工程技术和水保耕作技术相结合。Lietal（2001）报道了在黄土高原半干旱地区，利用沟垄与地面覆盖相结合的技术种植玉米，能提高产量108%~143%，可有效地提高水分利用效率。将水保工程技术和生物措施结合起来亦可有效地提高降水利用率。甘肃农林科学院在2000年对小流域高泉沟采用土谷坑、隔坡水平沟、护沟埂、土埂、鱼鳞坑、水窖、梯田等工程措施和选林，种草等生物措施相结合方式，在2km^{2}治理区内测得年平均拦蓄利用径流265 026.944m^3，相当于单位面积上多蓄集利用了132.5mm的自然降水，提高降水利用率31.91%（杨封科等，2003）。但是与发达国家相比，中国的农业用水的有效利用率还很低，农业用水占全国总用水量的73.4%，主要消耗于灌溉。康绍忠等（1997，2001）曾报道中国的农田灌溉面积已达0.49亿多hm^2，居世界首位，占全国耕地面积的1/2，灌溉水的利用率仅为40%左右，而在一些发达国家可达到80%以上。灌溉水的生产效率不足1.0kg/m^3，远远低于发达国家2.0kg/m^{3}的水平。中国农业节水技术的发展速度仍远不能适应人口增长和社会经济发展的需要。农业用水的有效利用率很低，节水农业技术覆盖的比例还很小，即使是已采用节水技术的区域，其综合应用的程度还很低（林茂兹，2005），有专家指出农业高效节水技术的革新必将对中国的农业生产产生突破性的作用（山仑等，1996；康绍忠等，1997）。因此提高农业用水效率是缓解中国21世纪水危机的关键。中国人均水资源不足世界平均水平的1/4，居世界第109位，同时水的浪费又十分严重。因此在未来相当长的时期内，中国的缺水问题要通过节水来解决。而集水农业对环境的干预强度远远高于以前任何一种农业措施，粮食单产大幅度提高，种植面积可相应的减少，这就为退耕还草，增加土地的植被覆盖度，改善生态环境，增强生态系统内的同化作用，促进农业生态系统的良性循环奠定了基础（王俊，2003）。

集水农业仍需发展和完善，例如可将现代集水网络技术，高效灌溉技术与计算机控制技术综合利用（肖国举等，2003）。在覆膜时可以采用先进的化学膜降解工艺，起垄耕作时从物理工程和地理学角度出发，计算不同地域，不同坡度的最佳集雨垄面的高宽，因地制宜地设计集水系统。种植时可通过生物技术手段选种育种，计算最佳种植密度，根据不同地区的土壤养分情况，研制生物肥料等。力争集水农业在提高水分利用效率，增产高产的同时也达到生态平衡。

将径流引向一定的作物种植区，使降雨在一定面积内富集叠加，改善作物种植区的水分状况，通过减少土壤表面蒸发降低作物的耗水系数，充分发挥环境资源和水肥生态因子的协同增效作用，提高农业生产水平（山仑等，1993；Cook S，et al. 2000）。实际就是把对农业无效部分的天然降水，通过工程富集起来，实施时空调节，有限供水，补偿农田亏缺的水分，实现农业生产力稳定提高的技术体系（赵松岭等，1995）。其过程主要包括集流收集—雨水贮存—高效利用3个环节（杨继福等，1999）。集水农业突出了降水在时间和空间上的可调性，强调水分利用的主动性，以主动抗旱策略解决降水供需错位和提高有限资源中丰度的问题，可以实现环境效益、经济效益和社会效益的综合提高（李凤民，1999）。

（四）水分利用效率和产量效应

1. 水分利用效率

目前中国旱地农田水分利用率普遍不足50%，主要作物水分利用率在7.5kg/mm·hm^{2}左右（赵凡，2004）。旱作玉米全膜双垄沟播技术的平均水分利用率提高到了33.63kg/mm·hm^2，比常规半膜平铺的24.89kg/mm·hm^{2}平均增加8.74kg/mm·hm^2，全膜双垄沟播秋季覆膜的水分利用率为35.93kg/mm·hm^2（刘广才，2008）；玉米垄沟周年覆膜栽培的水分利用率为26.0kg/mm·hm^2，而常规半膜平铺的为20.5kg/mm·hm^2（李志军，2006）；玉米秋季全膜平铺的水分利用率为19.56kg/mm·hm^2，而常规半膜播前平铺的为17.55kg/mm·hm^2（景泰来，2004）。不论在哪个地区、那种栽培方式，秋季覆膜的水分利用率明显高于春季播种前覆膜的。据张雷（2010）研究全膜双垄沟播栽培秋覆膜的土壤含水量12.42%，比其他覆膜时期高0.57%~1.8%；全膜双垄沟播栽培秋覆膜的玉米产量为11 979kg/hm^2，比全膜双垄沟播栽培顶凌覆膜增产7.39%，比全膜双垄播种前覆膜增产16.13%，比常规半膜顶凌覆膜增产46.08%；全膜双垄沟播栽培秋覆膜的水分利用率为40.53kg/mm·hm^2，比全膜双垄沟播栽培顶凌覆膜的水分生产率32.61kg/mm·hm^{2}提高7.92kg/mm·hm^2，比全膜双垄播种前覆膜的29.29kg/mm·hm^{2}增加11.24 kg/mm·hm^2，比常规半膜顶凌覆膜的 24.53kg/mm·hm^2 增加 16kg/mm·hm^2。全膜双垄沟播栽培秋覆膜明显提高土壤含水量，增加玉米产量，提高降水利用率，对旱作区玉米高产稳产具有重要意义。旱地玉米全膜双垄沟播栽培秋覆膜适宜在年降水量 300~500mm、冬季避风向阳的沟滩地和梯田推广应用。充分发挥全膜双垄沟播栽培秋季覆膜保墒、增产优势的关键是冬季和早春采取有效措施保护好地膜，防治地膜破损。

2. 与常规栽培相比的增产幅度

（1）半干旱偏旱区不同覆膜模式的增产效果　在年降水 250~350mm 的半干旱偏旱区（靖远若笠、会宁四方、榆中连塔年降水量分别为 250mm、300mm、350mm）试验结果表明，以秋季全膜双垄春季沟播玉米产量最高，平均产量 7 668.0kg/hm^2，较对照（播前半膜平铺，下同）增产量为 2 492.0kg/hm^2，增产 48.1%；顶凌全膜双垄春季沟播产量次之，平均产量 7 277.0kg/hm^2，较对照增产 2 101.0kg/hm^2，增长 40.6%；播前全膜双垄沟播平均产量为 6 988.5kg/hm^2，较对照增 1 812.5kg/hm^2，增长 35.0%；而秋季、顶凌和播前半膜双垄春季沟播增幅相对较低，分别较对照增产 916.5kg/hm^2、784.3kg/hm^2、622.9kg/hm^2，增长率分别为 17.7%、15.2%、12.0%；秋季、顶凌半膜平铺春季穴播分别较对照也有一定增产，增产率分别为 10.1%、6.2%。分析得出，全膜双垄沟播各处理均能够大幅度提高玉米产量，平均增产达到 41.3%，其中，以秋季全膜双垄春季沟播增产最大，顶凌全膜双垄春季沟播次之，二者增产幅度均达到 40% 以上，增产效果极其显著；播前全膜双垄沟播也具有极大的增产效果，幅度达到 35%；而半膜双垄沟播各处理也具有极其显著地增产效果，但增产效果明显低于全膜双垄沟播各处理。

（2）半干旱区全膜双垄沟播技术的增产效果　在年降水量 350~500mm 的半干旱偏旱区（静宁余湾、通渭碧玉、庆城太白年降水量分别为 370mm、420mm、470mm）试验结果表明，秋季全膜双垄春季沟播玉米产量最高，平均产量达 9 657.0kg/hm^2，较对照增产量为 2 739.7kg/hm^2，增产 39.6%；顶凌全膜双垄春季沟播玉米产量次之，平均产量为 9 341.0kg/hm^2，较对照增产量为 2 423.7kg/hm^2，增产 35.0%；播前全膜双垄沟播平均产量为 9 012.5kg/hm^2，较对照增产 2 095.2kg/hm^2，增长 30.3%；秋季、顶凌和播前半膜双垄春季沟播玉米产量分别较对照也具有明显的增产，增产量分别为：1 047.7kg/hm^2、907.2kg/hm^2、640.7kg/hm^2，增长率分别为 15.1%、13.1%、9.3%；秋季、顶凌半膜平铺春季穴播分别较对照也有一定增产，增长率分别为 7.0%、3.8%。进一步分析得出，全膜双垄沟播各处理具有极其显著地增产效果，平均增产达到 35.0%，其中，秋季全膜双垄春季沟播增产幅度最大、顶凌全膜双垄春季沟播次之，二者增产幅度达到 35% 以上；播前全膜双垄沟播增产幅度也达到 30% 以上；而半膜双垄沟播各处理也有显著地增产效果，但增产幅度明显低于全膜双垄沟播各处理。

（3）半湿润偏旱区全膜双垄沟播技术的增产效果　在年降水量 500~600mm 的半湿润偏旱区（泾川太平、秦州平南、广河水泉年降水量分别为 500mm、550mm、600mm）试验结果表明，秋季全膜双垄春季沟播玉米产量最高，平均产量 1 1521.9kg/hm^2（其中，年降水量 600mm 的广河县玉米产量 12 375kg/hm^2，达到了超高产），较对照增产 2 944.7kg/hm^2，增长 34.3%；顶凌全膜双垄春季沟播产量次之，平均产量为 1 1297.1kg/hm^2，较对照增 2 720.0kg/hm^2，增长 31.7%；播前全膜双垄沟播玉米平均产 10 977.0kg/hm^2，较对照增产 2 399.8kg/hm^2，增长 28.0%；秋季、顶凌和播前半膜双垄沟播各处理玉米分别较对照增产 1 186.6kg/hm^2、892.8kg/hm^2、563.8kg/hm^2，增长率分别为 13.8%、10.4%、6.6%；秋季、顶凌半膜平铺穴播分别较对照也有一定增产，增长率分别为 4.1%、2.6%。进一步分析得出，全膜双垄沟播各处理平均增产达到 31.3%，其中，秋季全膜双垄春季沟播和顶凌全膜双垄春季沟播增产幅度达到 30.0% 以上，播前全膜双垄沟播增产幅度达到 28.0%；另外可以看出，半湿润偏旱区全膜双垄沟播各处理增产幅度虽然低于半干旱区和半干旱偏旱区，但相对增产量明显高于以上旱作区，特别是年降水量 600mm 的广河县玉米产量达到超高产，增产量达到 3 130kg/hm^2；半膜双垄沟播各处理也有明显增产效果，但增产幅度明显低于全膜双垄沟播各处理，也明显低于半干旱区和半干旱偏旱区相同处理。

对三个旱作农业区进一步对比分析可以看出，半干旱偏旱区玉米增产幅度明显高于半干旱区，半干旱区又明显高于半湿润偏旱区，表明越是干旱，玉米对水分依赖性越强、对水分的反应也越敏感。三个旱作区秋季全膜双垄春季沟播玉米较对照播前半膜平铺穴播（下同）增产率分别为 48.1%、39.6% 和 34.3%，顶凌全膜双垄春季沟播玉米较对照增产率分别为 40.6%、35.0% 和 31.7%，播前全膜双垄沟播玉米较对照增产率分别为 35.0%、30.3% 和 28.0%。另外，对比分析还可以看出，增产量则是半湿润偏旱区玉米明显高于半干旱区，半干旱区又明显高于半干旱偏旱区。三个旱作区秋季全膜双垄春季沟播较对照平均增产量 2 944.7kg/hm^2、2 739.7kg/hm^2、2 492.0kg/hm^2，顶凌全膜双垄春季沟播较对照增产量 2 720.0kg/hm^2、2 423.7kg/hm^2、2 101.0kg/hm^2，播前全膜双垄沟播较对照增产量 2 399.8kg/hm^2、2 095.2kg/hm^2、1 812.5kg/hm^2。特别是年降水量600mm的半湿润偏旱区秋季、顶凌全膜双垄春季沟播玉米产量分别达到12 375.0kg/hm^2、12 192.0kg/hm^2，达到了旱作玉米的超高产。表明，半湿润偏旱区采用秋季或顶凌全膜双垄春季沟播技术，玉米增产量最大，可使该区玉米达到高产和超高产，是该区玉米产量跨越式增长的最佳途径。

（五）推广现状和发展前景

1. 内蒙古自治区旱作区

针对内蒙古自治区旱作农业特点，2008年从甘肃省引进该项技术在赤峰市、呼和浩特市的4个旗（县）试验示范19.53hm^2。2009年扩大到两市的12个旗（县），示范推广666.7hm^2。

2008年清水河县开始小面积试验，其中，全覆膜处理比半覆膜处理玉米出苗期、抽雄期、成熟期分别提早2~3d、3~4d、5~7d，穗长平均增加1.35cm，穗粒数平均增加20.2粒，百粒重平均增加3.4g，穗粒重平均增加26.7g，较半覆膜处理增产64kg/亩，较不覆膜处理增产139kg/亩，增加纯效益180元/亩，表现出显著的增产、增收效果（周伟，2010）。

推广全膜双垄沟播栽培技术对于提高内蒙古自治区旱地的综合生产能力、确保粮食安全、优化农业结构、增加农民收入、壮大区域经济实力、增强农业竞争力、促进全区农业跨越式发展具有重大的现实意义。

推广此项技术，保障了粮食安全，增加了农民收入。内蒙古自治区旱作农业区干旱多灾，粮食产量低而不稳，单产水平较低，人均占有粮食少。农业旱作区又是内蒙古自治区的贫困地区，农民人均纯收入低于全区平均水平。因此，增加农民收入是一项长期的任务。全膜双垄沟播技术，集成全地面覆盖、膜面集雨、覆盖抑蒸、垄沟种植技术为一体，集雨、抗旱、增产等效果十分显著，如果在玉米等高产作物上推广全膜双垄沟播技术，可以解决山旱区农民的口粮问题，为农民增收开辟了新的渠道，增加了农民收入，而且为发展畜牧业提供了大量饲草饲料，显著提高旱作农业区的粮食综合生产能力。

解决了缺水制约问题，促进了内蒙古自治区西部旱作农业地区农村经济协调发展。内蒙古自治区西部旱作农业地区是一个雨养农业地区，缺水是制约农业发展最关键的因素。旱作农业经济基础薄弱，农民生活困难，耕地地力条件差，山坡地面积大，土地支离破碎，气候和生态环境恶劣，成为制约旱作农业发展的难点，也是旱作农业和农村经济发展的瓶颈。通过全膜双垄沟播技术的大范围、大面积应用，实现雨水资源的高效利用，才能促进区域经济协调发展，逐步缩小城乡差别，形成共同发展的新格局。

加快了贫困地区农村经济发展。干旱多灾是贫困地区农业生产的基本特点。虽然经过多年的建设，农业生产基本条件有了很大改善，但仍未摆脱干旱的威胁，年年受旱、被动抗旱的状况没有从根本上改变。目前，抗旱生产的科技含量相对比较低，仍以传统的抗旱措施为主。大力推广应用全膜双垄沟播技术，用先进技术条件装备农业，用现代科技改造传统农业，才能提高抗旱生产的科技含量，变被动为主动，变传统抗旱为现代科技抗旱，最终实现旱作农业和农村经济的持续快速发展。

2. 甘肃灌溉区

甘肃省旱作农业区玉米全膜双垄沟播技术在全国掀起了“旱作农业的一场革命”，在国内率先闯出一条旱区农业抗旱节水增收的新路子。2008 年以来，金昌市农技中心在全膜双垄沟播技术高效抑蒸、增温保墒、汇流集雨等诸多技术优势的启发下，引进该项技术在灌溉农业区不同生态区域、不同作物上开展试验示范，取得了良好的节水增产效果，为灌区农田节水探索出了一条高效技术模式。

（1）全膜双垄沟播技术应用效果

◎大田玉米：井河混灌区六坝乡团庄村，耕地海拔 1 900m，全膜双垄沟播大田玉米全生育期灌水 3 次，减少 1 个轮次灌水，每轮次灌水减少 1/4（以灌水时间计算），每亩节水 140m^3，比对照常规种植玉米增产 18%，成为当地玉米高产、节水典型。井灌区朱王堡镇下汤村、双湾镇天生炕村，耕地海拔 1 450~1 500m，全膜双垄沟播大田玉米全生育期灌水 7 次，半膜玉米灌水 8 次，每轮次减少灌水 1/4，每亩节水 160m^3，平均增产 12%。

◎制种玉米：井灌区水源镇北地村、朱王堡镇下汤村，耕地海拔 1 500m，全膜双垄沟播制种玉米全生育期灌水 6 次，半膜制种玉米灌水 8 次，减少灌水 2 个轮次，每轮次减少灌水 1/4，每亩节水 180~260m^3，灌溉头水时间推迟 15~20d，抽雄期提前 7~10d，提前成熟 12d，每亩 ^{2} 增产鲜穗 210kg。

◎高海拔冷凉灌区饲草玉米：沿祁连山冷凉河灌区新城子镇刘克庄、兆田、农林场，耕地海拔 2 200m，全膜双垄沟播饲草玉米全生育期灌水 2 次，每亩平均产鲜秸秆 7 500kg；马营沟耕地海拔 2 400m，平均产鲜秸秆 6 200kg。比种植啤酒大麦、小麦减少 1 个轮次灌水，每轮次减少灌水 1/4，每亩总节水 140m^3 左右。全膜双垄沟播技术使该区域种植玉米成为可能。

（2）全膜双垄沟播技术在灌区应用前景

◎区域政策决定河西灌区必须走农田节水之路：石羊河流域综合治理规划原则要求：坚持控制灌溉面积与降低灌溉定额相结合，以降低定额为重点；

渠系节水与田间节水相结合，以田间节水为重点；农业节水与综合节水相结合，推动流域全面节水。甘肃金昌、武威两市同处石羊河流域，农业多以高效益作物种植为主，大田玉米、制种玉米是当地的支柱性产业，具有高耗水的特点，该区域也是石羊河流域综合治理的重点区域，产业发展必须走高效农田节水的路子。实践表明，全膜双垄沟播技术必将成为落实节水政策的重点支撑技术之一。

◎全膜双垄沟播技术在灌区农田节水中优势明显：全膜双垄沟播技术与常规半膜平作相比，每亩增加地膜 1kg，节水 30% 以上，玉米平均增产 15% 以上，食葵平均增产 12% 以上。具有操作方便、投入成本低、配套机械成熟、群众易于接受等特点，相对其他节水技术优势明显，必将成为灌区农田玉米节水的主推技术。

◎可确保优势特色产业稳定发展：金昌市河灌区农业缺水主要在春、夏两季，一般秋季水库水量比较充沛，存在时空分配不均的矛盾。全膜双垄沟播技术不仅能减少用水总量，而且灌头水时间可推迟到 6 月下旬至 7 月上旬，大大缓解了河灌区 5 月、6 月小麦、啤酒大麦等大宗农作物的灌水压力，可解决季节性干旱及“卡脖子旱”的难题。

杂交玉米制种是河西灌区的特色优势产业，全膜双垄沟播技术可大幅度降低灌溉定额，保证玉米这一高耗水产业持续发展。金昌市祁连山沿山高海拔冷凉灌区为河灌区，受气候、灌水等因素限制，以种植啤酒大麦、小麦、马铃薯为主，种植作物单一。“广种薄收”，农民持续增收难度大。全膜双垄沟播技术在沿山高海拔冷凉灌区饲草玉米种植中的成功应用，不仅可以为当地农民发展草食畜牧业提供充足的优质饲草，为农民增收带来新的希望，而且可进一步优化种植结构，有效缓解小麦、啤酒大麦的用水压力，破解供需水矛盾的难题（段军，2013）。

本章参考文献

卜崇德，等 .2000. 宁夏水土保持实践与探索 [M]. 银川：宁夏人民出版社 .

蔡昆争，骆世明，方祥 .2006. 水稻覆膜旱作对根叶性状、土壤养分和土壤微生物活性的影响 [J]. 生态学报，26（6）:1 904-1 911.

曹庆军，王洪预，张铭，等 . 2009. 高施肥水平下密度对春玉米产量的影响 [J]. 玉米科学, 17（3）: 113－115 .
常敬礼，杨德光，谭巍巍，等 . 2008. 水分胁迫对玉米叶片光合作用的影响 [J]. 东北农业大学学报, 39（11）:1–5.
陈传永，侯玉虹，孙锐，等 . 2010. 密植对不同玉米品种产量性能的影响及其耐密性分析 [J] . 作物学报, 36（7）: 1 153–1 160 .
陈火君 , 卫泽斌 , 吴启堂 , 曾曙才 . 2010. 薄膜覆盖减少化肥养分流失研究 [J]. 环境科学 , 31（3）:775–780.
陈智 , 麻硕士 , 赵永来 , 等 . 2010. 保护性耕作农田地表风沙流特性 [J]. 农业工程学报, 26（1）: 118–122.
程维新，欧阳竹 .2008. 关于单株玉米耗水量的探讨 [J]. 自然资源学报，23（5）: 929–935.
崔灵周 . 2000. 黄土高原地区雨水集蓄利用技术发展综述 [J]. 灌溉排水 ,19（4）:75–78.
崔增团 , 武翻江 , 牛建彪，等 . 2015. 全膜双垄沟播玉米一次性施用“金正大”缓释肥技术研究 [J]. 农业科技通讯（6）:69–72.
丁世成，刘世海，张雷 . 2006. 旱地马铃薯双垄面集雨全膜覆盖栽培技术要点 [J]. 中国马铃薯, 20（3）:178– 179.
丁世成，刘世海，张雷 . 2006. 马铃薯双垄面全膜覆盖沟播和大垄膜侧栽培试验初报 [J]. 甘肃农业科技（8）:3– 5.
东先旺，刘培利，刘树堂，等 . 1997. 夏玉米耗水特性与灌水指标的研究 [J]. 玉米科学, 5（2）: 53–57.
杜兵 , 李问盈 , 邓健 . 2000. 保护性耕作表土作业的田间试验研究 [J]. 中国农业大学学报 , 5（4）:65–67.
段军 , 费彦俊 , 朱玉正，等 .2013. 全膜双垄沟播技术在甘肃河西灌区农田节水中的实践 [J]. 中国种业（12）:84,85.
高焕文 , 李洪文 , 李问盈 . 2008. 保护性耕作的发展 [J]. 农业机械学报 , 39（9）:43–47.
高旺盛 . 2007. 论保护性耕作技术的基本原理与发展趋势 [J]. 中国农业科学 , 40（12）:2 702–2 707.
高玉山，窦金刚，刘慧涛，等 . 2007. 吉林省半干旱区玉米超高产品种、密度与产量关系研究 [J]. 玉米科学，15（1）: 120–122 .
哈斯 .1994. 坝上高原土壤不可蚀性颗粒与耕作方式对风蚀的影响 [J]. 中国沙漠，14（1）:92–96.
韩宾，李增嘉，王芸，等 . 2007. 土壤耕作及秸秆还田对冬小麦生长状况及产量的影响 [J]. 农业工程学报，23（2）: 48–53.

韩永俊，尹大庆，赵艳忠. 2003.秸秆还田的研究现状[J]. 农机化研究（2）:39-40.
郝玉兰，潘金豹，张秋芝，等. 2003. 不同生育时期水淹胁迫对玉米生长发育的影响[J]. 中国农学通报，19（5）：8-60,63.
郝玉梅，牛建彪. 2006. 榆中县旱地马铃薯双垄全膜覆盖栽培技术[J]. 甘肃农业科技（7）:63.
何华，康绍忠. 2002, 灌溉施肥深度对玉米同化物分配和水分利用效率的影响[J]. 植物生态学报，26（4）：454-458.
何进，李洪文，高焕文. 2006. 中国北方保护性耕作条件下深松效应与经济效益研究[J]. 农业工程学报，22（10）:62-67.
何奇镜，佟培生，边少锋，等. 2004. 长期少耕对玉米产量与土壤生态环境的影响（1983-2002）[J]. 玉米科学（12）:99-102.
何文章，吴成兵，贾中干，等. 2000. 旱地龙在玉米上的应用效果[J]. 安徽农业科学，28（5）：661，668.
胡芬，梅旭荣，陈尚谟. 2001，秸秆覆盖对春玉米农田土壤水分的调控作用[J]. 中国农业气象，22（1）：15-18.
华利民，刘艳，安景文，等.2014. 施氮量对春玉米产量及其早衰因子的影响[J]. 广东农业科学（7）：16-19.
黄明，吴金芝，李友军，等. 2009. 不同耕作方式对旱作区冬小麦生产和产量的影响[J]. 农业工程学报，25（1）：50-54.
黄学芳，刘化涛，黄明镜，等. 2010，密度对不同玉米品种产量形成和耗水量的影响[J]. 安徽农学通报，16（21）：59-61.
贾树龙，任图生. 2003，保护耕作研究进展及前景展望[J]. 中国生态农业学报，11（3）：152-154.
贾延明，尚长春，张振国. 2002. 保护性耕作适应性试验及关键技术研究[J]. 农业工程学报，18（1）:78-81.
金发会，李世清，卢红玲，等. 2008, 黄土高原不同土壤微生物量碳、氮与氮素矿化势的差异[J]. 生态学报，28（1）:227-236.
晋凡生，李素玲，萧复兴，等. 2000. 旱塬地玉米耗水特点及提高水分利用率途径[J]. 华北农学报，15（1）：76-80.
景泰来. 2004. 旱地玉米秋季全覆膜栽培节水增产效果研究[J]. 甘肃农业技术（6）：24-25.
孔向军，蒋梅巧. 2000. 直播旱稻覆膜旱作施肥量及密度试验[J]. 作物研究（3）：16-18.
雷金银，吴发启，马璠，等. 2008. 毛乌素沙地南缘保护性耕作措施对土壤物理性

质的影响 [J]. 干旱地区农业研究 , 26（3）: 161–166.

雷金银 , 吴发启 , 王健 , 等 . 2008. 毛乌素沙地南缘保护性耕作对土壤化学性质的影响 [J] . 干旱地区农业研究 , 26（6）:29–34 .

李洪文 , 高焕文 , 王晓燕 .2003. 我国保护性耕作发展趋势与存在问题 [J]. 农业工程学报（19）:46–47.

李建奇 . 2008. 地膜覆盖对春玉米产量、品质的影响机理研究 [J]. 玉米科学 , 16（5）: 87–92.

李来祥，刘广才，杨祁峰，等 . 2009. 甘肃省旱地全膜双垄沟播技术研究与应用进展 [J]. 干旱地区农业研究，27（1）:114– 118.

李琳 . 2009. 保护性耕作下农田土壤风蚀量及其影响因子的研究初报 [J]. 中国农学通报 , 25（15）:211–214.

李玲玲 , 黄高宝 , 张仁陟 , 等 . 2005 . 不同保护性耕作措施对旱作农田土壤水分的影响 [J]. 生态学报 , 25（9）:2 326–2 332 .

李明德，刘琼峰 . 2009. 不同耕作方式对红壤旱地土壤理化性状及玉米产量的影响 [J]. 生态环境学报，18（4）: 1 522–1 526.

李世清 , 李东方 , 李凤民 , 等 . 2003. 半干旱农田生态系统地膜覆盖的土壤生态效应 [J]. 西北农林科技大学学报 , 31（5）:21–29.

李小雁 , 李福兴 , 刘连友 . 1998. 土壤风蚀中有关土壤性质因子的研究历史与动向 [J]. 中国沙漠 , 18（1）:91–94.

李艳 . 2008. 保护性耕作对土壤耕作层水肥保持能力及玉米产量的影响分析 [J]. 农业科技与装备（2）:22–24.

李永山 , 吴良欢 , 路兴花，等 . 2007. 丘陵山区覆膜旱作稻田土壤硝态氮和铵态氮动态变化规律探讨 [J]. 科技通报 , 23（2）:207–210.

李玉宝 . 2000. 干旱半干旱区土壤风蚀评价方法 [J] . 干旱区资源与环境 , 14（2）:48–52.

李志军 , 赵爱萍 , 丁晖兵 , 等 . 2006. 旱地玉米垄沟周年覆膜栽培增产效应研究 [J]. 干旱地区农业研究 , 24（2）:12–17.

李宗新 , 王庆成 , 刘 霞 , 等 . 2007. 控释肥对夏玉米的应用效应研究 [J]. 玉米科学，15（6）: 89–92,96.

廖长见 , 林建新 , 纪荣昌 , 等 . 2009. 不同播期与覆膜处理对高山反季节鲜食玉米产量及生长状况影响研究 [J]. 福建稻麦科技 , 27（4）:34–38.

刘驰 . 2008. 农业经济可持续利用水资源确保中国粮食安全 [J]. 农业经济 ,4（4）:35–37.

刘广才，杨祁峰，李来祥，等 . 2008. 旱地玉米全膜双垄沟播技术土壤水分效应研究 [J]. 干旱地区农业研究，26（6）:18–28.

刘恒 . 2013. 免耕探墒对土壤环境因素和旱地玉米产量的影响 [J]. 山西科技，28（6）：44-45 .

刘建忠 , 师江澜 , 雷金银 , 等 .2006. 毛乌素沙地南缘不同免耕农田土壤理化性质及玉米产量差异分析 [J]. 干旱地区农业研究 , 24（6）:29-34 .

刘立晶，高焕文，李洪文 . 2004. 玉米 - 小麦一年两熟保护性耕作体系试验研究 [J]. 农业工程学报 , 20（3）：70-73.

刘鹏涛，冯佰利，慕芳 , 等 . 2009. 保护性耕作对黄土高原春玉米田土壤理化特性的影响 [J]. 干旱地区农业研究 , 27（4）:171-175 .

刘毅 , 李世清 , 邵明安，等 . 2006. 黄土高原不同土壤结构体有机碳库的分布 [J]. 应用生态学报，17（6）：1 003-1 008 .

刘战东，肖俊夫，南纪琴，等 . 2010. 种植密度对夏玉米形态指标、耗水量及产量的影响 [J]. 节水灌溉（9）：8-10，14 .

刘祖贵 , 陈金平 , 段爱旺 , 等 . 2006. 不同土壤水分处理对夏玉米叶片光合等生理特性的影响 [J]. 干旱地区农业研究, 24（1）：90-95.

鲁向晖 , 隋艳艳 , 王飞 , 等 . 2007. 保护性耕作技术对农田环境的影响研究 [J]. 干旱地区农业研究 , 25（3）:66-72.

罗珠珠 , 黄高宝 , 张国胜 . 2005. 保护性耕作对黄土高原旱地表土容重和水分入渗的影响 [J]. 干旱地区农业研究 , 23（4）:7-11 .

马林 , 孟凡德 , 石书兵 , 等 . 2008. 不同耕作方式下土壤肥力的动态变化 [J]. 甘肃农业大学学报 , 43（2）:100-104 .

马月存 , 秦红灵 , 高旺盛 , 等 . 2007. 农牧交错带不同耕作方式土壤水分动态变化特征 [J]. 生态学报 , 27（6）:2 523-2 530.

马云祥 , 王淑珍 .2007. 保护性耕作及其配套技术研究进展 [J]. 辽宁农业科学（4）：28-32.

牛建彪 . 2005. 半干旱区小麦玉米雨水高效利用技术模式 [J]. 甘肃农业科技（5）:22-23.

潘渝 , 郭谨 , 李毅，等 .2002. 地膜覆盖膜条件下土壤增温特性 [J]. 水土保持研究 , 9（2）:130-134.

彭文英 . 2007. 免耕措施对土壤水分及利用效率的影响 [J]. 土壤通报 , 38（3）：379-383.

秦红灵 , 高旺盛 , 马月存 , 等 .2007. 免耕对农牧交错带农田休闲期土壤风蚀及其相关土壤理化性状的影响 [J] . 生态学报 , 27（9）:3 778-3 784 .

邱红波，何腾兵，龙友华，等 . 2011. 免耕栽培对玉米根系性状及其产量的影响 [J]. 贵州农业科学，39（9）：55-57.

尚虎君 . 2002. 黄土高原农业水资源有效管理技术研究 [J]. 西北资源与水工程，4

（13）: 32–35.
尚金霞，李军 . 2010. 渭北旱塬春玉米田保护性耕作蓄水保墒效果与增产增收效应 [J]. 中国农业科学, 43（13）: 2 668–2 678.
邵秋红，张志刚 . 2015. 保水剂对玉米生长及产量影响试验 [J] . 种子世界（8）: 21–22.
宋秋华 , 李凤民 , 王俊 , 等 .2002. 覆膜对春小麦农田微生物数量和土壤养分的影响 [J]. 生态学报 , 22（12）:2 125–2 132.
孙平阳 , 赵如浪 , 刘月仙，等 . 2011. 保护性耕作对黄土高原旱田春玉米生物学效应的影响 [J]. 西北农业学报 ,20（11）:56–59.
孙启铭 , 金祺祥 , 李加选 .2002. 红壤土区麦茬地免耕种玉米的效应研究 [J]. 耕作与栽培（2）:6–7.
孙悦超 , 麻硕士 , 陈智 , 等 .2009. 保护性耕作农田风沙流空间分布规律研究 [J]. 干旱地区农业研究 ,27（4）:180–184.
孙悦超 , 麻硕士 , 陈智 , 等 .2010. 保护性耕作农田抗风蚀效应多因素回归分析 [J]. 农业工程学报 ,10:151–154.
唐保军，丁勇 . 2008. 种植密度对玉米产量及主要农艺性状的影响 [J]. 中国种业（10）: 35–37 .
田慧 , 谭周进 , 屠乃美 , 等 .2006. 少免耕土壤生态学效应研究进展 [J]. 耕作与栽培（5）:10–12 .
田慎重，宁堂原，王瑜，等. 2010. 不同耕作方式和秸秆还田对麦田土壤有机碳含量的影响 [J]. 应用生态学报，21（ 2）: 373–378.
汪景宽 , 刘顺国 , 李双异 .2006. 长期地膜覆盖及不同施肥处理对棕壤无机氮和氮素矿化率的影响 [J]. 水土保持学报 , 20（6）:107–110.
王长生 , 王遵义 , 苏成贵 , 等 . 2004. 保护性耕作技术的发展现状 [J]. 农业机械学报 , 35（1）:167–169.
王聪玲 , 龚宇 , 王璞 . 2008. 不同类型夏玉米主要性状及产量的分析 [J]. 玉米科学, 16（2）:39–43.
王帅 , 杨劲峰 , 韩晓日 , 等 .2008. 不同施肥处理对旱作春玉米光合特性的影响 [J]. 中国土壤与肥料（6）: 23–27.
王向阳，白金顺，志水胜好，等 . 2012 施肥对不同种植模式下春玉米光合特性的影响 [J]. 作物杂志（5）: 39–43.
王晓凌，陈明灿，易现峰，等 . 2009. 垄沟覆膜集雨系统垄宽和密度效应对玉米产量的影响 [J]. 农业工程学报，25（8）: 40–47 .
王晓龙 , 胡锋 , 李辉信 , 等 . 2006. 红壤小流域不同土地利用方式对土壤微生物量

碳氮的影响 [J]. 农业环境科学学报 , 25（1）:143–147.
王晓燕 , 高焕文 , 李洪文 , 等 .2000. 保护性耕作对农田地表径流与土壤水蚀影响的试验研究 [J]. 农业工程学报 , 16（3）:66–68.
王永平，刘 杨，卢海军，等 . 2014. 水分胁迫对夏玉米籽粒灌浆的影响及其与内源激素的关系 [J]. 西北农业学报，23（4）：28–32.
卫丽 , 马超 , 黄晓书 , 等 . 2010. 控释肥对夏玉米碳、氮代谢的影响 [J]. 植物营养与肥料学报，16（3）:773–776.
吴婕 , 朱钟麟 , 郑家国 , 等 .2006. 秸秆覆盖还田对土壤理化性质及作物产量的影响 [J]. 西南农业学报 , 19（2）:193–195.
肖俊夫，刘战东，南纪琴，等 . 2010. 不同水分处理对春玉米生态指标、耗水量及产量的影响 [J]. 玉米科学，18（6）：94–97，101.
谢瑞芝 , 李少昆 , 李小君 , 等 .2007. 中国保护性耕作研究分析——保护性耕作与作物生产 [J]. 中国农业科学 , 40（9）:1 914–1 924 .
谢瑞芝，李少昆，金亚征，等 . 2008. 中国保护性耕作试验研究的产量效应分析 [J]. 中国农业科学，41（2）：397–404.
徐明权 , 汪岗等 . 2000. 加快黄土高原地区淤地坝的建设 [J]. 人民黄河 , 22（1）：26–28.
许淑青 , 张仁陟 , 董博 , 等 .2009. 耕作方式对耕层土壤结构性能及有机碳含量的影响 [J]. 中国生态农业学报 ,17（2）:206–208 .
杨国虎，李新，王承莲，等 . 2006. 种植密度影响玉米产量及部分产量相关性状的研究 [J]. 西北农业学报，15（5）：57–60，64 .
杨祁峰，丘云，熊春蓉，等 . 2008. 不同覆膜方式对陇东旱塬玉米田土壤温度的影响 [J]. 干地区农业研究，26（6）:29– 33.
杨文亭，冯远娇，王建武 .2011. 不同耕作措施对土壤微生物的影响 [J]. 土壤通报，42（1）：214–219.
杨秀春 . 2005. 农牧交错带不同农田耕作模式土壤水分特征对比研究 [J]. 水土保持学报 , 19（2）:125–129.
杨学明 . 2004. 北美保护性耕作及对中国的意义 [J]. 应用生态学报 , 15（2）:335–339.
杨振华 , 臧广鹏 . 2005. 甘肃省农业水资源现状及抗旱节水措施 [J]. 甘肃农业科技，1（1）:16–18.
易镇邪 , 周文新 , 屠乃美 , 等 . 2007. 免耕和秸秆覆盖对旱地玉米抗旱性与土壤养分含量的影响 [J]. 农业现代化研究 , 28（4）:490–493.
于爱忠 , 黄高宝 . 2006. 保护性耕作对内陆河灌区春季麦田不可蚀性颗粒的影响 [J]. 水土保持学报 , 20（3）:6–9.

张电学，韩志卿，刘微，等 .2006. 不同促腐条件下秸秆直接还田对土壤酶活性动态变化的影响 [J]. 土壤通报（3）:360-364.
张冬梅，张伟，樊修武，等 . 2011. 不同类型品种和密度对旱地玉米生长发育及产量的影响 [J]. 农学学报，1（10）：1-5 .
张冬梅，张伟，陈琼，等 . 2014. 种植密度对旱地玉米植株性状及耗水特性的影响 [J]. 玉米科学，22（4）：102-108.
张海林，高旺盛，陈阜，等 . 2005. 保护性耕作研究现状、发展趋势及对策 [J]. 中国农业大学学报（10）:16-19.
张俊鹏，孙景生，刘祖贵，等 . 2010. 不同水分条件和覆盖处理对夏玉米籽粒灌浆特性和产量的影响 [J]. 中国生态农业学报，18（3）:501-506.
张雷，牛建彪，赵凡 .2004. 旱作玉米双垄面集雨全地面覆膜沟播抗旱增产技术研究 [J]. 甘肃科技，20（11）:174-175.
张雷，牛建彪，赵凡 . 2006. 旱作玉米提高降水利用率的覆膜模式研究 [J]. 干旱地区农业研究，24（2）:8-11，17.
张雷 . 2007. 旱地双垄面集水全膜不同时期覆盖对玉米生长的影响 [J]. 作物杂志，（3）:67- 68.
张雷，牛芬菊，李小燕 . 2010. 旱地全膜双垄沟播秋覆膜对玉米产量和水分利用率的影响 [J]. 中国家学通报（22）:142-145.
张丽萍，唐克丽，张平仓 . 1997. 片沙覆盖的黄土丘陵区土壤风蚀特征研究 [J]. 土壤侵蚀与水土保持学报，3（4）:8-12.
张权中，唐勇，董合林 . 2000. 棉田不同地膜覆盖度的效应研究 [J]. 中国棉花，27（2）: 13-15.
张士义，马研，于希臣 . 2001. 风沙半干旱区地膜覆盖对玉米生长发育及产量的影响 [J]. 辽宁农业科学（3）:38.
张雯，侯立白，张斌，等 .2006. 辽西易旱区不同耕作方式对土壤物理性能的影响 [J]. 干旱区资源与环境，20（3）:149-153.
张锡洲，李廷轩，余海英，等 .2006. 水旱轮作条件下长期自然免耕对土壤理化性质的影响 [J]. 水土保持学报，20（6）:37-40 .
张振平，齐华，张悦，等 . 2009. 水分胁迫对玉米光合速率和水分利用效率的影响 [J]. 华北农学报，24（增刊）:155-158.
赵凡 .2004. 旱作玉米全膜覆盖双垄面集雨沟播栽培技术 [J]. 甘肃农业科技（11）：22-23.
赵凡 .2005. 玉米双垄面集雨全膜覆盖沟播栽培技术优势及应用前景 [J]. 耕作与栽培（6）:62-63.

赵建明，张锐，王海景.2007. 旱地玉米秸秆覆盖对土壤肥力与玉米产量的影响 [J]. 山西农业科学，35（7）:42–44.

赵君. 2010. 几种保护性耕作对土壤含水量和风蚀量的影响 [J]. 安徽农业科学，38（9）:4 720–4 727.

赵沛义，妥德宝，李焕春，等. 2011. 带田残茬带宽度及高度对土壤风蚀模数影响的风洞试验 [J]. 农业工程学报，27（11）:206–210.

赵如浪，刘鹏涛，冯佰利，等. 2010. 黄土高原春玉米保护性耕作农田土壤养分时空动态变化研究 [J]. 干旱地区农业研究，28（6）: 61–73.

郑华斌，彭少兵，唐启源，等.2007. 免耕与秸秆覆盖对土壤特性、玉米生长发育及产量的影响 [J]. 作物研究，21（5）: 634–638.

周伟，李志峰，王宏，等. 2010. 内蒙古西部地区推广玉米全膜双垄沟播栽培技术的必要性 [J]. 内蒙古农业科技（2）:6–8.

朱志建，姜培坤，徐秋芳. 2006. 不同森林植被下土壤微生物量碳和易氧化态碳的比较 [J]. 林业科学研究，19（4）:523–526.

Ekblad A.,Nordgren A.2002.Is growth of soil microorganisms in boreal forests limited by carbon or nitrogen availability? [J]. Plant and siol,242:115-122.

Franzluebbers A J , Schmoberg H H, Endale D M .Surface-soil responsesto paraplowing of long-term no-tillage cropland in the Southem Piedomont USA [J]. Soil &Ti llage Research, 2007 ,96 :303-315 .

Haruyuki Kanehiro.1999.plastic Litter pollution in the Marine Environment. Journal of the Mass Spectrometry Society of Japan, 47(6):319-321.

Jenkinson D S,Ladd J N.1981.Microbial biomass in soi1:measurement and turnover[J]. soil Bioehemistry, 5:415-471.

KayeJ P, Hart S C. 1997.Competition for nitrogen between Plants and soil microorganisms[J].TrendsinEcology&Evolution, 12:139-143.

Roldá n A, Caravaca F , Hernández M T, et al. 2003.No-tillage , crop residue additions , and legume cover cropping effects on soil quality characteristics under maize in Patzcuaro watershed Mexi co [J] .Soil &Tillage Research , 72 :65-73 .

Roth C B, Greenkorn R A. 1996.Review, assessment, and transfer of pollution prevention technology in plastic and RFC industries[J]. Industrial Waste Conference,5(51) 6-8.

Smolander A,Kitunen V.2002.microbial activities and charaeteristies of dissolved organic and N inrelation to trees Peeies[J].soi1Biol. Biochem.,34(5):651-60.

第四章
环境胁迫及其应对

第一节　生物胁迫

一、黄土高原旱地玉米病害

（一）常见病害

黄土高原玉米常见的病害有大斑病、小斑病、丝黑穗病、瘤黑粉病、青枯病、穗腐病、矮花叶病毒病、粗缩病、灰斑病和弯孢菌叶斑病。

1. 大斑病

玉米大斑病又称条斑病、煤纹病、枯叶病、叶斑病等。是由大斑刚毛球腔菌引起的以叶部产生大型病斑症状为主的玉米病害。其分布较广，为害较重，是世界性的病害。

（1）病原　病原菌为大斑凸脐蠕孢 [*Exserohilumturcicum* (Pass.) Leonardet-Suggs]，属半知菌亚门真菌。有性态为玉米毛球腔菌 [*Setosphoeriaturcica* (Luttr.) Leonard & Suggs] 属，无性态为无性菌类突脐蠕孢属，在自然条件下一般不产生有性态，病斑上的灰黑色霉层即为病原菌的分生孢子梗及分生孢子。

（2）发生规律　温度 20~25℃、相对湿度 90% 以上对孢子形成、萌发、侵染有利，所以中温、高湿的气候条件利于大斑病流行。在春玉米区，从拔节到抽雄期间，气温适宜，又遇连续阴雨天，病害发展迅速，易大流行。玉米孕穗、出穗期间 N 肥不足发病较重。低洼地、密度过大、连作地易发病。

（3）传播途径　病原菌以休眠菌丝体在病株残体内越冬，成为翌年的主要初侵染来源。其分生孢子还可在病株残体上越冬，种子也能带少量病原菌，这也是侵染来源之一。感病品种病菌侵入后迅速扩展，经 10~14d 在病斑上产生新的分生孢子，以后分生孢子随气流传播，进行重复侵染，蔓延扩大。

（4）为害症状　主要为害玉米的叶片、叶鞘和苞叶，下部叶片先发病。叶片染病先出现水渍状青灰色斑点，然后沿叶脉向两端扩展，形成边缘暗褐色、中央淡褐色或青灰色的大斑。后期病斑常纵裂，严重时病斑融合，叶片变黄枯死。潮湿时病斑上有大量灰黑色霉层。在部分抗病品种上表现为褪绿病斑，病斑较小，与叶脉平行，色泽黄绿或淡褐色，周围暗褐色，有些表现为坏死斑。

2. 小斑病

（1）病原　无性态为玉蜀黍平脐蠕孢 [*Bipolaris maydis*（Nisikado et Miyake）Shoem.]，属半知菌亚门平脐蠕孢属。有性态为异旋孢腔菌 [*Cochliobolus heterostrophus*（Drechsler）Drechsler]，属于子囊菌亚门旋孢腔菌属。

（2）发生规律　发病适宜温度 26~29℃。遇充足水分或高湿条件，病情迅速扩展。玉米孕穗、抽穗期降水多、湿度高，光照时数少，容易造成小斑病的流行。低洼地、排水不良、土质黏重、过于密植的荫蔽地、连作田发病较重。播种期也与小斑病的发生相关，播种期越迟，发病越重。

（3）传播途径　主要以菌丝体在病残株上（病叶为主）越冬，分生孢子也可越冬，但存活率低。玉米小斑病的初侵染菌源主要是上年收获后遗落在田间或玉米秸秆堆中的病残株，其次是带病种子，从外地引种时，有可能引入致病力强的小种而造成损失。玉米生长季节内，遇到适宜温、湿度，越冬菌源产生分生孢子，传播到玉米植株上，在叶面有水膜条件下萌发侵入寄主，气候条件适宜经 5~7d 即可重新产生新的分生孢子进行再侵染，这样经过多次反复再侵染造成病害流行。在田间，最初在植株下部叶片发病，向周围植株传播扩散（水平扩展），病株率达一定数量后，向植株上部叶片扩展（垂直扩展）。

（4）为害症状　玉米小斑病在玉米整个生育期内均可发生，但以抽雄、灌浆期发病最为严重。主要为害叶片，叶鞘、苞叶和果穗也可受害。叶片上病斑较小，在高温高湿条件下，病斑表面密生 1 层灰色的霉状物，即病原菌分生孢子梗和分生孢子。病斑表现为 3 种类型：① 病斑椭圆形或近长方形，多限于叶脉之间，黄褐色，边缘褐色或紫褐色，多数病斑连片以后，病叶变黄枯死；② 病斑椭圆形或纺锤形，较大，不受叶脉限制，灰色或黄褐色，边缘褐色或无明显边缘，有的后期稍有轮纹，苗期发病时，病斑周围或两端形成暗绿色浸润区，病斑数量多时，叶片很快萎蔫死亡；③ 病斑为黄褐色坏死小斑点，病斑一般不扩大，周围有黄色晕圈，表面霉层极少，通常多在抗病品种上出现。叶鞘和苞叶上病斑较大，纺锤形，黄褐色，边缘紫色或不明显，表面密生灰黑色霉层。果穗受害，病部为不规则的灰黑色霉区。严重时，引起果穗腐烂、脱落，种子发黑腐烂。

3. 丝黑穗病（典型的土传病害）

（1）病原　玉米丝黑穗病由丝孢堆黑粉菌 [*Sporisorium reilianum*（Kuhm）Langdon et Full] 引起，其为孢堆黑粉菌属担子菌亚门。

（2）发生规律　幼芽出土期间土壤温湿度、播种深度、出苗快慢、土壤中病菌含量、品种抗病性等与玉米丝黑穗病的发生程度关系密切。在土温13~35℃范围内，病菌皆可侵染，而16~25℃是适宜的侵染范围，22℃侵染率最高；土壤含水量在15.5%时侵染率高，过干、过湿都会减少侵染；在潮湿条件下越冬的病菌侵染率较高。播种时，覆盖病菌土层厚的发病率高，整地质量好、播种浅的发病轻，出苗慢、芽势弱的发病重；冷凉山区发病较重。

（3）传播途径　玉米丝黑穗病病菌来源有两种，一是土壤带菌。二是种子带菌，种子带菌是病害远距离传播的重要途径，土壤带菌和混有病残组织的粪肥是其最主要侵染源。病株上的冬孢子直接散落在土壤中会导致土壤带菌；其次用病秸秆喂牛或猪，冬孢子通过牲畜消化道后均不能完全死亡，用这种粪沤肥，或用病株残体、病土沤肥，未经充分腐熟，施用后会导致土壤带菌；秸秆直接还田，也是土壤带菌的原因之一。冬孢子在土壤中能存活2~3年（有些报道认为冬孢子在土壤中可存活7~8年），结块的冬孢子较分散的冬孢子存活时间长。连年重茬连作造成土壤菌源量积累，导致病害逐年加重。

（4）为害症状　玉米丝黑穗病主要为害雌穗和雄穗，通常在开花期间表现症状。雌穗发病时，病株果穗有的不吐丝，形状短胖，基部较粗，顶端较尖，苞叶完整，开始时密实呈绿色，后来呈现黄色、干枯，果穗内部充满黑粉状物，变成一个黑粉包，即病原菌的冬孢子。后期苞叶破裂，散出黑粉，黑粉多粘结成块，不易飞散。黑粉间夹着有丝状的玉米维管束残余。此外，还有的病果穗苞叶变窄，簇生畸形，整个果穗呈刺猬状。雄穗发病时有两种类型：一是雄穗上单个小穗变为菌瘿。此时花器畸形，不能形成雄蕊，颖片因受刺激而变为叶状，雄花基部膨大，内藏黑粉；二是整个雄穗变成一个大菌瘿，外面包被白色薄膜。薄膜破裂后，黑粉外露。

4. 瘤黑粉病

该病在中国各玉米产区普遍发生，是玉米生产中的重要病害。由于病菌侵染植株的茎秆、果穗、雄穗、叶片等幼嫩部位，所形成的黑粉瘤消耗大量的植株养分或导致植株空秆不结实，因此可造成 30%~80% 的产量损失。

（1）病原　玉米瘤黑粉病为真菌性病害。病原菌为玉米瘤黑粉菌（*Ustilago maydis*），属于担子菌亚门，黑粉菌属。冬孢子为球形至卵形，暗褐色或浅橄榄色，厚壁，表面有细刺状凸起。

（2）发生规律　玉米瘤黑粉病菌的冬孢子没有明显的休眠现象，成熟后遇到适宜的温、湿度条件就能萌发。冬孢子萌发的适温为 26~30℃，最低为 5~10℃，最高为 35~38℃，在水滴中或在 98%~100% 的相对湿度下都可以萌发。北方冬、春干燥，气温较低，冬孢子不易萌发，从而延长了侵染时间，提高了侵染效率，而在温度高、多雨高湿的地方，冬孢子易于萌发失效。

玉米抽雄前后遭遇干旱，抗病性明显减弱，若遇到小雨或结露，病原菌得以侵染，导致病害大发生。玉米生长前期干旱，后期多雨高湿，或干湿交替，利于发病。遭受暴风雨或冰雹袭击后，植株伤口增多，也有利于病原菌侵入，发病趋重。玉米螟等害虫既能传带病原菌孢子，又造成虫伤口，因而虫害严重的田块，瘤黑粉病也严重。病田连作，收获后不及时清除病残体，施用未腐熟农家肥，都使田间菌源增多，发病趋重。种植密度过大，偏施 N 肥的田块，通风透光不良，玉米组织柔嫩，也有利于病原菌侵染发病。

（3）传播途径　病菌冬孢子在田间土壤、地表、病残体及粪肥中越冬，这些带菌的土壤或病残体均可成为初侵染源。种子表面带菌可远距离传播，越冬的孢子在适宜条件下萌发产生担孢子和次生担孢子，经风、雨侵染玉米的幼嫩组织，或者从植株机械损伤的伤口上侵染，也可以随气流分散传播，或者被昆虫携带而传播。

（4）为害症状　瘤黑粉病可以发生在玉米生育期的各个阶段。病菌主要通过伤口侵染植株的所有地上部组织。被侵染的部位产生形状各异、大小不一的肿瘤。膨大的肿瘤组织初为白色或粉包，渐变为灰白色，内部白色，肉质多汁。随着肿瘤的迅速长大，外表逐渐变暗，有时带紫红色，质地变软，内部则由大量黑粉所充满。当外表的薄膜破裂后，散出大量的黑色粉末。在果穗上发生侵染后，整个果穗变为瘤体或部分籽粒被瘤体取代。在茎秆上，瘤体可以在侧方形成，也可以在拔除雄穗的伤口处形成。在雄穗上，全部组织为瘤体取代或部分小花被瘤体替代，也能够因雄穗下方茎秆上有瘤体而造成雄花停止发育。病菌也侵染叶片，造成叶片穿孔并产生大量瘤体。

5. 青枯病（典型）

（1）病原　关于其病原菌的报道国内外不一致。美国普遍认为串珠镰孢（*Fusarium moniliforme*）、禾谷镰孢（*F. graminearum*）是主要病原菌，腐霉菌（*Pythium* spp.）则以为害苗期或散粉前的玉米植株为主。日本则认为主要病原菌是瓜果腐霉（*P. aphanidermafum*）和禾生腐霉（*P. gramini-cola*）。目前，国内对玉米青枯病的主要致病菌存在 3 种不同观点：① 是以肿囊腐霉菌（*Pythi-um inflatum*）、瓜果腐霉菌（*P. aphani-dermatum*）等腐霉菌为主要致病菌引起；② 是以禾谷镰刀菌（*Fusariumgraminearum Schuabe*）、串珠镰孢菌（*F. oniliforme Sheldon*）为主要致病菌引起；③ 是以瓜果腐霉菌（*P. aphanidermatum*）与禾谷镰孢菌（*F. gramin earum Schuabe*）复合侵染引起。

（2）发生规律　玉米青枯病是典型的土传根病，在玉米灌浆期开始发病，乳熟期到蜡熟期为发病高峰期。青枯病的发生程度与品种、气象条件和栽培管理情况等因素相关。

① 品种：不同玉米品种对青枯病的抗性存在明显差异，但同一品种对腐霉菌和镰刀菌的抗病性无显著差异，即抗腐霉菌的品种也抗镰刀菌。

② 气候条件：玉米生长前期持续低温有利于病害发生，玉米生长中期，生长迅速，组织柔嫩，玉米灌浆中期至蜡熟期，连续阴雨，光照不足，重阴暴晴是发病综合有利条件。病害的发生与 8 月份的降雨量密切相关，8 月份降雨量比常年平均值高，病株率高。玉米散粉至乳熟初期遇大雨，雨后暴晒发病重。

栽培管理条件　播期与耕作方式。播种早，发病重，随着播期推迟发病率降低，而且感病品种表现比抗病品种明显。连作发病重，感病品种连作年限越长，病菌积累越多，发病越重。② 施肥。施 N 肥过多，发病重；多施农家肥，N、P、K 配合施用发病轻。另外，适当增施 K 肥有减轻发病的作用。③ 播种密度。过度密植、田间郁闭，通风透光不良以及对植株造成的各种损伤，都会加重发病，青枯病的发病率随密度的增加而提高。④ 土质和地势。土壤有机质丰富，排灌良好的地块，玉米生长好，发病较轻；反之土壤瘠薄，易涝易旱地，玉米生长差，发病较重，特别是地势低洼易积水，土壤湿度大，后期发病重。

（3）传播途径　病菌主要以菌丝体在土壤中的病残体和种子上越冬，翌年从植株的气孔或伤口侵入。玉米 60cm 高时组织柔嫩易发病，害虫为害造成的伤口利于病菌侵入。此外害虫携带病菌同时起到传播和接种的作用，如玉米螟、棉铃虫等虫口数量大则发病重。

（4）为害症状　从始见病叶到全株显症，一般经历 1 周左右，历期短的仅需1~3d，长的可持续15d以上。发病后，叶片由下而上表现青枯症状，茎基变软变褐，果穗下垂，有的病株茎基1~3节变褐色，剖开茎基维管束间隙常见白色菌丝或红色霉状物。按病情发展速度和症状特点，可分为急性型和普通型：急性型发病速度快，往往在1~2d内全株迅速失水枯萎，似开水烫，呈青枯状；普通型发病较慢，一般5~10d全株才表现症状，整株叶片自茎下端开始并向上依次黄枯或青黄枯，茎基初呈褐色水渍状斑，表皮失水轻微皱缩，进而变软成条纹凹陷，严重者叶片全部黄枯，根坏死，茎基髓部中空，极易折倒。果穗染病，表现为苞叶青干，呈松散状，穗柄柔韧，果穗下垂，不易掰离；穗轴柔软，籽粒干瘪，脱粒困难。

6. 穗腐病

（1）病原　为多种病原菌浸染引起的病害，主要由禾谷镰刀菌（*Fusarium graminearum*）、串株镰刀菌（*Fusarium verticillioides*）、层出镰刀菌（*Fusarium proliferatum*）、青霉菌（*Penicilliumspp*）、曲霉菌（*Aspergillus spp*）、枝孢菌（*Cladosporium spp*）、单瑞孢菌（*Trichothecium spp*）等近20多种霉菌浸染引起。

（2）发生规律　温度在15~28℃，相对湿度在75%以上，有利于病菌的浸染和流行，高温多雨、生长后期遇低温多雨以及玉米虫害偏重等均利于穗腐和粒腐病的发生。

（3）传播途径　病菌在种子、病残体和未腐熟的粪肥内越冬，为初侵染病原。病菌主要从伤口侵入，包括虫伤及玉米生长过程中风雨温湿等自然因素导致的伤口等。病菌主要靠风雨传播，特别是生长后期遇到风雨天气甚至造成倒伏。

（4）为害症状　果穗及籽粒均可受害，被害果穗顶部或中部变色，并出现粉红色、蓝绿色、黑灰色或暗褐色、黄褐色霉层，即病原菌的菌体、分生孢子梗和分生孢子。病粒无光泽，不饱满，质脆，内部空虚，常为交织的菌丝所充塞。果穗病部苞叶常被密集的菌丝贯穿，黏结在一起贴于果穗上不易剥离。

7. 矮花叶病

（1）病原　玉米矮花叶病毒MDMV和甘蔗花叶病毒SCMV。

（2）发生规律　是玉米的一种重要病毒病害，该病发生面积广，为害重。玉米矮花叶病的流行及发生程度，取决于玉米品种的抗性、毒源及蚜虫的发生量，以及气候和栽培条件等。5—7月是蚜虫迁飞高峰期，这期间的降雨次数、降雨量对蚜虫繁殖为害影响较大。天气干旱利于蚜虫繁殖、迁飞，病毒病发生重。田间杂草多，也利于蚜虫和病毒的繁殖和传播。玉米生长瘦弱、管理粗放地块发病重。病毒通过蚜虫侵入玉米植株后，潜育期随气温升高而缩短。

（3）传播途径　玉米矮花叶病毒的初侵染毒源以种子带毒和越冬的多年生禾本科杂草为主。玉米矮花叶病毒的田间传播主要借助于蚜虫介体吸食叶片汁液和叶片磨擦而传播。传毒蚜虫有玉米蚜、缢管蚜、麦二叉蚜、麦长管蚜、棉蚜、桃蚜和菜蚜等，以麦二叉蚜和缢管蚜为主。初春越冬后的蚜虫或新孵化的若虫，在带毒杂草上取食而使蚜虫获毒，带毒有翅蚜迁飞将病毒传播到玉米上。蚜虫一次取食获毒后，可持续传毒 4~5d。

（4）为害症状　玉米整个生育期均可感染。幼苗染病心叶基部细胞间出现椭圆形褪绿小点，断续排列成条点花叶状，并发展成黄绿相间的条纹症状，后期病叶叶尖的叶缘变红紫而干枯。病株的矮化程度不一，早期感病矮化较重，后期感病矮化轻或不矮化，早期侵染能使玉米幼苗根茎腐烂而死苗。受害植株，雄穗不发达，分枝减少，甚至退化，果穗变小，秃顶严重，有的还不结实。蚜虫传染，潜育期 5~7d，温度高时 3d 即可显症。

8. 粗缩病

玉米粗缩病是中国北方玉米生产区流行的重要病害，是由带毒灰飞虱吸吮玉米植体汁液时传毒所致的一种病毒性病害。

（1）病原　由玉米粗缩病毒（MRDV）引起的一种玉米病毒病。

（2）发生规律　玉米 5 叶期以前易感病，10 叶期以后抗性增强，即便受侵染发病也轻。玉米出苗至 5 叶期如果与传毒昆虫迁飞高峰相遇，发病严重，所以玉米播期和发病轻重关系密切。田间管理粗放，杂草多，灰飞虱多，发病重。水肥不足、有机肥施入偏少，造成玉米免疫力减弱，也利于病害发生。

（3）传播途径　中国北方，粗缩病毒在冬小麦及其他杂草寄主越冬，也可在传毒昆虫体内越冬。翌年玉米出土后，借传毒昆虫将病毒传染到玉米苗或高粱、谷子、杂草上，辗转传播为害。

（4）为害症状　玉米整个生育期都可感染发病，以苗期受害最重，5~6 片叶即可显症，开始在心叶基部及中脉两侧产生透明的油浸状褪绿虚线条点，逐渐扩及整个叶片。病株的叶背、叶鞘及苞叶的叶脉上出现粗细不一的蜡白条凸起，叶片宽短僵直，叶色黑绿，节间缩短，植株矮化，顶叶丛生。轻病株雄穗发育不良，雌穗短粗，结实率降低，重病株雄穗不能抽出或无花粉，雌穗畸形或弯曲，结实很少或不结实。

9. 灰斑病

玉米灰斑病又称尾孢菌叶斑病，是中国北方玉米产区近年来新发生的一种为害性很大的病害。

（1）病原　玉米灰斑病是玉蜀黍尾孢菌（*Cecrosporazeae-maydis* Tehon & Daniels）引起的一种病害引起的，主要为害叶部的一种病害。

（2）发生规律　玉米灰斑病病原菌在干燥条件下，能够在地表的病残体上安全越冬，但在潮湿的地表层下的病残体上不能越冬。降雨量和空气相对湿度是影响玉米灰斑病发生和流行的重要环境因子，降雨量大、相对湿度高、气温较低的环境条件有利于病害的发生和流行。其他如播期、种植密度、地势、肥料对玉米灰斑病的影响不大。

（3）传播途径　病菌以菌丝体和分生孢子在玉米秸秆等病残体上越冬，成为翌年的初浸染源，该病较适宜在温暖湿润和雾日较多的地区发生。而连年大面积种植感病品种，是该病大发生的重要条件之一。

（4）为害症状　主要发生在玉米成熟期的叶片、叶鞘及苞叶上。发病初期为水渍状淡褐色斑点，以后逐渐扩展为浅褐色条纹或不规则的灰色到褐色长条斑，这些褐斑与叶脉平行延伸，病斑中间灰色，病斑后期在叶片两面（尤其在背面）均可产生灰黑色霉层，即病菌的分生孢子梗和分生孢子。

10. 弯孢菌叶斑病

（1）病原　该病是一种真菌性病害。王晓鸣等（2003）经对采自中国不同省份的病害标样进行分离，通过形态学鉴定和致病性测定，证明在中国引起玉米弯孢菌叶斑病的主要病原菌为新月弯孢菌 *Curvularia lunata*（WaKK.）Boed.，一些标样中含有少量其他弯孢菌种。

（2）发生规律　病菌以菌丝潜伏于病残体组织中越冬，也能以分生孢子状态越冬，遗落于田间的病叶和秸秆是主要的初浸染源。病菌分生孢子最适萌发温度为 30~32℃，最适的湿度为超饱和湿度，相对湿度低于 90% 则很少萌发或不萌发。品种抗病性随植株生长而递减，苗期抗性较强，1~3 叶期很少感病，此病属于成株期病害。7—8 月高温、高湿、降雨较多的年份有利于发病，低洼积水和连作地发病较重。

（3）传播途径　病菌以分生孢子和菌丝体在土壤中、植株的病残体和病秸秆上过冬，侵入体内引起初侵染；发病后病部产生的大量分生孢子经风雨、气流传播又可引起多次在传染。

（4）为害症状　玉米弯孢霉叶斑病主要为害叶片，也可为害叶鞘和苞叶。典型病斑为圆形或椭圆形，1~2mm，中间枯白或黄褐色，边缘暗褐色，四周有浅黄色晕圈。湿度大时，病部正反两面均可产生灰黑色霉层。

（二）防治措施

1. 玉米大斑病防治

该病的防治应以种植抗病品种为主，加强农业防治，辅以必要的药剂防治。

（1）及时清除菌源　玉米大斑病的病原菌多以菌丝或分生孢子附着在病残组织内越冬，成为翌年的初侵染源。利用大斑病越冬规律，应在玉米收获时及时将病株残体翻入土中，促进其分解。另外在用秸秆堆沤肥时一定要经过高温发酵后再使用，未经处理的玉米秸秆要用泥封存，以有效降低田间菌源基数。

（2）加强栽培管理　大斑病重发区选择种植高抗品种，避免种植感病品种，提高玉米抗病力；合理轮作倒茬，避免玉米多年连作，重病田要进行两年以上的轮作；加强肥水管理，增施 P、K 肥、腐熟有机肥，注意灌溉和排水，加强通风透光，降低行间湿度，控制病害的发生；合理密植或间作套种，及时摘除底部发病叶片，并带至田外烧毁或深埋。

（3）药剂防控　在玉米抽雄前后开始喷药。可选用 50% 多菌灵可湿性粉剂、75% 百菌清可湿性粉剂、80% 代森锰锌可湿性粉剂等 500 倍液喷雾，每亩用药液 50~75kg，隔 7~10d 喷药 1 次，共防治 2~3 次。

2. 小斑病防治

因地制宜选用抗耐病品种；实行轮作、倒茬，避免玉米连作。秋季深翻土壤，深翻病残体、消灭菌源；作燃料用的玉米秸秆，开春后及早处理完，并可兼治玉米螟；病残体作堆肥要充分腐熟，秸秆肥最好不要在玉米地施用。

改善栽培技术，增强玉米抗病性。在玉米抽雄前后，田间病株率达 70% 以上，开始喷药，药剂有：50% 多菌灵可湿性粉剂、90% 代森锰锌、50% 敌菌灵可湿性粉剂，均加水 500 倍，或用 40% 克瘟散乳油 800 倍喷雾。每亩用药液 50~75kg，隔 7~10 天喷药一次，共防治 2~3 次。

3. 玉米丝黑穗病防治

（1）选育种植抗病品种　种植抗病品种是预防玉米丝黑穗病最有效的措施之一。

（2）合理轮作倒茬，定期更换品种　为有效减少田间菌源，重病田要进行大面积轮作倒茬，实行大豆、马铃薯等作物轮作，避免同一品种的连年种植，建议至少 2~3 年更换一次品种。

（3）种子处理　玉米丝黑穗病传播的主要途径是种子、土壤和带菌粪肥，因此可采用包衣、拌种、浸种、闷种和药土覆盖等方法进行药剂处理。

使用种衣剂包衣是防治玉米丝黑穗病最直接、经济、有效的措施之一。用含有烯唑醇、戊唑醇和三唑醇成分的种衣剂对丝黑穗病的防治有明显效果，防效高达 87%~96%。

丝黑穗病重发区可用 50% 甲基硫菌灵粉剂或 50% 多菌灵可湿性粉剂 50g，拌细土 50kg，播种时每穴用药土 100g 左右播盖在种子上，降低病菌侵染机会。

（4）适时迟播、浅播，推广地膜覆盖　玉米丝黑穗病是系统侵染病害，种子萌发至四叶期是病菌侵染的关键时期，如此时降水多、地温低，则玉米出苗时间长，会给病菌侵染增加更多机会。陕北地区一般在 4 月底到 5 月初播种适宜，如地膜覆盖，应在四月中下旬播种，提温保墒，减轻发病。播种要深浅一致，覆土厚薄适宜。

（5）加强田间管理，及时清除田间病株　在玉米生长期做好平衡施肥，特别是增施硼肥，增强植株抗病能力。同时要加强田间调查，及时发现病株，并在未散苞前彻底摘除病瘤、清除病株并带出田外集中销毁；秋季玉米收获后，及时灭茬、深翻土地，将残留病株深埋土中减少田间菌源。

4. 玉米瘤黑粉病防治

（1）选用抗病品种　是防治瘤黑粉的根本措施。

（2）轮作倒茬　玉米瘤黑粉病病菌主要在土壤中越冬，所以轮作倒茬是防治该病的首要措施，尤其是重病区可采用玉米、马铃薯、大豆等作物实行 3~4 年的轮作倒茬。

（3）消灭病菌来源　施用充分腐熟的堆肥、厩肥，防止病原菌冬孢子随粪肥传病；玉米收获后及时清除田间病残体。

（4）摘除病瘤　在玉米生长期间，结合田间管理，将发病部位的病原菌“瘤子”，在病瘤未变色时进行人工摘除，用袋子带出田外进行集中深埋或焚烧销毁，减少田间菌源量，切不可随意丢在田间。实践证明，摘除销毁病瘤是防治玉米瘤黑粉病的最好措施之一。

（5）加强田间管理　加强肥水管理，均衡施肥，避免偏施 N 肥，防止植株贪青徒长；缺乏 P、K 肥的土壤应及时补充，适当施用含 Zn、B 的微肥。抽雄前后适时灌溉，防止干旱。加强玉米螟等害虫的防治，减少虫伤口。

（6）化学防治　种子带菌是田间发病的菌源之一。对带菌种子，可用杀菌剂处理。可用 50% 福美双可湿性粉剂，按种子重量 0.2% 的药量拌种；在玉米抽雄前 10d 左右，用 50% 福美双可湿性粉剂 500~800 倍或 50% 多菌灵可湿性粉剂 800~1 000 倍喷雾，以减少初侵染菌源。最有效的是在肿瘤未出现前，用三唑酮、福美双等杀菌剂对植株喷药，以降低发病率。

5. 玉米青枯病防治

（1）选用抗病品种　种植抗病品种，是一项经济有效的防治措施。

（2）合理轮作　可与大豆、马铃薯、花生等作物轮作，减少重茬。

（3）清除病原　及时清除病残体，并集中烧毁。收获后深翻土壤，可减少和控制侵染源。

（4）加强田间管理　玉米生长后期结合中耕、培土，增强根系吸收能力和通透性，及时排出田间积水。

（5）合理密植　播种密度过大势必造成争肥、争水、争光，减弱植株本身的抗病性，同时增加田间的湿度，利于发病。

（6）合理施肥　每亩施用优质农家肥 3 000~4 000kg，注意 N、P、K 配比施肥，适当增加 K 肥用量，增强植株抗病力。

（7）种子处理　用种衣剂包衣种子，因为种衣剂中含有杀菌成分及微量元素，一般用量为种子量的 1/50~1/40。

（8）叶面喷施　使用 0.2% 增产菌叶面喷雾，或在玉米喇叭口期用多病宁（0.9kg/hm^2）效果较好。

（9）灌根　可用甲霜灵 400 倍液或多菌灵 500 倍液灌根，每株灌药液 500ml，可起一定的防治作用。

6. 玉米穗腐病防治

（1）清除病原　清除田间病原是防治该病的重要措施。玉米收获后将田间的玉米秆集中烧掉或结合深耕翻入土中彻底腐烂，防止病菌滋生。

（2）合理密植　通过合理密植降低田间湿度是防病的重要措施，一般紧凑型品种每亩密度应在 4 000~4 500 株为宜，中间型和平展型品种在 4 000 株以下为宜。

（3）合理施肥　采取测土配方施肥，做到 N、P、K 及微量元素的合理搭配。在施足基肥的基础上，重视拔节期或孕穗期的追肥，特别是 P、K 肥的追施，预防生育后期脱肥，增强植株抗病能力。

（4）合理轮作　重病地块与大豆、花生、番薯等作物轮作，减少重茬。

（5）种子处理　用种衣剂包衣，减轻病害发生。

7. 玉米矮花叶病防治

（1）选用抗病品种　选用抗病品种是最经济有效的预防措施。

（2）适时播种　调整播期，使幼苗期避开蚜虫迁飞高峰。

（3）加强田间管理　施足底肥、合理追肥、适时浇水、中耕除草等项栽培措施可促进玉米健壮生长，增强植株的抗病力，减轻病害的发生。

（4）及时防治蚜虫　可用抗蚜威50%可湿性粉剂或40%乐果乳油1 000倍液于麦蚜迁移盛期喷雾1~2次，杀死蚜虫介体，减轻为害。

（5）药剂防治　对于玉米矮化病，目前还没有特效药。在发病初期可选用质量分数7.5%的病毒A、83增抗剂等抗病毒剂防治，每隔7d喷1次，连喷3次，有一定缓解效果。喷药时可加入农家宝等叶面肥，以促进叶片的的光合作用，增加植株叶绿素含量，促进病株复绿。

8. 玉米粗缩病防治

在玉米粗缩病的防治上，要坚持以农业防治为主、化学防治为辅的综合防治方针，其核心是控制毒源、减少虫源、避开为害。

（1）选用良种　根据本地条件，选用抗病性好的品种，同时注意合理布局，避免单一抗源品种的大面积种植。

（2）调整播期　根据玉米粗缩病的发生规律，在病害重发地区，应调整播期，使玉米对病害最为敏感的生育时期避开灰飞虱成虫盛发期，降低发病率。春播玉米应适当提早播种，一般在4月下旬5月上旬。

（3）清除杂草　路边、田间杂草不仅是来年农田杂草的种源基地，而且是玉米粗缩病传毒介体灰飞虱的越冬越夏寄主。对田间残存的杂草，可先人工锄草后再喷药，防治效果可达95%左右。

（4）加强田间管理　结合定苗，拔除田间病株，集中深埋或烧毁，减少粗缩病侵染源。合理施肥、浇水，加强田间管理，促进玉米生长，缩短感病期，减少传毒机会，并增强玉米抗耐病能力。

（5）药剂拌种　用内吸杀虫剂对玉米种子进行包衣和拌种，可以有效防治苗期灰飞虱，减轻粗缩病的传播。播种时，采用种量2%的种衣剂拌种，可有效的防止灰飞虱的为害，同时有利于培养壮苗，提高玉米抗病性。

（6）化学防治　玉米苗期出现粗缩病的地块，要及时拔除病株，用40%病毒A500倍液或5.5%植病灵800倍液喷洒防治病毒病。

9. 玉米灰斑病防治　选用抗病品种提倡连片种植，尽量做到播种期基本一致，是最重要的防病措施。

收获后及时清除田间病残体，实行大面积深翻、轮作，加强田间管理，雨后及时排水、降低田间湿度是必不可少的预防性农业措施。

合理浇水施肥，促使植株生长健壮，提高玉米的抗病能力。

在玉米开花授粉后或发病初期，主要在玉米大喇叭期、抽雄吐丝期和灌浆初期3个关键时期进行药剂防治，在喷药时最好先从玉米下部叶片向上部叶片喷施，以每个叶片喷湿为准。因为玉米灰斑病是先从每株玉米的脚叶由下往上发生为害和蔓延，早期先喷脚叶其目的就是控制下部叶片上的病源菌往下爬，以控制病害的蔓延。可用80%代森锰锌粉剂500倍液喷雾；70%代森锌粉剂800倍液喷雾；50%福美双粉剂500倍液喷雾；25%丙环唑1 500倍液喷雾；25%戊唑醇1 500倍液喷雾；50%或80%多菌灵800倍液喷雾；50%甲基硫菌灵或70%进口甲基托布津500倍液喷雾。

10. 玉米弯孢菌叶斑病防治

（1）选用抗病品种　田间调查表明，玉米品种间抗病性存在明显差异，应因地制宜选用抗病品种。

（2）清洁田园，减少菌源　玉米收获后及时清理病株和落叶，集中处理或深耕深埋，减少初浸染来源。

（3）加强水肥管理，提高品种田间抗性　通过合理、平衡施肥，能够促进植物的正常代谢，增强抗病性。当玉米植株缺N时，对弯孢菌叶斑病的抗性下降。播种时施足底肥，生长中期及时追肥，施肥时注意增加K肥和一些微肥，能够明显提高植株抗性。

（4）合理密植，改善田间小气候　弯孢菌叶斑病菌喜高温、高湿环境，因此，适当降低植株密度，可以增加植株间的空气流通，降低温度和湿度，减少病菌对植株的侵染，抑制病菌在植株内的扩展速度，有效减轻全田的病害严重程度。

（5）调整播期，将发病阶段推迟　玉米早播时，由于生育期提前，病害发生相对推迟。早播后，由于适宜发病的气候到来时玉米已经进入灌浆后期，田间发病轻，生产损失小；而晚播则由于植株发病早，发病明显严重，损失也加重。

（6）药剂防治　发病初期病株率达到10%时，可用50%多菌灵可湿性粉剂、70%甲基托布津可湿性粉剂或70%代森锰锌可湿性粉剂500倍液等喷雾防治，隔7d左右喷1次，连喷2~3次。

二、黄土高原旱地玉米虫害

（一）常见虫害

1. 地上害虫

黄土高原常见的玉米地上害虫和螨类有玉米螟、粘虫、蚜虫、旋心虫、蓟马、红蜘蛛。

（1）玉米螟　是玉米的主要虫害之一，俗称玉米钻心虫。

分类地位　属鳞翅目，螟蛾科。

形态特征　成虫黄褐色，雄蛾体长10~13mm，翅展20~30mm，体背黄褐色，腹末较瘦尖，触角丝状，灰褐色，前翅黄褐色，有两条褐色波状横纹，两纹之间有两条黄褐色短纹，后翅灰褐色；雌蛾形态与雄蛾相似，色较浅，前翅鲜黄，线纹浅褐色，后翅淡黄褐色，腹部较肥胖。卵扁平椭圆形，数粒至数十粒组成卵块，呈鱼鳞状排列，初为乳白色，渐变为黄白色，孵化前卵的一部分为黑褐色（为幼虫头部，称黑头期）。老熟幼虫体长25mm左右，圆筒形，头黑褐色，背部颜色有浅褐、深褐、灰黄等多种，中、后胸背面各有毛瘤4个，腹部1~8节背面有两排毛瘤，前后各两个。蛹长15~18mm，黄褐色，长纺锤形，尾端有刺毛5~8根。

生活史　通常以老熟幼虫在玉米茎秆、穗轴内或高粱、向日葵的秸秆中越冬，翌年4—5月化蛹，蛹经过10d左右羽化。成虫夜间活动，飞翔力强，有趋光性，寿命5~10d，喜欢在离地50cm以上、生长较茂盛的玉米叶背面中脉两侧产卵，一个雌蛾可产卵350~700粒，卵期3~5d。幼虫孵出后，先聚集在一起，然后在植株幼嫩部分爬行为害。初孵幼虫能吐丝下垂，借风力飘迁邻株，形成转株为害。幼虫多为5龄，3龄前主要集中在幼嫩心叶、雄穗、苞叶和花柱上活动取食，被害心叶展开后，即呈现许多横排小孔；四龄以后，大部分钻入茎秆。

为害症状　玉米螟又称玉米钻心虫，主要为害玉米、高粱、谷子等作物，其中，玉米受害较严重。幼虫为害，玉米心叶出现花叶和排粪孔。若蛀食玉米茎秆，则茎秆易断。未抽出的雄穗被害，则穗轴易断，影响授粉。雌穗被害状为咬断花柱，蛀食穗端和籽粒。苞叶、花柱被蛀食，会造成缺粒和秕粒；茎秆、穗柄、穗轴被蛀食后，形成隧道，破坏植株内水分、养分的输送，使茎秆倒折率增加，籽粒产量下降。

（2）黏虫　黏虫是一种有远距离迁飞和短时间内暴发成灾的毁灭性害虫。

分类地位　属鳞翅目，夜蛾科。

形态特征　成虫体长17~20mm，翅展36~40mm。头部与胸部灰褐色，腹部暗褐色。前翅有两个土黄色圆斑，外侧圆斑的下方有一小白点，白点两侧各有一小黑点，翅顶角有1条深褐色斜纹。后翅暗褐色，向基部色渐淡。卵长约0.5mm，半球形，初产白色渐变黄色，有光泽，卵粒单层排列成行成块。幼虫头顶有八字形黑纹，头部褐色黄褐色至红褐色，2~3龄幼虫黄褐至灰褐色，或带暗红色，4 龄以上的幼虫多是黑色或灰黑色。身上有 5 条背线，所以又叫五色虫。腹足外侧有黑褐纹，气门上有明显的白线。蛹长约 19mm，红褐色，腹部 5~7 节背面前缘各有一列齿状点刻，臀棘上有刺 4 根，中央 2 根粗大，两侧的细短刺略弯。

生活史　黏虫无滞育特性，在中国东部的 1 月 8℃等温线以南地区，黏虫可终年繁殖为害；4~8℃等温线，粘虫冬季虽能取食，但数量少；0~4℃等温线之间，以蛹和幼虫越冬；0℃等温线以北的地区，越冬代成虫是从南方远距离随气流迁飞来的，成虫昼伏夜出，趋光性较弱。有傍晚日落后、半夜前后和黎明前 3 个活动高峰，与成虫取食、交尾、产卵和寻找栖息场所等活动有关。对糖、醋、酒混合液及甘薯、酒糟、粉浆等含有淀粉和糖类的发酵液也有趋性。卵馒头形单层排列成行，形成卵块，每块 20~40 粒卵，每头雌性成虫可产 1 000~2 000 粒卵。卵多产在植株中、下部枯黄叶片的尖端、叶背或叶鞘内。初龄幼虫多潜伏在寄主的心叶、叶鞘、叶腋内，有吐丝下垂习性。3 龄后有假死性，多在夜间取食，气温高时，潜伏在作物根际土块下。1~2 龄幼虫啃食叶肉形成透明条纹斑；3 龄后沿叶缘取食成缺刻；5~6 龄进入暴食期，食量占整个幼虫期的 90% 以上。大发生时，可将植株叶片吃光。

为害症状　1~2 龄幼虫多隐藏在玉米心叶或叶鞘中，昼夜取食，但食量很小，仅食叶肉成白条斑，取食叶片造成孔洞；3 龄后食量暴增、抗药性增强，幼虫为害叶片后呈现不规则的缺刻；5~6 龄幼虫进入暴食阶段，可吃光叶片成光秆，大发生时将玉米叶片吃光，只剩叶脉，继而为害嫩穗和嫩茎，造成严重减产，甚至绝收。

（3）蚜虫

分类地位　玉米蚜虫属同翅目，蚜科。

形态特征　无翅雌蚜体长为 1.8~2.2mm。若蚜体色为淡绿色，成蚜为暗绿色，复眼为红褐色，触角 6 节；第 3、第 4、第 5 节没有感觉圈，腹管圆筒形，基部周围有黑色的晕纹，尾片乳突状，尾片及腹管均为黑色。有翅胎生的雌蚜体长为 1.8~2.0mm，翅展为 5.5mm，体色为深绿色，头胸部黑色稍亮，复眼为暗红褐色，腹部颜色较深，近于黑绿色，腹部第 3、4 节两侧各有 1 个黑色小点；其头部触角 6 节，长度为体长的 1/2；第 3 节触角有圆形感觉圈 14~18 个，呈不规则排列，第 4 节有感觉圈 2~7 个，第 5 节有 1~3 个；翅透明，前翅中脉分为二叉，足为黑色；腹管为圆筒形端部呈瓶口状，暗绿色且较短；尾片两侧各着生刚毛 2 根。

生活史　玉米蚜虫繁殖代数多，适应温度广，一年可繁殖 20 代左右。春季气温回升到7℃左右时，在越冬寄主的心叶里即开始活动，6月中下旬至7月上旬，陆续产生大批有翅蚜，迁至玉米心叶内为害。玉米雄穗抽出后，多集中在雄穗上为害，尤其开花前后，气温高（23~25℃），营养丰富，蚜量激增。夏季气温在27~28℃时亦可大量繁殖。10月产生大量有翅蚜迁至越冬寄主。

为害症状 为害初期多密集于玉米下中部叶鞘和叶片背面叶脉处为害，到蜡熟阶段，多集中到雌穗附近或入苞叶内为害；成、若蚜刺吸植物组织汁液，引致叶片变黄或发红，影响生长发育，严重时植株枯死。玉米蚜多群集在心叶，为害叶片时分泌蜜露，产生黑色霉状物。

（4）旋心虫

分类地位 玉米旋心虫属于鞘翅目，叶甲科。

形态特征 成虫体长5~7mm，头黑褐色，触角丝状，11节，鞘翅翠绿色，足红褐色，老熟幼虫体长10~12mm，头褐色，体黄色到黄褐色，腹部姜黄色，中胸至腹部末端每节均由红褐色毛片，11节，各节体背排列着黑褐色斑点，尾片黑褐色。蛹为裸蛹，黄色，长6mm。

生活史 玉米旋心虫在北方一年发生1代，以卵在玉米地土壤中越冬。5月下旬至6月上旬越冬卵陆续孵化，以幼虫蛀食玉米苗。在玉米幼苗期可转移多株为害，苗长至近30cm后，很少再转株为害。幼虫为害期1个半月左右，于7月中、下旬幼虫老熟后，在地表根际处2~3cm做土茧化蛹，蛹期10d左右羽化出成虫。成虫白天活动，夜晚栖息在株间，一经触动有假死性，成虫多产卵在疏松的玉米田土表中，每头雌虫可产卵10余粒，多者20~30粒。

为害症状 玉米旋心虫一般以幼虫在5月末6月初开始从从近地面2~3cm处蛀入玉米根茎基部，10d左右出现症状，田间植株表现异常，蛀孔近圆形或长条状裂痕，呈褐色，被害株心叶产生纵向黄色条纹或生长点受害形成枯心苗，植株矮化畸形，分蘖增多，叶片丛生呈君子兰状。玉米6~8叶期受害重，严重时个别叶片卷曲或出现排孔，心叶萎蔫。玉米旋心虫多顺垄为害，转株性强，植株出现明显症状时，害虫已转株为害，很难找到虫子。低洼地、沙土地、晚播田及多年重茬旋耕田受害重。

（5）蓟马 蓟马是一种靠吸食植物汁液维生的昆虫。

分类地位 蓟马属昆虫纲，缨翅目。

形态特征 玉米禾皱蓟马雌成虫1.3~1.4mm，体灰褐色至黑褐色，头、胸、腹灰色部分不规则，头部在复眼前略呈角状突出，触角8节，第一、第二节棕褐色，第三、四节黄色。胸背板宽大于长。雄虫体长 0.9mm，与雌虫相似，体色灰黄。卵长约 0.3mm，宽约 0.12mm，肾脏形，乳黄色。若虫共 4 龄。玉米黄呆蓟马雌成虫体长 1.2mm，体色黄褐色，胸部有蝉黑色区域，触角 8 节，第一节黄白色，第 2~4 节黄色，前翅灰白略黄，长而窄，腹部第 8 节后缘梳齿状。孤雌生殖，田间未见到雄虫，卵长约 0.3mm，宽约 0.12mm，肾脏形，乳黄色。若虫共 4 龄，3~4 龄已渐变为蛹，接近羽化时带褐色。

生活史　黄呆蓟马以成虫在玉米根基部和枯叶内过冬。春播玉米出苗后从禾本科杂草上迁向玉米，在春玉米上繁殖 2 代。第一代若虫由 5 月初发生，5 月中下旬进行为害高峰。5 月下旬为 2 代成虫高峰，产卵和为害均在叶背，卵常产于叶肉内，卵背鼓出叶面。初孵若虫乳白色，以成虫和 1、2 龄若虫为害，3、4 龄若虫即停止取食。禾皱蓟马以成虫在禾本科杂草根基部和枯叶内过冬。成若虫均活泼，多集中于玉米心叶内，喜荫蔽环境，多在叶片正面取食，在春玉米上繁殖两代。发生时期较黄呆蓟马稍迟。

为害症状　蓟马主要发生在玉米苗期，玉米顶土时被害，可造成生长点被破坏停止生长，茎基部膨大爆裂或分蘖丛生，形成多头玉米失去结籽能力；三叶期被害，可造成玉米叶片皱缩，扭曲而成“捻状”或“鞭状”心叶难以长出，食害伸展心叶时叶片呈现较多银灰色小斑，后呈破裂秆或断裂状。

（6）红蜘蛛　玉米红蜘蛛又称玉米叶螨、火蜘蛛、红杆溜等，是一种繁殖能力强、虫口密度高、防治难度大、为害损失重的暴发性有害叶螨。

分类地位　属蛛形纲，蜱螨目，叶螨科。

形态特征　成虫体小而圆，红色或锈色，足四对；卵圆球形，直径约 0.13mm。新产的卵无色透明，后变橙色，孵化前可出现红色眼点；幼虫为第一龄若虫，体长 1.5mm 左右，体近圆形，透明，取食后变暗色或深褐色，眼红色，足三对；若虫足四对，前期若虫体长约 0.21mm，椭圆形，色深，后期仅雌虫有若虫，体长 0.36mm，椭圆形。

生活史　玉米红蜘蛛分为卵、若螨、成螨 3 个虫态。受精雌成螨群集在背风向阳的玉米、豆类等作物和杂草的枯枝败叶内、根际下和土壤裂缝中越冬。出蛰后，在田埂、地畔的杂草上活动、取食，然后主要靠爬行、吐丝下垂或借风力转迁的方式转移到以玉米为主要寄主的农田进行为害。玉米红蜘蛛 5 月中下旬至 6 月上旬在田间始见。6 月中下旬，当旬平均气温达到 19.6℃时，红蜘蛛数量开始增长，扩散很快。7 月中下旬成为激增期，大部分红蜘蛛由下部叶片转向上部叶片为害，并产卵繁殖，每片叶卵量在 34~125

粒，8 月中旬至 9 月初是红蜘蛛发生为害的一个高峰期，这段时期对玉米的为害最为严重。

为害症状 成螨、若螨先在作物下部叶片为害，聚集在叶背刺吸叶片汁液，被害处呈现失绿斑点或条斑，在叶背中脉附近吐丝结网，并逐渐向上部叶片转移，在适宜的气候环境下，扩展到整个叶背至叶面、茎秆。被害叶片失绿干枯后，玉米红蜘蛛即转迁到其他绿叶上为害。严重时植株干枯倒伏，籽粒瘪瘦，直接影响玉米的产量和品质。

2. 地下害虫

黄土高原常见的玉米地下害虫有蛴螬、地老虎、蝼蛄、金针虫等。

（1）蛴螬 俗名白土蚕、核桃虫，成虫称为金龟甲或金龟子。

分类地位 鞘翅目金龟甲总科幼虫的统称，按其食性可分为植食性、粪食性、腐食性三类。植食性种类食性杂、寄主广，可同时为害双子叶和单子叶作物。尤其在花生、红薯、大豆、玉米、蔬菜等秋作物田发生较为严重。

形态特征 蛴螬身体肥大，体型弯曲呈 C 形，多为白色，少数为黄白色。头部褐色，上颚显著，腹部肿胀。体壁较柔软多皱，体表疏生细毛。头大而圆，多为黄褐色，前顶每侧生有左右对称的刚毛。蛴螬具胸足 3 对，一般后足较长。腹部 10 节，第 10 节称为臀节，臀节上生有刺毛，其数目的多少和排列方式也是分种的重要特征。

生活史 蛴螬一般一年 1 代，幼虫和成虫在土中越冬。蛴螬有假死和负趋光性，并对未腐熟的粪肥有趋性。幼虫蛴螬始终在地下活动，当 10cm 土温达 5℃时开始上升土表，13~18℃时活动最盛，23℃以上则往深土中移动，至秋季土温下降到其活动适宜范围时，再移向土壤上层。成虫即金龟子，白天藏在土中，晚上 8~9 时进行取食等活动。成虫在第二年 5 月上旬开始出土，5 月下旬至 6 月上旬为成虫盛发期。年生代数因种、因地而异，是一类生活史较长的昆虫。一般 1 年 1 代，或 2~3 年 1 代，长的 5~6 年 1 代。如大黑鳃金龟 2 年 1 代，暗黑鳃金龟、铜绿金龟 1 年 1 代。蛴螬共 3 龄。1、2 龄较短，第 3 龄期最长。

为害症状 蛴螬是杂食性害虫，主要以幼虫为害。幼虫终年在地下活动，取食萌发的种子或根茎，常导致地上部萎蔫死亡。害虫造成的伤口有利病原菌侵入，诱发病害。咬食玉米萌发的种子和根茎时断口整齐，如果此后肥水跟得上，侧生根发育良好，对产量影响不是很大；遇持续干旱天气，就会造成幼苗根土分离，失水枯死。轻则缺苗断垄，重则毁种绝收。食物不足时夜间出土活动为害近地面茎秆，造成地上部枯黄早死。

（2）地老虎

分类地位　地老虎属于鳞翅目（*Lepidoptera*）夜蛾科（*Noctuidae*）。

形态特征　成虫体长16~23mm，翅展40~45mm，体暗褐色，内外横线均为双线黑色，呈波浪形，将翅分成三等分。前翅中室附近有1个环形斑和1个肾形斑，肾形斑外侧有一明显的黑色三角形斑纹，尖端向外，在亚外缘线内有2个尖端向内的黑色三角形斑纹。后翅灰白色，腹部灰色。雄蛾触角为羽毛状，雌蛾触角为丝状。卵散产，直径0.4mm，馒头形，顶部稍隆起，底部较平，表面网状花纹。初产时乳白色，逐渐变为米黄色、粉红色、紫色，至孵化前转为灰黑色。幼虫共6龄，老熟幼虫体长37~42mm，体色为灰褐色至黑褐色，臀板黄褐色，有明显的八字黑褐色斑纹。蛹体长18~24mm，赤褐色，有光泽。

生活史　黄土高原地区地老虎一年发生3~4代，老熟幼虫或蛹在土内越冬。早春3月上旬成虫开始出现，一般在3月中下旬和4月上中旬会出现两个发蛾盛期。成虫白天不活动，傍晚至前半夜活动最盛，在春季夜间气温达8℃以上时即有成虫出现，但10℃以上时数量较多、活动愈强，喜欢吃酸、甜、酒味的发酵物、泡桐叶和各种花蜜，并有趋光性，对普通灯光趋性不强，对黑光灯极为敏感，有强烈的趋化性。具有远距离南北迁飞习性，春季由低纬度向高纬度，由低海拔向高海拔迁飞，秋季则沿着相反方向飞回南方。微风有助于其扩散，风力在4级以上时很少活动。

为害症状　地老虎是多食性害虫，以第一代幼虫为害猖獗，是玉米苗期为害最严重的地下害虫。1~2龄幼虫取食叶肉，残留表皮，被害叶片呈半透明的白斑；3龄后将叶吃成孔洞或缺刻；4龄后咬断幼苗基部嫩茎，造成缺苗；5~6龄食量剧增，进入暴食阶段，每头一夜可咬断幼苗3~5株，严重造成缺苗断垄，甚至毁苗。

（3）蝼蛄

分类地位　属于昆虫纲，直翅目，蟋蟀总科，蝼蛄科。中国北方常见的是华北蝼蛄。

形态特征　体狭长，头小，圆锥形。复眼小而突出，单眼2个。前胸背板椭圆形，背面隆起如盾，两侧向下伸展，几乎把前足基节包起。前足特化为粗短结构，基节特短宽，腿节略弯，片状，胫节很短，三角形，具强端刺，便于开掘。内侧有1裂缝为听器。前翅短，雄虫能鸣，发音镜不完善，仅以对角线脉和斜脉为界，形成长三角形室；端网区小，雌虫产卵器退化。

生活史　北方地区2年发生1代，以成虫或若虫在地下越冬。清明后上升到地表活动，在洞口可顶起一小虚土堆。5 月上旬至 6 月中旬是蝼蛄最活跃的时期，也是第一次为害的高峰期，6 月下旬至 8 月下旬，天气炎热，转入地下活动，6—7 月为产卵盛期。9 月气温下降，再次上升到地表，形成第二次为害高峰，10 月中旬以后，陆续钻入深层土中越冬。蝼蛄昼伏夜出，以夜间 21：00~23：00 时活动最盛，特别在气温高、湿度大、闷热的夜晚，大量出土活动。早春或晚秋因气候凉爽，仅在表土层活动，不到地面上，在炎热的中午常潜至深土层。

为害症状 蝼蛄喜食刚发芽的种子，为害幼苗，不但能将地下嫩苗根茎取食成丝丝缕缕状，还能在苗床土表下开掘隧道，使幼苗根部脱离土壤，失水枯死。

（4）金针虫

分类地位 属于动物界有翅亚纲鞘翅目叩甲科。

形态特征 体黑色或黑褐色，头部生有 1 对触角，胸部着生 3 对细长的足，前胸腹板具 1 个突起，可纳入中胸腹板的沟穴中。头部能上下活动似叩头状，故俗称“叩头虫”。幼虫体细长，25~30mm，金黄或茶褐色，并有光泽，故名“金针虫”。

生活史 金针虫约 3 年 1 代。在黄土高原地区，越冬成虫于 4 月上旬开始活动，5 月上旬为活动盛期。成虫白天躲在玉米田或田边杂草中和土块下，夜晚活动，雌性成虫不能飞翔，行动迟缓有假死性，无趋光性。雄虫飞翔较强，卵产于土中 3~7cm 深处，卵孵化后，幼虫直接为害作物的根。

为害症状 金针虫以幼虫在土壤中为害玉米幼苗根茎部。为害时，可咬断刚出土的幼苗，也可侵入已长大的幼苗根里取食为害，造成死苗或缺苗断垄，被害处不完全咬断，断口不整齐。金针虫幼虫还能钻蛀较大的种子蛀成孔洞，被害植株则干枯而死。成虫则在地上取食嫩叶。

（5）二点委夜蛾 该虫是近年来新发生的一种害虫，其为害呈逐年加重趋势。

分类地位 属鳞翅目夜蛾科，学名 [*Proxenus lepigone*（Moschler）]。

形态特征 成虫体长 10~12mm，灰褐色，前翅黑灰色，上有白点、黑点各 1 个。后翅银灰色，有光泽。老熟幼虫体长 14~18mm，最长达 20mm，黄黑色到黑褐色；头部褐色，额深褐色，额侧片黄色，额侧缝黄褐色；腹部背面有两条褐色背侧线，到胸节消失，各体节背面前缘具有一个倒三角形的深褐色斑纹；气门黑色，气门上线黑褐色，气门下线白色；体表光滑。有假死性，受惊后蜷缩成 C 字形。老熟幼虫入土做一丝质土茧包被内化蛹，蛹长

10mm 左右，化蛹初期淡黄褐色，逐渐变为褐色。卵馒头状，上有纵脊，初产黄绿色，后土黄色；直径不到 1mm，卵单产在麦秸基部；单头雌蛾产卵量可达数百粒。

生活史 幼虫在 6 月下旬至 7 月上旬为害玉米。一般顺垄为害，有转株为害习性；有群居性，多头幼虫常聚集在一株下为害，可达 8~10 头；白天喜欢躲在玉米幼苗周围的碎麦秸下或在 2cm 左右的土缝内为害玉米苗；麦秸较厚的玉米田发生较重。成虫具有较强趋光性。

为害症状 幼虫主要从玉米幼苗茎基部钻蛀到茎心后向上取食，形成圆形或椭圆形孔洞，钻蛀较深切断生长点时，心叶失水萎蔫，形成枯心苗。严重时直接蛀断，整株死亡，或取食玉米气生根系，造成玉米苗倾斜或侧倒。

（二）防治措施

1. 玉米螟

（1）农业防治　选择抗虫品种；通过秋翻地进行机械灭茬，合理轮作，降低越冬虫源；增施有机肥，促进根系生长，提高植株抗性。

（2）物理防治　利用高压汞灯或性诱剂诱杀成虫。

（3）化学防治　① 喷雾防治在玉米心叶期进行田间喷雾，常用药剂有：50% 辛硫磷乳油 1 000~1 500 倍液喷雾，2.5% 敌杀死乳油 2 000~3 000 倍液喷雾。② 颗粒剂防治在玉米心叶期，用 50% 的辛硫磷乳油按 1∶100 比例配成毒土，每株心叶施入 2g。

（4）生物防治　利用松毛虫赤眼蜂防治玉米螟，可取得明显的防治效果。

2. 黏虫

（1）农业防治　清除田间杂草，使田间环境不利于黏虫发生。清晨和傍晚间苗或打芽时人工捏杀粘虫幼虫。

（2）人工防治　人工采卵、捕杀幼虫，能在短期内降低虫口密度。

（3）物理防治　利用杀虫灯、黑光灯诱杀黏虫成虫，或在田间设置枯草把和杨树枝把，诱集成虫产卵，集中消灭。

（4）化学防治　① 毒饵诱杀，用辛硫磷对适量水拌入炒香的麸皮制成毒饵于傍晚十分顺着玉米撒施，进行诱杀。② 选用 25% 灭幼脲悬浮剂 2 000 倍液或 2.5% 高效氯氟氰菊酯乳油 2 000~3 000 倍液喷雾，既可保护天敌，又可兼防玉米螟等害虫。

3. 蚜虫

（1）保护天敌　蚜虫的天敌很多，有瓢虫、草蛉、食蚜蝇和寄生蜂等，对蚜虫有很强的抑制作用。尽量少施广谱性农药，避免在天敌活动高峰时期施药，有条件的可人工饲养和释放蚜虫天敌。

（2）农业防治　及时清除田间地头杂草，消灭玉米蚜的孳生基地。

（3）种衣剂拌种　目前推广使用的抗蚜种衣剂主要是拜尔生产的“高巧”，拌种后，能驱避地下害虫，并能使玉米整个生育期防止蚜虫为害，起到事半功倍的效果。

（4）化学防治　田间蚜虫不多，而又发现有七星瓢虫，可不喷药或暂缓喷药。发现大量蚜虫时，及时喷施农药。50% 抗蚜威可湿性粉剂 3 000 倍液，或用 2.5% 溴氰菊酯乳剂 3 000 倍液，或用 2.5% 灭扫利乳剂 3 000 倍液，或用 40% 吡虫啉水溶剂 1 500~2 000 倍液，或用 10% 吡虫啉 1 000 倍液或用 25% 扑虱灵 2 000 倍液等进行防治，喷洒植株 1~2 次。

4. 旋心虫

（1）农业防治　进行合理轮作避免连茬种植，以减轻为害。清除杂草，消灭越冬虫源。

（2）化学防治　该病最主要是预防为主，用克百威含量高的种衣剂进行包衣。使用带有内吸性杀虫剂克百威有效成分含量在 7% 以上的种衣剂进行种子处理，防治效果在 96% 以上，其他杀虫剂无内吸性，只能防治地下害虫，不能防治苗期害虫。为害初期用卸下喷头的喷雾器喷施辛硫磷或毒死蜱，或用 40% 乐果乳油 500 倍液进行灌根处理。播种前，施用底肥时用辛硫磷颗粒剂或毒死蜱颗粒剂拌肥每亩 0.5~1kg。

5. 蓟马

（1）农业防治　①选用抗耐病品种：据田间调查发现，马齿型品种要比硬粒型品种耐虫抗害。②轮作：实行 3 年以上轮作可有效减轻为害。③搞好田间管理：拔除有虫苗并带出田间销毁，及时清除田间枯枝落叶及地头杂草，早中耕，促进玉米早发快长，可显著减轻为害。

（2）化学防治　种子包衣剂中加入 60% 高巧，每 100kg 种子用 400g，防效可达 90% 以上，提高出苗率 7% 左右。当田间虫株率 5% 或百株虫量 30 头以上，每亩地用 10% 吡虫啉可湿性粉剂 25g 对水喷雾防治，也可用 22% 毒死蜱・吡虫啉乳油 0.067hm^2 地 30~50ml 对水喷雾防治。

6. 红蜘蛛

（1）农业防治　① 深翻土地，将螨翻入土壤深层；② 早春或秋后灌水，将螨淤在泥土中窒息死亡；③ 清除田间杂草，减少螨的食料和繁殖场所；④ 避免与大豆间作套种；⑤ 玉米生长期适时中耕除草和灌溉，尽量扩大灌溉面积，增加田间湿度，恶化其生存环境，及时摘除玉米下部3~7片有螨叶片，并带出田外烧毁或深埋，可有效降低虫口密度。

（2）生物防治 田间玉米红蜘蛛的天敌种类较多，如中华草蛉、食螨瓢虫和捕食螨等。要保护天敌，增强天敌对玉米红蜘蛛种群的控制作用。

据戴丽霞（2013）观察，一只七星瓢虫的成虫每日可食98~221只红蜘蛛。幼虫期可食141~345只红蜘蛛，平均为207只。而小麦及其他夏收作物是很多天敌的繁殖基地，也是玉米田天敌的主要来源。应尽量避免在天敌的繁殖季节和活动盛期喷洒灭扫利、水胺硫磷等广谱性杀虫剂，要有效地培育、保护和利用自然天敌。

（3）药剂防治 在叶螨点片发生初期及时用药，可用1.8%阿维菌素乳油1 000~2 000倍液、20%双甲脒乳油1 000~1 500倍液、73%虫螨特乳油2 500倍液、20%甲氰菊酯乳油2 000倍液等喷雾。当每百株螨量在1万头时，可用1.8%阿维菌素乳油、15%哒螨灵乳油、5%尼索朗乳油等防治。也可选用25%螨死克乳油、15%扫螨净乳油1 500~2 000倍液喷雾防治。7~10d喷一次，连喷两次。喷药时要细致周到，重点喷洒植株中下部叶片表面。

7. 蛴螬

（1）农业防治 实行玉米和大豆或马铃薯轮作；精耕细作，及时镇压土壤，清除田间杂草。虫害发生严重的地块，秋冬翻地可把越冬幼虫翻到地表使其风干、冻死或被天敌捕食，机械杀伤，防效明显；同时应防止使用未腐熟有机肥料，以防止招引成虫来产卵。

（2）药剂处理土壤 用50%辛硫磷乳油每亩200~250g，加水10倍喷于25~30kg细土上拌匀制成毒土，顺垄条施，随即浅锄，或将该毒土撒于种沟或地面，随即耕翻或混入厩肥中施用；或用3%甲基异柳磷颗粒剂、3%呋喃丹颗粒剂、5%辛硫磷颗粒剂或5%地亚农颗粒剂，每亩2.5~3kg处理土壤。

（3）药剂拌种 用50%辛硫磷与水和种子按1∶30∶（400~500）的比例拌种；用25%辛硫磷胶囊剂或用种子重量2%的35%克百威种衣剂包衣，还可兼治其他地下害虫。

（4）毒饵诱杀 每亩地用25%对硫磷或辛硫磷胶囊剂150~200g拌谷子等饵料5kg，或用50%对硫磷、50%辛硫磷乳油50~100g拌饵料3~4kg，撒于种沟中，也可收到良好防治效果。

（5）物理防治 可设置黑光灯诱杀成虫，减少蛴螬的发生数量。

（6）生物防治 利用茶色食虫虻、金龟子黑土蜂、白僵菌等进行防治。

8. 地老虎

（1）农业防治　清除田间和地边杂草，可以消灭部分虫卵和害虫。

（2）诱杀防治　利用成虫的趋化形，在成虫始发期用糖醋液和黑光灯诱杀成虫，日出前在断苗周围捕捉幼虫。

（3）化学防治　① 毒土法。用 40% 甲基异柳磷 0.5L，加适量水，拌细沙土 50kg，或用 50% 甲胺磷加适量水后拌细沙土 100 份，每公顷用毒土 300~375kg，顺垄撒施在玉米幼苗根附近。② 用 50% 辛硫磷乳油 1 000 倍液，或用 2.5% 敌杀死或 20% 速灭杀丁乳油 2 000 倍液均匀喷雾。

9. 蝼蛄

（1）农业防治　① 深翻土壤、精耕细作造成不利蝼蛄生存的环境，减轻为害。② 收获后及时翻地，破坏蝼蛄的产卵场所。③ 施用腐熟的有机肥料，避免用未腐熟的肥料。④ 在蝼蛄为害期，追施碳酸氢铵等化肥，散出的氨气对蝼蛄有一定驱避作用。⑤ 秋收后，进行大水灌地，使向深层迁移的蝼蛄，被迫向上迁移，在结冻前深翻，把翻上地表的害虫冻死。⑥ 实行合理轮作，改良盐碱地，有条件的地区实行水旱轮作，可消灭大量蝼蛄、减轻为害。

（2）物理防治　诱集灭虫，利用蝼蛄的趋光性，可用灯光诱杀。

（3）化学防治　① 种子处理。播种前用 50% 辛硫磷乳油，按种子重量 0.1%~0.2% 拌种，堆闷 12~24h 后播种。② 毒饵诱杀。用 40% 乐果乳油兑水适量，拌 100kg 炒香的谷子或豆饼等饵料，稍加堆闷，进行撒施，制成的毒饵限当日撒施，每亩 1~1.5kg。

10. 金针虫

（1）种子处理　用 50% 辛硫磷、48% 乐斯本或 48% 天达毒死蜱、48% 地蛆灵拌种，比例为药剂：水：种子 =1：30~40：400~500。

（2）化学防治　① 施用毒土。用 48% 地蛆灵乳油每亩 200~250g，50% 辛硫磷乳油每亩 200~250g，加水 10 倍，喷于 25~30kg 细土上拌匀成毒土，顺垄条施，随即浅锄；用 5% 甲基毒死蜱颗粒剂每亩 2~3kg 拌细土 25~30kg 成毒土，或用 5% 甲基毒死蜱颗粒剂、5% 辛硫磷颗粒剂每亩 2.5~3kg 处理土壤。或用 5% 辛硫磷颗粒剂每亩 1.5kg 拌入化肥中，随播种施入地下。② 灌根　用 15% 毒死蜱乳油 200~300ml 对水灌根处理。

11. 二点委夜蛾

（1）农业防治　① 麦收后播前使用灭茬机或浅旋耕灭茬后再播种玉米，既可有效减轻二点委夜蛾为害，也可提高玉米的播种质量，苗齐苗壮。② 及时人工除草和化学除草，减少害虫滋生环境条件；提高播种质量，培育壮苗，提高抗病虫能力。

（2）物理防治　① 灯光诱杀。根据二点委夜蛾具有趋光性的特点，在成虫发生期采用频振杀虫灯诱杀成虫，降低产卵量，减轻为害。② 性诱剂诱杀。利用二点委夜蛾高效性诱剂诱杀其雄性成虫。

（3）种子处理　用毒死蜱、乙酰甲胺磷和氯虫苯甲酰胺等药剂进行拌种。

（4）化学防治　幼虫三龄前防治，最佳时期为出苗前（播种前后均可）。① 撒毒饵。亩用 4~5kg 炒香的麦麸或粉碎后炒香的棉籽饼，与对少量水的 90% 晶体敌百虫或 48% 毒死蜱乳油 500g 拌成毒饵，在傍晚顺垄撒在玉米苗边。② 撒毒土。亩用 80% 敌敌畏乳油 300~500ml 拌 25kg 细土，早晨顺垄撒在玉米苗边。③ 灌药。用 48% 毒死蜱乳油 1kg/ 亩，在浇地时灌入田中。也可以将喷头拧下，逐株顺茎滴药液，或用直喷头喷根茎部，药剂可选用 48% 毒死蜱乳油 1 500 倍液、30% 乙酰甲胺磷乳油 1 000 倍液、2.5% 高效氯氟氰菊酯乳油 2 500 倍液或 4.5% 高效氯氰菊酯 1 000 倍液等。药液量要大，保证渗到玉米根围 30cm 左右的害虫藏匿的地方。

三、黄土高原玉米田杂草

（一）中国杂草区系

中国自然条件最为复杂，在地形上应有尽有，有世界最高的山脉，青藏高原是世界最高和最大的高原，还有峡谷、盆地、低山丘陵，各地山川密布，平原广阔。在气候上，从最北的寒温带到最南的热带，跨越着温带、暖温带、亚热带和西南高寒气候带，处在太平洋季风和印度洋季风都起影响的地区，有多样的气候因素。在中国复杂的环境条件下，杂草种类和所形成的杂草组合多种多样，其中，还含有世界性的类型。根据李扬汉主编的《中国杂草志》一书介绍，中国的主要杂草区系分布概况如下：

1. 寒温带主要杂草区系

本区为大兴安岭北部山地，地形不高，海拔 700~1 100m，是中国最寒冷的地区。年平均温度低于 0℃，绝对低温达 −45℃，夏季最长不超过一个月。年降水量平均为 360~500mm，90% 以上集中在七八月，有利于作物与杂草的生长。

杂草分布及其组合受地形影响很大，不同海拔高度因受水热条件的综合影响，反映出杂草分布的垂直地带性，可以划分为不同的垂直带。本区的农业限于山地基部，农作物有较耐寒的各种麦类、甜菜、马铃薯、甘蓝等，另有少量的玉米、大豆、谷子及瓜类中的耐寒品种。有较耐寒的果树，如苹果、李和草本的草莓。主要杂草有鼬瓣花、北山莴苣及叉分蓼、野燕麦、苦荞麦、刺藜等分布。

2. 温带主要杂草区系

本区域包括东北松嫩平原以南、松辽平原以北的广阔山地，地形复杂，河川密布，范围广大，山峦重叠，地形起伏显著。由于纬度较北，年平均气温较低，冬季长而夏季短，越北冬季越长。由于南北相距甚远，水热条件不同，影响杂草组合上的差异。可分北部和南部两个亚地带。

北部亚地带年平均温度为1~2℃，年降水量为500~700mm，以7、8月为最多。有本地区的代表性杂草。东部有大面积的三江平原沼泽地区。主要杂草有卷茎蓼、柳叶刺蓼、藜、野燕麦，狗尾草、问荆、大刺儿菜、眼子菜、稗草等分布。

南部亚地带，由于纬度偏南，直接受到日本海的湿气团的影响，气候温暖而雨量充沛。年平均气温在3~6℃，年降水量500~800mm，以七八月份为最多。典型杂草有胜红蓟、黄花稔及圆叶节节菜等。

本区域在平原及低山地区，由于人类经济活动的结果，绝大部分已开垦为农田。

3. 温带（草原）主要杂草区系

本区域主要分布在东北松辽平原，以及内蒙古高原等地，面积十分辽阔；一小部分在新疆北部，地形比较平缓，海拔由东向西逐渐上升，松辽平原中部为130~400m，内蒙古高原为800~1 300m，个别山地在2 000m以上。属于半干旱性气候，越至西部，干燥程度越是增加。年降水量由东到西从500mm左右逐渐降至150mm，降水大部分集中在夏季。年平均温度由北到南增加。各地变化大，为-2.5℃至10℃。全年各月差异很大。每天温度变化也大。由东到西由于气候干燥程度不同，所以杂草及其组合也有差异。

本区域草原占全国土地面积1/5，野生植物资源丰富，有纤维及药用植物等。很多地区已开垦为农田。农作物有春小麦、马铃薯、燕麦、玉米等。温带（草原）杂草主要有：藜、狗尾草、卷茎蓼、野燕麦、问荆、柳叶刺蓼、大刺儿菜、凤眼莲、稗草、紫背浮萍等。

4. 暖温带主要杂草区系

本区域包括东北辽东半岛，华北地区大部分，南到秦岭、淮河一线，略呈西部狭窄东部广宽的三角形。位于冀北山地与秦岭两大山体之间，全区西高而东低，明显分为山地、丘陵和平原三部分。气候特点是夏季酷热，冬季严寒而晴燥。年平均气温为8~14℃。由北向南递增，这种差异是使杂草种类和组合向南逐渐复杂的主要原因。年降水量平均在500~1 000mm，由东南向西北递减。夏季雨量极为丰富，约占全年2/3。华北大平原则占3/4。

暖温带主要和常见杂草有：葎草、田旋花、酸模叶蓼、荠菜、萹蓄、小藜、葶苈、播娘蒿、马唐、反枝苋、马齿苋、牛筋草、稗草、茨藻、野慈姑、水莎草、藜、香附子、狗牙根、看麦娘、牛繁缕、千金子、双穗雀稗、空心莲子草、离子草等分布。其中，为害严重的葎草和田旋花属喜凉耐旱杂草。

本区域因水热条件不同，杂草种类及杂草组合，都有差异，表现为纬向、经向和垂直地带性的变化。

因热量不同而引起的纬向变化，是本区域表现最为明显的地带性差异。从南到北，由于热量的逐渐减少，可以看到其分布的规律性，在秦岭、淮河一线以南，杂草种类中南方的亚热带成分很多。许多种类，向北就逐渐减少或不存在。作物种类也存在南北的差异。

本区域由水湿条件所引起的经向变化，其差异不如纬向变化明显，但仍然可以看到有些区别。水湿条件较高的杂草分布于东部沿海各省。向西则为耐旱的杂草所取代。西部则以比较耐旱的杂草为主。

本区域也具有一定的垂直地带性。从山麓起，依次可以看到其变化。丘陵和平原地区，暖温带的落叶果树种类多，产量丰富，以苹果、梨等著名。低矮的丘陵和平原，已开垦为农田，农作物细小麦、玉米、棉花、高粱等最为普遍。随着水利条件的改善，近年来水稻的栽培面积有所增加，一般为两年三熟，也有一年两熟的，不同地区采用间套复种。

5. 亚热带杂草区系

本区位于中国东南部，北起秦岭、淮河一线，南到南岭山脉间，西至西藏自治区东南部的横断山脉，包括台湾省北部在内，是世界独一的分布着亚热带大面积的陆地。自然条件优越，为中国主要产粮地区。四川、湖南、湖北及长江三角洲都在本区域内，中国一半人口居住在本区域。是中国的粮食和经济植物及森林的良好产地，杂草种类约占全国总数的1/2。

主要杂草有：千金子、马唐、稗草、鳢肠、牛筋草，稻稗、异型莎草、水莎草、碎米莎草、节节菜、牛繁缕、看麦娘、硬草、棒头草、萹蓄、春蓼、猪殃殃、播娘蒿、离子草、田旋花、刺儿菜、矮慈姑、双穗雀稗、空心莲子草、臭矢菜、粟米草、铺地黍、牛毛草、雀舌草、碎米荠、大巢菜、丁香蓼、鸭舌草。在中亚热带中，冬季杂草比夏季杂草明显减少。南亚热带还有草龙、白花蛇舌草，竹节菜，两耳草、凹头苋、臂形草，水龙、圆叶节节菜、四叶萍、裸柱菊、芫荽菊、腋花蓼等分布。

亚热带区域，地形复杂，西部高而东部低，西部包括横断山脉南部以及云贵高原大部分。海拔 1 000~2 000m，东部平均温度都在 15℃以上，最冷月平均温度均超过 0℃。年降水量为 800~2 000mm，东部大于西部，降雨时间一般都集中在夏秋两季。

本区东部主要杂草种类较多，较高的山地的杂草属寒温性杂草。本区域野生及栽培植物资源种类都占全国重要地位，开发利用有很大潜力。农作物主要为水稻，还有玉米、小麦等。一般为一年两熟，南部可一年三熟。双季稻在南部甚为普遍。

6. 热带杂草区系

这是中国最南部的一个杂草区域，从台湾省南部至大陆的南岭以南到西藏自治区的喜马拉雅山南麓，地形多样而复杂。有冲积平原、珊瑚岛、丘陵、山地和高原等。从东到西逐渐上升。东西两部有明显的地形上的差异。此外，东南部海岸线曲折绵长，港湾岛屿甚多，南海海面有南海诸岛。地形复杂而多样。因而出现众多的杂草种类。本区域位于热带，具有热带气候的特点，温度高而雨量多，年平均温度一般为 20~22℃，南部可高达 25~26℃，最冷月平均气温为 12~15℃，全年基本无霜，是中国年降水量最高的区域，各地大都超过 1 500mm。降雨集中在 4—10 月为雨季，其余为少雨季节，称为旱季，干湿季分明。

由于环境条件复杂而多样，杂草有热带类型和亚热带类型。东部地区有偏湿性的类型和西部偏干性的类型，栽培植物更为多样化。水热条件优越，生长季节长，植物资源丰富，杂草种类众多。

热带主要杂草有脉耳草、龙爪茅、马唐、臭矢菜、香附子、草决明、含羞草、水龙、圆叶节节菜、稗草、四叶萍、日照飘拂草、千金子、尖瓣花、碎米莎草等，亚热带类型杂草有马唐、草龙、白花蛇舌草、胜红蓟、竹节草、两耳草、凹头苋、铺地黍、牛筋草、臂形草、莲子草、稗草、异型莎草、水龙等分布。

7. 温带（荒漠）杂草区系

中国荒漠区域占全国面积 1/5 以上，位于西北部，包括新疆、青海、甘肃、宁夏和内蒙古等省和自治区的大部分或部分地区，包括沙漠和戈壁等部分。沙漠的地面由沙质组成，戈壁以砾石为主。地形基本特征是高山与盆地相间，形成不同的地形单位。气候具有明显的强大陆性特点，全区域较干旱或十分干旱，不但冬夏温差大，每天温度变化也很大，年降水量都在 250mm 以下，大部分地区不到 100mm，最低的只有 5mm。西部典型荒漠地区，杂草极为稀少，只有比较湿润的地方有少数杂草，水源较丰富的地方有杂草分布。

在荒漠中的绿洲，有不少已开垦为农田，种植一年一熟的春小麦、燕麦、马铃薯、甜菜等，盛产葡萄、瓜类等特产果品。

主要杂草有：野燕麦、卷茎蓼、问荆、狗尾草、藜、柳叶刺蓼等。

8. 青藏高原高寒带主要杂草区系

青藏高原位于中国西南部，平均海拔 4 000m 以上，是举世闻名的最大最高的高原。东与云贵高原相接，北达昆仑山，西至国境线。地形主要有高山、高原、沿湖盆地和谷地。气候为气温低，年变化小，日变化大，干湿季和冷暖季变化分明等特点。由于高原面积辽阔，各地海拔不同，地形复杂，与海洋的距离相差悬殊等特点，因而青藏高原各地的气候极不相同。

主要及常见杂草有；薄蒴草、野燕麦、卷茎蓼、田旋花、藜、密穗香薷、野荞麦、大刺儿菜、猪殃殃、苣荬菜、野芥菜、萹蓄、大巢菜、遏兰菜等分布。

青藏高原的东部及东南部，水分充沛，湿润多雨，比较温暖。东北部地区气候寒冷而较湿润，成为著名的高原沼泽区，除沼泽植物外，主要为高寒杂草。藏北高原有明显的高原气候，干冷、风大，气温的年变化和日变化大，分布高寒杂草，西部阿里地区冬季很寒冷，非常干旱，海拔 5 000m 以上，有高寒杂草。

地区高寒，交通不便，人口稀少，尚未充分利用和开发。

（二）黄土高原玉米田杂草种类

中国黄土高原玉米田杂草主要有禾本科、莎草科、菊科、藜科、苋科、旋花科、车前草科、木贼科等 20 余科。主要为害杂草有：牛筋草、田旋花、灰绿藜、离子草、荠菜、刺儿菜、苦苣菜、反枝苋、马齿苋、马唐、车前草、狗尾草等。一般 3—5 月出苗，6—10 月开花结果，对玉米整个生育期均有为害，以苗期最为严重。

（三）防除措施

根据玉米耕作栽培制度及管理水平以及杂草发生的特点，对玉米田杂草坚持以农业防治为基础、化学药剂防除为主导的综合治理策略，才能达到安全、经济、有效的防除目标。

1. 农业防治

农业防治不仅可以有效地控制玉米田杂草，还可以保护农田生态环境。

① 精选玉米种子并剔除杂种，施用腐熟有机肥，合理施肥与密植，以苗控草，以及进行合理轮作等是综合除草的重要措施。② 通过人工锄草的方式除草，同时可提高土壤的通透性，有抗旱防涝的作用。

2. 化学药剂除草

化学药剂除草省工省时，除草效果好。但是使用不当也会对玉米及其后茬作物造成为害。因此必须根据田间杂草发生情况正确选择施用除草剂，同时要根据不同的使用时期选用不同类型的除草剂。

（1）土壤处理剂　土壤处理剂即玉米播后苗前使用的除草剂。对土壤进行封闭处理，把杂草消灭在种子萌发期。主要用在覆膜玉米、春玉米除草上。

常用的除草剂有乙草胺、拉索、都尔等酰胺类除草剂。这类除草剂属于内吸输导型芽前除草剂，在土壤中可被杂草的幼芽与幼根吸收，并转移到杂草的其他部位，抑制幼芽的生长，使杂草出土前中毒死亡。而被玉米吸收的乙草胺等在玉米体内被很快降解成无毒物质，玉米能安全生长。乙草胺等能有效地防除马唐、稗、狗尾草、牛筋草等一年生单子叶杂草，对部分小粒种子的双子叶杂草如马齿苋等也有一定防效，但对多年生杂草无效。土壤处理药剂持效期较长，对陆续发芽的杂草都有作用。

由于杂草对上述除草剂的主要吸收部位是幼芽、幼根，因此需在杂草出土前施用。每亩使用 50% 乙草胺乳油 100~140ml、72% 都尔乳油 90~180ml、48% 拉索乳油 200~250ml，与 30kg 水稀释，用喷雾器喷于土壤表面。乙草胺等药效的发挥受土壤湿度影响较大，土壤墒情好、施药后降雨或灌溉，除草效果明显。因此干旱时应适当增加用水量，可增加到每亩用水 50kg 配成药液，且施药后浅混土，将药剂混于 2~3cm 深处，以提高除草效果。乙草胺等有效期长达 1~2 个月，对覆膜玉米田，播种后出苗前使用一次可使玉米整个生育期不受草害。

乙草胺等在土壤中易被胶体粒子吸附，因此亩用量应根据当地的土壤质地、有机质含量及季节而定，黏土且有机质含量大于 3% 时，使用建议用量的上限。

（2）茎叶处理剂　茎叶处理剂即杂草幼苗期使用的除草剂，一般在玉米 5 叶期前使用。由于在将除草剂喷施到杂草上的同时，也接触到了玉米，所以必须使用选择性的除草剂，同时注意喷药剂时加防护罩，压低喷头，防治药剂喷入玉米心叶，造成药害。常见的除草剂有：阿特拉津、玉农乐以及乙莠悬浮剂、都阿合剂等。

玉米田茎叶处理常用的是 40% 莠去津胶悬剂，莠去津即阿特拉津，是内吸性除草剂。莠去津作茎叶处理时，适宜的施药时间是玉米3~5叶、杂草2~5叶期。一般每亩使用40%阿特拉津悬浮剂150~200ml，加30kg水将药剂稀释，均匀喷于杂草及杂草周围的土壤上。莠去津对玉米、马铃薯、高粱等作物是安全的，但对小麦、大豆等是有害的，因此使用时也应避免药液飘移到邻近大豆作物上造成药害。

另外也可选用40%乙莠水悬乳剂（阿特拉津与乙草胺的合剂）、50%都阿混剂（都尔与阿特拉津的混剂）、50%乙草胺乳油50~100ml或72%都尔乳油50~90ml或43%拉索乳油100~150ml加40%莠去津胶悬剂100~200ml混用。这类混剂也可用于土壤处理。

玉米田作茎叶处理还可选用玉农乐，其防除单子叶杂草效果好。玉米5叶期前，杂草3~5叶期使用，每亩用160~240g，对水30kg均匀喷于杂草茎叶上。

四、黄土高原鼠害防治

（一）黄土高原常见鼠害种类

黄土高原常见鼠害有：鼢鼠、东方田鼠、大仓鼠、小家鼠、黑线姬鼠、褐家鼠、达乌尔黄鼠。

1. 鼢鼠（*Myospalax fontanieri*）

分类地位　啮齿目，仓鼠科。

形态特征　体型粗壮，体长150~270mm；吻钝，门齿粗大；四肢短粗有力，前足爪特别发达，大于相应的指长，尤以第三趾最长，是挖掘洞道的有力工具；眼小，几乎隐于毛内，视觉差，故有瞎老鼠之称；耳壳仅是围绕耳孔的很小皮褶；尾短，略长于后足，被稀疏毛或裸露；毛色因地区而异，从灰色、灰褐色到红色。

生活习性　鼢鼠生话习性五大特点：一是栖息在土壤潮湿、疏松的洞中。二是雌、雄单独生活，但繁殖期时在一起生活。三是喜黑暗、怕阳光，视力差，听觉灵敏，喜安静，怕惊吓。四是吃土豆及草根，一般挖洞采食。五是抗病力较强，不冬眠。

为害方式　咬断玉米根部，致使植物枯死，或者把整株玉米从地下拖走，造成玉米缺苗断垄，进而影响产量。

2. 东方田鼠（*Microtus fortis*）

分类地位　啮齿目，仓鼠科。

形态特征　东方田鼠是体型较大的田鼠，头部圆胖，体长12~15cm，吻部较短，口腔内有颊囊，两腮显得膨大；耳壳短圆，几乎隐于毛被中；尾短，不及体长一半，但大于1/3。足掌上生毛，为酱棕色。足垫5枚。雌鼠乳头4对。背毛黑棕色，自头至臀部色调基本一致。两侧毛色稍淡。腹面为污白色。

生活习性 东方田鼠昼夜均外出活动，但以夜间活动较多。游泳能力强，可在水中潜行。主要以植物的绿色部分为食，有时也会取食种子，啃树皮，吃谷、瓜、薯、菜等作物，尤其含水多、质地软的如各种瓜、红薯及荸荠的球茎之类，也吃树皮和昆虫。

为害方式 主要以玉米的幼苗为食，有时也会取食种子。

3. 大仓鼠（*Cricetulus triton*）

分类地位 啮齿目，仓鼠科。

形态特征 大仓鼠是鼠类形态特征中体形较大的一种，体长140~200mm。尾短小，长度不超过体长的1/2。头钝圆，具颊囊。耳短而圆，具很窄的白边。乳头4对。背部毛色多呈深灰色，体侧较淡，背面中央无黑色条纹。腹面与前后肢的内侧均为白色。耳的内外侧均被棕褐色短毛，边缘灰白色短毛形成一条淡色窄边。尾毛上下均呈暗色，尾尖白色。后脚背面为纯白色。幼体毛色深，几乎呈纯黑灰色。头骨粗大，棱角相当明显。顶骨前外角略向前伸，但不如黑线仓鼠的明显。顶间骨很大，近乎长方形。在前颌骨两侧，上门齿根形成了凸起，可清楚地看到门齿齿根伸至前颌骨与上颌骨的缝合线附近。听泡凸起，其前内角与翼骨突起相接。两个听泡的间距与翼骨间宽相等。牙齿结构与黑线仓鼠的牙齿基本相同。只是上颌第三臼齿咀嚼面上仅具3个齿突，下颌第三臼齿有4个齿尖，内侧的一个很小。

生活习性 大仓鼠日凌性凶猛好斗、喜独居生活，属于夜间活动类型。一般是18：00~24：00活动最多，次日4：00~6：00活动停止。春天气温平均10~15℃开始出来活动，在20~25℃时活动频繁。冬天出洞较少，只在洞口附近活动。秋天活动频繁，没有冬眠习惯。阴雨天活动减少。

大仓鼠食性杂，喜食植物种子、草籽等。食物种类随环境不同而有变化，诸如大豆、玉米、小麦、燕麦、马铃薯和向日葵等。同时也吃一些昆虫和植物的绿色部分，特别于春季，吃植物的绿色部分较多。秋季贮粮甚多，分类加以贮藏。

为害方式 大仓鼠主要为害农作物，春季盗食种子，也啃食幼苗。在秋收时节盗食粮食较多。

4. 小家鼠（*Mus musculus*）

分类地位 啮齿目，鼠科

形态特征　体形小，体长 60~90mm，尾长等于或短于体长，后足长小于 17mm；耳短，前折达不到眼部。小家鼠上颌门齿内侧，从侧面看有一明显的缺刻。毛色变化很大，背毛由灰褐色至黑灰色，腹毛由纯白到灰黄。前后足的背面为暗褐色或灰白色。尾毛上面的颜色较下面深。

生活习性　小家鼠是人类伴生种，栖息环境非常广泛，凡是有人居住的地方，都有小家鼠的踪迹。小家鼠具有迁移习性，每年 3—4 月天气变暖开始春播时，从住房、库房等处迁往农田，秋季集中于作物成熟的农田中。作物收获后，它们随之也转移到打谷场、粮草垛下，后又随粮食入库而进入住房和仓库。小家鼠昼夜活动，但以夜间活动为主，尤其在晨昏活动最频繁，形成两个明显的活动高峰。

为害方式　小家鼠为害所有农作物，盗食粮食。

5. 黑线姬鼠（*Apodemus agrarius*）

也称为田姬鼠、黑线鼠、长尾黑线鼠，为一种小型鼠类，身材纤细灵巧。

分类地位　啮齿目，鼠科。

形态特征　黑线姬鼠为小型鼠类，体长 65~117mm，身体纤细灵巧，尾长 50~107mm，体重 100g 左右。尾鳞清晰，耳壳较短，前折一般不能到达眼部。四肢较细弱。乳头 4 对，胸部和鼠鼷部各 2 对。体背淡灰棕黄色，背部中央具明显纵走黑色条纹，起于两耳间的头顶部，止于尾基部，亦即黑线姬鼠之得名，该黑线有时不甚完全，较短或不甚清晰。耳背具棕黄色短毛，与体背同色。腹面毛基淡灰，毛尖白色，背腹面毛色有明显界限。四足背面白色，尾明显二色上面暗棕，下面淡灰。黑线姬鼠的吻部较为狭长，前端较尖细。

生活习性　栖息环境较广泛，以向阳、潮湿、近水场所居多，在农田多于背风向阳的田埂、堤边、河沿、土丘筑洞栖息。洞系较简单，分栖息洞和临时洞两种。栖息洞多为 2~3 个洞口，洞道长 1~2m，内有岔道和盲道，窝巢用干草筑成，结构紧密坚实，不易脱落。临时洞简单，只有一个洞，无窝巢。无存粮习性，主要以夜间活动为主，尤以上半夜最为活跃，白天一般不活动。不冬眠。繁殖力强，在北方，一年繁殖 2~3 窝，春夏季为繁殖盛期。每胎产仔多为 5~7 只。

为害方式　黑线姬鼠的为害主要表现为作物播种期盗食种子，生长期和成熟期啃食作物营养器官和果实。

6. 褐家鼠（*Rattus norvegicus*）

别名大家鼠、沟鼠。

分类地位 啮齿目，鼠科。

形态特征 体长150~250mm，体重220~280g，尾明显短于体长，被毛稀疏，环状鳞片清晰可见。多数体背毛色多呈棕褐色或灰褐色，体侧毛颜色略浅，腹毛灰白色，后足趾间具一些雏形的蹼。褐家鼠头骨较粗大，脑颅较狭窄，颧弓较粗壮，眶上脊发达，耳短而厚，向前翻不到眼睛，头部和背中毛色较深，并杂有部分全黑色长毛，通常幼年鼠较成年鼠颜色深。后足较粗大，长于33mm。雌鼠乳头6对。

生活习性 褐家鼠大多居住在洞穴里，活动能力强，善攀爬、弹跳、游泳及潜水。可在水平或垂直的电线、绳索、暖气管、电缆线上行走，也可在表面粗糙的砖墙上笔直上爬。能在直径3~7cm的垂直管内外上下爬行。啃咬能力极强，可咬坏铅板、铝板、塑料、橡胶、质量差的混凝土、沥青等建筑材料。褐家鼠适应性很强，可在–20℃左右的冷库中繁殖后代，也能在40℃以上热带生活。

褐家鼠属昼夜活动型，以夜间活动为主。在不同季节，褐家鼠一天内的活动高峰相近，即16：00~20：00与黎明前。褐家鼠行动敏捷，嗅觉与触觉都很灵敏，但视力差。褐家鼠在一年中活动受气候和食物的影响，一般在春、秋季出洞较频繁，盛夏和严冬相对偏少，但无冬眠现象。

为害方式 褐家鼠的为害主要表现为播种期盗食玉米种子，生长期和成熟期啃食玉米营养器官和果实。

7. 达乌尔黄鼠（*Spermophilus dauricus*）

别名黄鼠、蒙古黄鼠、草原黄鼠、豆鼠子、大眼贼，属于啮齿目、松鼠科、黄鼠属的一种地栖啮齿类哺乳动物。

分类地位 啮齿目、松鼠科

形态特征 体型肥胖，体长163~230mm，体重154~264g；雌体有乳头5对。前足掌部裸出，掌垫2枚、指垫3枚。后足长30~39mm，后足部被毛，有趾垫4枚。除前足拇指的爪较小外，其余各指的爪正常。尾短，不及体长的1/3，尾端毛蓬松；头和眼大，耳郭小，耳长5~10mm，成嵴状，乳突宽20.3~22.2mm。脊毛呈深黄色，并带褐黑色。背毛根灰黑色，尖端黑褐色，颈、腹部为浅白色。尾短有不发达的毛束，末端毛有黑白色的环。四肢、足背面为沙黄色，爪黑褐色。头部毛比背毛深，两颊和颈侧腹毛之间有明显的界线。颌部为白色，眶周具白圈。耳壳色黄灰。夏毛色较冬毛色深，而短于冬毛。

为害方式 达乌尔黄鼠不但无任何经济价值，而且是一种为害比较严重的种类，由于其数量多，食量大，对当地的农作物为害极大。黄鼠为害时并非取食植物的全部，而是选择鲜嫩汁多的茎秆、嫩根、鳞茎、花穗为食。春季它喜挖食播下的种子的胚和嫩根；夏季嗜食鲜、甜、嫩、含水较多的作物茎秆；秋季贪吃灌浆乳熟阶段的种子，以洞口为中心成片为害。咬断根苗，吮吸汗液，使幼苗大片枯死。

（二）防治措施

根据黄土高原鼠害发生的规律，坚持“预防为主，综合防治”的方针，因时、因地、因作物区别对待，以生态灭鼠为基础，化学药物毒鼠为重点，统一行动，做好防治工作，具体采取以下防治措施。

1. 农业措施

农业措施主要是通过耕作等方法，创造不利于害鼠发生和生存的环境，达到防鼠减灾的目的，具有良好的生态效应和经济效应。

科学调整作物布局，连片种植，可减少食源，并且有利于统一防治。

清除田间、地头、渠旁杂草杂物，恶化其隐蔽条件；堵塞鼠洞，减少害鼠栖息藏身之处。

采取深翻耕和精耕细作，消灭害鼠，提高作物抗鼠能力，一般减少损失5%~10%，旱地作用尤为明显。

灌水灭鼠。在水源方便地区，用水灌入洞中，特别是在地刚刚解冻时，土不渗水，只要一桶水灌进去就能将鼠赶出洞穴。大仓鼠往往有好几个洞口，灌水时必须注意。旱地在雨季集雨灌洞，水浇地保证冬、春、夏灌，可降低农田害鼠数量的 30%~60%。

作物采收时要快并妥善储藏，断绝或减少鼠类食源。

2. 生物措施

保护并利用天敌。蛇、艾虎、黄鼬、狐狸、山狸、猫、猫头鹰、隼、伯劳鸟等都是害鼠的捕食天敌。禁止捕杀，严禁投放可引起二次中毒的毒鼠药剂，加强保护繁育天敌的措施，宣传天敌的作用，增强群众的保护意识，提高天敌的种群密度，进而提高天敌对鼠害的捕食数量，减轻鼠害的为害。

3. 物理灭鼠

（1）机械捕杀　在鼠洞边放置并固定鼠夹，上放毒饵，在乏食季节效果非常好。洞口附近布设鼠夹、地弓、地箭等杀鼠器械来捕杀害鼠。

（2）人工捕杀　在鼠数量高峰期或冬闲季节，可采取夹捕、封洞、陷阱、水灌、鼓风、剖挖等措施进行捕杀。有条件的地区也可用电猫灭鼠。大仓鼠的洞比较短，挖起来不太费力。

4. 化学防治

该方法成本低、灭效高。

（1）*毒饵法* 用5%~10%磷化锌毒饵防治，小麦毒饵的投饵量为10~15粒，玉米毒饵8~10粒，豆类毒饵5粒。条投时，可按行距30~60m投放，也可在鼠洞外16cm处投放。飞防时，间隔40m，喷幅40m，于5月中旬喷撒为宜，毒饵量6.0kg/hm^2。如果在夏季使用带油的毒饵时，为了避免毒饵风干或被蚂蚁拖去，可将毒饵投入洞中。用0.3%敌鼠钠盐油葵或小麦毒饵，或0.01%大隆油葵或小麦毒饵杀灭，防治效果分别可达94.29%和98.28%。用0.1%氯敌鼠钠盐玉米毒饵，防治效果95%。采用毒饵灭鼠时，毒饵要求新鲜，并选择晴天投放，雨天会降低毒效。夏季（6—7月），由于植物生长茂盛，鼠的食物丰富，不适于使用毒饵法。

（2）*烟雾炮法* 将硝酸钠或硝酸铵溶于适量热水中，再把硝酸钠40%与干牲口粪60%或硝酸铵50%与锯末50%混合拌匀，晒干后装筒，筒内不宜太满太实，秋季，选择晴天将炮筒一端蘸煤油、柴油或汽油，点燃待放出大烟雾时立即投入有效鼠洞内，入洞深达15~17m处，洞口堵实，5~10min后害鼠即可被毒杀。

（3）*熏蒸法* 在气温不低于12℃时，可使用氯化苦熏蒸，也可用磷化铝2片或磷化钙10~15g，投入鼠洞中，灭效较高。若投放磷化钙时加水10ml，立即掩埋洞口，灭效更高。

（4）*拌种法* 播种时用甲基异柳磷等药剂拌种。

第二节 非生物胁迫

一、水分胁迫

水分胁迫是植物水分散失超过水分吸收，使植物组织含水量下降，膨压降低，正常代谢失调的现象。

不同植物及品种对水分胁迫的敏感性不同，影响不一。玉米是水分敏感作物，在玉米生长发育的中后期，如抽雄吐丝期、灌浆期，水分胁迫直接影响玉米穗部性状，导致减产。干旱是造成玉米减产的一个重要因素。

黄土高原大部分地区年降水量少，降雨分布不均匀，蒸发量大。因此干旱、半干旱是该地区主要的自然灾害之一，具有十年九旱的气候特点，往往造成农业减产甚至绝收。

（一）发生时期

玉米各生育阶段遭遇水分胁迫都将导致植株矮化，生长发育受阻，果穗性状发生改变，以至于生物和经济产量大幅下降等。

1. 苗期

北方黄土高原干旱、半干旱地区玉米一般为春播，种子发芽及幼苗生长阶段容易遭遇春旱为害。当播种期土壤墒情差时，极易导致出苗难或者出苗晚致使缺苗断垄，甚至不出苗，即使出苗，也极易产生死苗现象。

苗期干旱胁迫会使幼苗根系生长减缓、抗氧化体系失调、叶片光合速率降低，造成苗弱，致使植株生长缓慢，叶片发黄，茎秆细小，即使后期雨水调和也不能形成粗壮茎秆孕育大穗。

2. 拔节—抽雄前期

此阶段是玉米旺盛生长时期，玉米茎叶增长快，植株各方面活动增强，加上期间气温较高，叶面积大，蒸腾量大，因而需水量较多，特别抽雄前10~20d是玉米需水临界期，对水分十分敏感。此时的敏感系数是玉米一生中最大的。

3. 抽雄吐丝期

此阶段是玉米的水分临界期，干旱可导致散粉至吐丝期间隔加大，致使花期不遇，授粉受精不良，秃尖增长，穗粒数大幅度下降，空秆率增加，从而严重影响玉米的产量。

4. 灌浆期

此阶段是玉米茎叶光合产物和积累的营养物质大量向籽粒输送的时期，需水量也较多。此时水分胁迫会影响根系对养分的吸收，而水分太多，又会影响根部的透气性，使吸收受阻，此时玉米对水分胁迫的敏感性次于拔节—抽雄期。

（二）水分胁迫对生长发育和产量的影响

干旱影响玉米生长发育的各个阶段，水分亏缺是造成玉米产量不稳的重要原因。

1. 水分胁迫对玉米生长发育及其生理生化特性的影响

在不同程度的水分胁迫条件下，玉米幼苗的生长受到一定程度的抑制，但其能够通过调节自身的保护酶活性和渗透调节物质含量来减轻干旱伤害，维持植株的正常生理代谢功能。

（1）水分胁迫对玉米株高的影响　玉米生育前期是主要的营养生长阶段，株高受轻度水分胁迫的影响不是很大。当玉米营养生长向生殖阶段过渡，直至抽雄、灌浆期，轻度水分胁迫对株高影响不大，而中度及严重水分胁迫时可使玉米株高显著降低。干旱胁迫对株高的抑制作用表现为拔节孕穗期 > 抽雄吐丝期 > 苗期，其中，苗期株高在复水后可得到超补偿。

（2）水分胁迫对玉米抽雄、吐丝的影响　水分胁迫对玉米生育期进程有明显的滞后作用。抽雄吐丝期轻度干旱，植株吐丝数量较少；重度干旱下吐丝数量更少，且花柱吐出后迅速萎蔫；重度干旱下植株未能吐丝。雄穗在受到干旱胁迫情况下也随胁迫程度表现出相应的雄穗变短、花粉量减少、花粉活力显著下降甚至失活等现象。

（3）水分胁迫对玉米幼苗生物量累积的影响　水分胁迫对玉米的影响最终体现在植株生长上。郭相平等（2001）对玉米遭受水分胁迫 7d 和 14d 的研究指出，苗期水分胁迫可使玉米植株得到干旱锻炼，增大根冠比和根活力，促进后期籽粒形成。随着水分胁迫程度的加剧，玉米苗期地上、根系生物量下降，根冠比增大，且地上部生物量下降幅度大于根系生物量。

（4）水分胁迫下玉米苗期的渗透调节作用

① 脯氨酸　是渗透调节中最重要的溶质之一。水分胁迫下植物体内游离脯氨酸大量累积，有利于细胞保持较高的水势，增强了细胞吸水能力并减少水分向外散失。齐健等（2006）通过中度水分胁迫处理（45%~50%）的结果表明，玉米四叶一心期根系和叶片中的游离脯氨酸含量升高。王静等（2007）研究结果表明：随水分胁迫程度的加剧，玉米苗期叶片、根系游离脯氨酸含量增加，且根系是玉米苗期脯氨酸积累的主要场所；随着胁迫时间的延长，不同程度水分胁迫处理玉米苗期叶片、根系游离脯氨酸含量均呈现先升高后降低的趋势。② 丙二醛（MDA）　是植物在逆境下遭受伤害脂膜过氧化最重要的产物之一。葛体达等（2005）研究表明，在水分胁迫下，夏玉米幼苗 MDA 含量随水分胁迫程度加剧而增加，且根系 MDA 含量小于叶片。卜令铎等（2009）研究表明随着干旱处理的持续，玉米叶片 MDA 不断上升。③ 可溶性蛋白　也是一种有效的渗透调节物质。植物在失水时产生的一些可溶性蛋白具有脱水保护功能。赵丽英等（2004）研究表明干旱导致玉米幼苗蛋白水解，使其含量下降；葛体达等（2005）指出，水分胁迫下夏玉米叶片与根系的可溶性蛋白质含量降低；马旭凤（2010）研究表明，在苗期水分亏缺下，随土壤含水量的降低，玉米叶片可溶性蛋白含量增加。本研究显示，随着水分胁迫时间的延长，各处理

玉米幼苗叶片、根系的可溶性蛋白含量均呈先下降后升高的趋势，但仅播后第25d出现胁迫处理与CK差异显著，其余各时期胁迫处理均与同期CK差异不显著。

（5）干旱胁迫下玉米苗期的保护酶作用　作物体内为保护自身免受氧化伤害形成一套相应的抗氧化保护酶系统（如SOD、POD和CAT等）来保护植物细胞膜和敏感部分免受活性氧的伤害。张仁和等（2011）对玉米三叶期持续7d干旱胁迫的研究结果表明，干旱胁迫下SOD、POD、CAT活性先升高后降低，SOD对干旱胁迫反应更敏感。葛体达等（2005）通过对夏玉米全生育期水分胁迫试验发现，随玉米生育进程的推进，根系和叶片SOD、CAT和POD活性呈先升后降的变化趋势玉米CAT、POD对水分胁迫的反应均比SOD敏感。马旭凤（2010）研究表明，随着干旱程度的增加，玉米叶片SOD、CAT活性增加的幅度增大，而POD活性增加的幅度减小。王智威等（2013）研究表明；随水分胁迫程度的加剧，干旱胁迫下春玉米幼苗叶片CAT和POD活性均较高而SOD活性最低，根系SOD和POD活性较高而CAT活性最低，说明水分胁迫条件下，玉米叶片和根系中POD同步降低氧化伤害，而SOD和CAT在叶片和根系间存在互补作用；在胁迫初期（第15、第20d），玉米叶片中CAT对干旱胁迫较SOD、POD更敏感；玉米苗期根系在中度水分胁迫下主要依赖CAT降低氧化为害，重度水分胁迫下根系前期主要依赖CAT而后期通过CAT和POD的共同作用来降低氧化伤害。

2. 水分胁迫对玉米产量的影响

（1）干旱胁迫对玉米果穗性状及经济产量的影响　生育期间连续的干旱胁迫，将使果穗建成受到严重影响，亦即果穗体积减小，导致库容量不足，无法贮存较多的干物质，以至于穗粒数和百粒重降低，产量大幅下降。

（2）干旱胁迫对玉米籽粒产量及产量构成因素的影响　白向历等（2009）对不同生育时期水分胁迫的研究结果表明，任何生育时期的土壤干旱均会导致玉米减产，其中，抽雄吐丝期水分胁迫减产最重，其次是拔节期，苗期相对较轻。苗期水分胁迫使玉米籽粒的“库”形成受到一定阻碍，但由于后期仍维持较大的绿叶面积，复水后可迅速补偿由于前期水分胁迫所减少的生长量，减产较轻。拔节期水分胁迫导致植株矮化，穗位高降低，从而使产量降低。抽雄吐丝期是玉米的水分临界期，干旱可导致散粉至吐丝期间隔（ASI）加大，致使花期不遇，穗粒数大幅度下降，从而严重影响玉米的产量。宋凤斌等（2000）研究表明干旱胁迫植株的籽粒降低是由于籽粒线性灌浆速率的下降或灌浆持续时间的缩短或两者共同作用所致。一般来说，所有被干旱胁迫的植株，其籽粒灌浆持续时间缩短 2~9d，籽粒线性灌浆速率下降 8%~18%。

张淑杰等（2011）认为干旱胁迫导致的减产不仅与干旱胁迫的程度、持续时间有关，而且还与作物所处的发育期有关。受水分胁迫影响穗重、穗粒重和穗粒数都呈减少的趋势，变化幅度为穗粒数 > 穗重 > 穗粒重，不同生育期干旱胁迫处理的减产幅度为抽雄吐丝期 > 拔节孕穗期 > 苗期。苗期、拔节孕穗期、抽雄吐丝期发生重度干旱穗粒重分别减少 53.2%、89.1%、99.4%，发生中度干旱穗粒重分别减少 47.8%、79.4%、96.9%，发生轻度干旱穗粒重分别减少 32.5%、71.0%、90.1%。可见穗粒数的减少是玉米抽雄吐丝期水分胁迫下产量降低的主要限制因子，尽管粒重的增加可以弥补穗粒数的减少而导致的产量损失，但粒重的增产作用远远小于由于穗粒数下降所造成的产量损失，从而使产量大幅度下降。玉米穗行数和行粒数减少是穗粒数降低的主要因素，秃尖增长也是导致穗粒数降低的原因之一。

（三）抗旱性指标

玉米的抗旱性是指玉米对干旱的适应性和抵抗能力，即在土壤干旱或大气干燥条件下，玉米所具有受伤害最轻、产量下降最少的能力。在干旱胁迫下，玉米为使其细胞各种生理过程在微环境中保持正常状态，在形态特征和理化特性上会发生一系列变化，其抗旱性是通过抗旱鉴定指标来体现的。抗旱性鉴定指标，既能反映品种的抗旱性能，又能体现品种的产量水平。

1. 形态指标

许多研究者发现发达根系与抗旱力呈正相关。因为未被根所穿透的土壤中的水分是作物不能利用的，所以有发达根系的作物能有效地利用水分，从而防止或推迟干旱的伤害。叶形、叶色与取向也与抗旱性有关，淡绿和黄绿色叶片可以反射更多的光，维持较低的叶温而减少水分散失。一般认为干旱下叶片容易卷曲者抗旱能力弱。但胡荣海（1986）指出，以叶片萎蔫程度来判断品种的抗旱性是不准确的，因为有的作物是以叶片萎蔫下垂、卷曲等方式来适应水分胁迫的。

吴子恺（1994）提出理想型抗旱玉米的概念：在干旱土壤条件下能出苗生长，苗期有较高的根苗比，在细胞中能活跃地积累溶质，叶直立、深绿色，并且有蜡质层：在干旱条件下通常不卷叶，在干旱胁迫下叶片能在低水势下维持基本功能；取消胁迫后，能迅速恢复。开花期果穗生长迅速，因而在干旱胁迫下有短的 ASI。雄穗小，株高较矮。以相对低的强度传递土壤干旱信号，气孔对激素脱落酸（ABA）不过度敏感，在良好灌溉条件下具多穗性，在干旱条件下结单穗而不败育。

2. 生理指标

（1）叶片水势（LWP）　玉米叶片的水分状况可用叶片水势来表示。当叶细胞内水分不足时，水势降低，水分亏缺越严重，水势值就越低，相应吸水能力就越强。在土壤—植物系统内，水分由高水势向低水势处移动。因此，水势大小在一定程度上反映出玉米叶片对水分的需求状态，表示叶细胞吸水潜力的强弱。在正常供水条件下，抗旱品种的叶水势较低；在干旱胁迫下所有玉米品种的叶水势均降低，但抗旱品种的叶水势降低不明显。

（2）叶片相对含水量（RWC）及离体叶片抗脱能力　相对含水量是指植物组织实际含水量占组织饱和含水量的百分比，常被用来表示植株在遭受水分胁迫后的水分亏缺程度。张宝石等（1996）认为，不同玉米基因型叶片的保水能力与各自交系的抗旱系数间呈极显著的相关关系。抗旱性强的品种由于细胞内有较强的黏性、亲水能力高，在干旱胁迫下抗脱水能力强；而抗旱性弱的品种则抗脱水能力较弱。

（3）气孔扩散阻力（RS）　植物通过气孔的水分损失量占总损失量的80%~90%，气孔调节对作物抗旱起着重要的作用。气孔扩散阻力大，蒸腾强度小的自交系或品种，其抗旱性强。罗淑平（1990）对抗旱玉米自交系 RS 值的测定结果表明，缺水时抗旱自交系的敏感指数较低（0.38~0.73），不抗旱自交系的敏感指数较高（1.43~13.65）。关于作物受旱后 RS 的变化与耐旱性的关系，存在两种不同的观点。一种认为干旱时 RS 增大，在减少水分蒸腾的同时，也减少了叶片对 CO_2 的吸收，因而干旱胁迫下 RS 增值较少的品种抗旱性较强。另一种观点认为，受旱后 RS 增大，能够有效地控制体内水分的损失，可以保持体内较高的光合速率，因此在干旱条件下 RS 增值较大的品种抗旱性较强。

（4）相对电导率（REC）　原生质膜是对水分变化最敏感的部位，水分胁迫会造成原生质膜的损伤，使质膜稳定性降低，透性增大，细胞内含物外渗，电导率升高。张宝石等（1996）研究表明，玉米受旱后的相对电导率与耐旱性呈密切的负相关，受旱后相对电导率稳定性高的基因型是耐旱基因型。斐英杰等（1992）对 67 个玉米品种幼苗叶片的电解质渗透与抗旱性关系的分析表明，电解质渗透率与耐旱性为极显著的负相关，且灵敏度较高，是鉴定玉米幼苗耐旱性的较好指标。

（5）抽雄和抽丝间隔时间（ASI）　抽雄和吐丝间隔时间（ASI）是一个高度遗传的性状。研究表明玉米在水分胁迫下，抽丝延迟时间短，抽雄和吐丝间隔时间短的品种抗旱性较强；反之，其抗旱性较差。

3. 生化指标

（1）酶活性的变化　SOD、CAT 和 POD 是生物体内的保护性酶，在清除生物自由基上担负着重要的功能。抗旱性强的基因型，在干旱胁迫下 SOD、CAT 和 POD 的活性较高，能有效地清除活性氧，阻抑膜脂过氧化。孙彩霞等（2000）研究表明玉米在水分胁迫初期 SOD、CAT 和 POD 活性升高，但随着水分胁迫时间的延长和强度的增加，SOD、CAT 及 POD 活性不同程度地下降，说明适度水分胁迫能增强植物对干旱的适应性。张敬贤等（1990）研究认为，从 SOD、CAT 和 POD 在干旱胁迫下的变化幅度看，POD 反应不如 CAT 和 SOD 敏感，且与品种的耐旱性关系不密切。王振镒（1989）的研究表明，随土壤水势下降，抗旱玉米叶片的 SOD 活性明显上升，不抗旱玉米则变化不大；玉米 POD 活性虽然上升，但不耐旱品种上升幅度小或上升后又下降。

硝酸还原酶对水分胁迫极为敏感，可以影响植物体内各种代谢过程和作物的产量，即使轻微干旱也导致 NR 活性下降，使植株因体内硝酸积累过多而发生毒害。侯建华等（1995）认为，在玉米生育中期，耐旱品系 NR 活性的下降与不耐旱品系 NR 活性的下降之间差异较为明显。

PEP 羧化酶是玉米等 C4 植物的主要光合羧化酶，主要是固定 CO_2。在干旱条件下，PEP 羧化酶活性的增加，对促进体内合成代谢，增加玉米抗旱性有重要作用。

（2）丙二醛（MDA）含量　张宝石等（1996）对不同玉米基因型叶组织中的丙二醛（MDA）含量的测定结果表明，在干旱条件下，所有基因型叶组织的丙二醛（MDA）含量均大幅度增加，而且增加的幅度存在基因型差异，抗旱性较强的基因型增加的幅度小，反之增加的幅度大。其原理为丙二醛（MDA）是质膜过氧化的主要产物，其含量高低反映质膜过氧化程度。膜脂过氧化会引起膜中蛋白质聚合、交联以及类脂的变化，使膜上的孔隙变大，通透性增加，离子大量外泄引起细胞代谢紊乱，严重时导致植物受伤或死亡。

（3）脯氨酸（Pro）含量　游离脯氨酸在受水分胁迫时可出现大量的积累。在干旱胁迫下，当植物组织水势下降到一定阀值后，玉米叶片即开始积累游离脯氨酸，由此认为可以将游离脯氨酸含量作为表示玉米抗旱性鉴定的生理指标。抗旱性强的作物体内游离脯氨酸含量高，随生长发育的进程，游离脯氨酸含量逐渐降低。魏良明等（1997）通过对玉米抗旱性生理生化研究，表明 3 种观点：①植株在干旱条件下累积的游离脯氨酸和田间的抗旱性相关，游离脯氨酸可作为筛选抗旱品种的指标；②植株内游离脯氨酸的相对变化率与品种的抗旱性密切相关；③植物抗旱性差异与累积的游离脯氨酸的多少无关，不宜将它作为筛选抗旱品种的指标。总之，脯氨酸的累积与玉米抗旱性的关系存在分歧，有待进一步研究。

（4）脱落酸（ABA）含量　脱落酸（ABA）是一种植物生长调节剂，正常条件下植物体内含量很少，水分胁迫可以增加脱落酸（ABA）含量，降低细胞分裂素 CK 的水平，从而改变细胞膜的特性，使气孔关闭，减少蒸腾，保持水分。在干旱胁迫下，植物叶片的脱落酸（ABA）含量可增加数十倍，且抗旱型品种比不抗旱品种积累更多的脱落酸（ABA），这个在玉米上得到了证实。有人认为，干旱诱导产生的脱落酸与植株的耐旱性没有直接关系，脱落酸可能是植株水分亏缺的化学信号，该信号传递并启动了基因表达产生特异的干旱适应性蛋白质。

（5）干旱诱导蛋白　植物对干旱的适应能力不仅与环境干旱强度、速度直接相关，而且植物的抗旱能力也受基因表达控制。在一定干旱胁迫下，有些植物能进行有关抗旱基因的表达，随之产生一系列形态、生理生化及生物物理等方面的变化而表现抗旱性。近年来研究表明，干旱胁迫能诱导植物产生特异蛋白。

（6）其他指标　抗坏血酸是细胞抗氧化剂，可清除活性氧而保护生物膜。干旱引起水稻抗坏血酸含量下降，耐旱品种含量高于不耐旱品种。抗坏血酸是保护性指标。斐英杰等（1992）认为水势降到一定值后，抗坏血酸变化率与水势相关达极显著水平，玉米作物也得到了验证。

谷胱甘肽（GSH）是一种重要的保护物质，可以通过调节膜蛋白中巯基与二硫键化合物的比率，而对细胞膜起保护作用，参加叶绿体中抗坏血酸、谷胱甘肽循环，以清除 H_2O_2。研究发现干旱胁迫下胡萝卜素含量明显降低，甘露醇能明显抑制叶绿素的氧化、阻抑 MDA 增生。用它来测定或鉴定玉米抗旱性高低，这方面的试验相对较少。

4. 产量指标

抗旱性是指植物对干旱胁迫的适应性和抵抗能力，其抗旱能力的高低主要表现在产量方面，因此产量指标是抗旱性最重要的鉴定指标。因而，评价玉米抗旱性应以其在干旱情况下能否稳产高产为依据。吴子恺（1994）研究表明，玉米在播种后 50d 左右，每受旱 1d，平均减产 3%；抽雄至吐丝期每受旱 1d，平均减产 6%~7%，最多可减产 13%；籽粒灌浆初期平均减产 4%。

（四）应对措施

中国黄土高原地区干旱已成为影响该地区玉米生产的一大灾害。因此为了减轻干旱对玉米生产的影响，主要采取以下措施。

1. 选用抗旱品种

选用抗旱性强、丰产稳产性好、增产潜力大、熟期适宜的优良玉米品种。同时根据品种特性及各地生产条件、土壤肥力、施肥水平和管理水平等进行合理密植，降低干旱对产量的影响。

2. 种子处理

利用抗旱型复合种衣剂对玉米种子进行包衣，防治苗期病虫为害，增强根系的活力和自身抗逆性。播前对种子进行抗旱锻炼，采用干湿循环法处理种子，提高其抗旱能力。

3. 适期适墒播种

针对旱情发展，适时抢墒早播，促进苗早、苗全。在黄土高原干旱半干旱地区，提前播种可避免授粉期高温干旱，也可延长品种生育期，能充分发挥中晚熟品种的增产潜力，提高玉米产量。

4. 推广抗旱技术

因地制宜推广成熟实用、简便高效的抗旱节水技术。一是推广地膜覆盖增温保墒技术。地膜覆盖种植具有增温保墒、集雨抗旱、提质灭草等作用，是旱作农业区最有效的抗旱措施之一。通过起垄覆膜，积蓄自然降水，减少水分蒸发，将无效降水变为有效降水，提高降水利用率，增强作物抗旱能力。同时可以提前播种，提早成熟，避免早霜对作物的为害。二是推广秸秆保墒技术。可降低土壤温度，有效减少土壤水分的蒸发，增加土壤蓄水量，起到抗旱保墒作用。三是应用新技术，增强玉米抗旱性。玉米抗旱增产剂是一种由超强吸水材料组成，含有多种微量元素、植物生长调节剂、杀虫剂、杀菌剂的新产品，能很好的吸收深层土壤水分，减少水分蒸腾和渗漏，在作物根系周围形成小水库，又具有缓释性，供作物吸收利用。

5. 加强田间管理

在黄土高原玉米产区，最重要的栽培措施就是土壤肥力的管理。通过测土，实行配方施肥，从而达到以肥调水，使水肥协调，提高水分利用率，还能改善土壤物理环境，提高土壤持水保墒能力，从而增加玉米的抗旱能力。运用化学除草剂能及时清除玉米田的杂草，避免杂草消耗土壤中的水分和养分。同时，枯死的杂草又可增加地表植被，起到了覆盖、防风、保墒作用，有利于提高玉米田的土壤水分含水量。

二、温度胁迫

（一）低温胁迫

玉米原产于热带，是一种喜温作物，对温度要求较高。玉米适宜生长温度为18~32℃，而低温对玉米光合作用的影响将直接导致玉米产量和品质的下降。黄土高原区玉米低温胁迫多发生在春播区苗期和灌浆期，其余时期低温对玉米不敏感。

1. 发生时期

（1）播种－出苗期　玉米种子发芽最低温度为6~7℃，温度低发芽时间长，种子容易霉烂；当地温达10℃以上，种子发芽较快而且整齐，所以春季播种过早对出苗不利。出苗后2~3℃低温，影响正常生长，尤其出现倒春寒，温度在0℃以下轻者幼苗受冻害，重者导致幼苗死亡。黄土高原地区玉米种植多为春播区，通常在4月下旬至5月上旬播种较为适宜，地膜覆盖种植可提前于4月中旬播种。

（2）出苗－吐丝期　此阶段进入了玉米生长发育的旺盛阶段，尤其进入拔节期以后，温度升高生长发育快，有利于株高、茎粗、叶面积和单位干物质重量的增加。平均气温低于23.9℃，就会受到影响，低于23℃就会减产。

（3）吐丝－成熟期　此阶段是产量形成的重要时期。从开始吐丝至吐丝后13d是籽粒缓慢增重时期；吐丝后14~45d是籽粒快速增重时期，灌浆速度直线上升；46d后至成熟又转为籽粒缓慢增重时期。尤其是灌浆期，低温使植株干物质积累速率减缓，灌浆速度下降，致使百粒重下降造成减产。黄土高原地区主要是防止秋季降温过早，初霜到来过早，灌浆期气温低，灌浆速度缓慢，且灌浆期明显缩短，籽粒不能正常成熟而减产。因此，温度是玉米籽粒灌浆的主要影响因子之一，低温影响淀粉的形成和籽粒的充实度，导致玉米产量降低。此阶段低温胁迫对玉米产量的影响十分重要。

2. 低温胁迫对玉米生长发育和产量的影响

（1）低温对玉米生理生化影响

① 低温对玉米叶绿素及光合作用的影响　在不同叶位的叶片中，越是处于上部正在发育的叶片，经低温处理后，叶绿素含量下降的幅度越大；而底部发育成熟的叶片，虽然低温也能降低叶绿素含量，但降低的幅度较小。低温明显减弱玉米功能叶片的光合强度，减弱程度随低温强度和持续时间的增加而增大。温度从25℃下降至5℃时，叶片的光合作用降低，叶

绿素 a、b 含量降低，地上部生长减慢，根和茎中的呼吸增加。② 低温对玉米呼吸作用的影响　低温能明显减弱玉米的呼吸，减弱程度随低温强度和持续时间的增加而增强。③ 低温对玉米可溶性蛋白及可溶性糖的影响　路芳等（2002）对玉米种子萌发过程中进行低温冷袭（3.0℃）。研究结果表明：可溶性蛋白质含量、可溶性糖含量均随叶龄和生长天数的增加而呈下降趋势；但是相对电导率和植株浸出液中的 K^+、Mg^{2+} 和 Ca^{2+} 含量则呈上升趋势。从冷袭处理植株与对照植株之间各项指标的差值来看，均在 15d 龄或 17d 龄差值最大，说明此时期是玉米敏感性最大的时期，也就是玉米离乳期。但王茅雁（1989），高素华（1997）等与路芳的观点不同，认为低温处理降低核酸含量，但可溶性蛋白质含量增加。高桂花等（2006）研究低温胁迫对玉米幼苗可溶性蛋白含量的影响时发现，5 个玉米自交系可溶性蛋白含量变化较大。低温胁迫处理的前 2d，可溶性蛋白含量下降较显著，而后略有上升。对可溶性糖进行测定，变化趋势与可溶性蛋白正好相反。在低温胁迫的前 2d，可溶性糖含量均有不同程度增加，但随着胁迫时间的延长，5 份玉米自交系的可溶性糖含量均不同程度的下降。④ 低温对玉米脯氨酸的影响　王连敏等（1999）对玉米幼苗进行 6℃低温处理，研究表明：低温可明显地增加玉米体内脯氨酸含量。玉米细胞内游离脯氨酸含量的增加可以提高细胞的抗逆能力，增加细胞对不良环境的适应性，从而减轻细胞膜的受害程度。马凤鸣等（2007）采用盆栽方法，在玉米三叶期进行低温胁迫试验，设定 5 个温度梯度，5 个胁迫时间。试验结果表明：随着低温胁迫条件的变化，4 个品种幼苗叶片中的脯氨酸含量的变化是先升高而后下降，但基本都高于对照，表明膜系统的保护作用增强。对同一品种来说，随着低温胁迫程度的增加，植株游离脯氨酸含量增加速度加快，其增加幅度为：5℃ >6℃ >7℃ >8℃ >9℃ >CK。并随着低温胁迫时间的延长，植株幼苗叶片内游离脯氨酸积累量增加，脯氨酸积累有助于细胞或组织持水，降低冰点，增加植物对低温胁迫的抵抗力。⑤ 低温对玉米电导率影响　低温强度越高，玉米体细胞中的电导率增加幅度越大，细胞膜系统受到破坏程度就越大。⑥ 低温对玉米细胞保护酶活性的影响　在低温胁迫下，玉米体内活性氧清除系统的活性就会增加或减小，破坏了氧的产生和清除的平衡关系，会对玉米的生长发育产生不利影响。吴建慧等（2004）在光照和黑暗条件下，测定玉米幼苗叶片中超氧自由基的产生速率增加；保护酶 SOD、CAT 活性下降，POD 活性升高。上升阶段，超氧化物歧化酶活性增加的幅度随抗寒性的增强而增大；下降阶段，超氧化物歧化酶活性降低幅度随着抗寒性的增强而减小。过氧化氢酶（CAT）变化趋势与超氧化物歧化酶（SOD）相同，活性也随着低温胁迫的加重而降低。同一品种的过氧化氢酶活性随着低温胁迫程度的加重而不断降低。

（2）低温对玉米生长发育的影响

① 低温对玉米营养生长的影响　玉米从发芽到成熟，各个时期遇到低温都会使生长延缓。史占忠等（2003）试验种子萌发期对低温的反应时发现，低温会降低种子的发芽势和发芽率，且发芽势降低的幅度大于发芽率。种子发芽后低温，显著抑制植株营养体的生长和发育进程，抑制程度随低温持续时间的延长而加重。受抑制的营养生长是可恢复的，恢复时间的长短根据植株营养生长被抑制的程度而定。低温持续时间越长，受抑制程度越重，恢复过程也就越长。玉米播种至出苗期间温度低不但使出苗推迟，还会影响苗全苗齐苗壮，使玉米遭受苗期低温为害，生长发育受影响。玉米出苗至吐丝期受低温影响，营养生长受抑制，主要表现在干物质积累减少，株高降低及各叶片出现时间向后推迟。其主要原因是低温减小光合强度，即光合速率下降，同时植株功能叶片有效叶面积增加缓慢也是一个限制因素。② 低温对玉米生殖生长及产量的影响　低温对玉米生殖生长的影响主要是在玉米的生育后期。在生育后期遇低温时，玉米生殖生长就会受到阻碍从而引起减产。低温不但显著抑制植株的营养生长和生殖生长，而且延迟发育进程，使出苗、拔节和抽穗期推后。张德荣等（1993）认为在玉米各生育期进行低温处理，以孕穗期减产最多，是玉米生理上低温冷害的关键期。玉米籽粒灌浆期低温主要是降低籽粒干物质积累速率，灌浆前期低温影响严重，越往后影响越小。灌浆期低温使玉米干物质积累速率减缓，即灌浆速度下降，这是由于玉米上部叶片光合能力降低而导致干物质积累速度降低。据报道，在灌浆期温度低于16℃，玉米灌浆过程基本停止。同时低温对玉米籽粒产生直接伤害，并且玉米籽粒比叶片受伤害严重，这是导致玉米生长发育受阻的主要原因。孙孟梅等（1999）分析低温冷害对玉米含水率的影响时认为，低温会影响玉米的成熟度，进而使籽粒含水率增加，造成玉米成熟后产量和品质下降。张国民等（2000）研究表明，苗期低温可使玉米的百粒重下降，6℃、10℃处理后，百粒重分别比对照下降9%和3.6%，从而造成玉米减产。王书裕等（1995）研究表明：在生长季节如积温比常年少5℃，玉米会发生一般程度的冷害，减产5%~15%；如少于10℃以上，则导致严重冷害，减产在25%以上。

3. 应对措施

（1）品种选择　因地制宜选用适合当地气候条件的耐低温、高产、优质的玉米优良品种。

（2）适期播种　根据品种发芽临界温度，调整播期，适当早播可避免生育后期低温胁迫。采用地膜覆盖栽培、适时早播、促早熟，是提高玉米抗寒性、保证稳产高产的主要措施。

（3）化学调控措施　化学调控是在低温对玉米生理过程影响的基础上，针对玉米的受害机理，采用化学制剂进行调节生理过程以便达到新的生理平衡，提高玉米的抗寒性，减轻低温对玉米生产的为害。化学调控对于早播玉米的苗期以及灌浆后期低温防御具有一定促进作用。

（4）冻害后的管理　① 及时调查苗情。根据实际情况，缺苗 20% 左右无需补种，同行或邻行留双株；缺苗 20%~40% 地块推迟定苗，留双株或移苗补栽；缺苗 50% 以上地块待气温回升，及时进行抢墒催芽补种早熟品种。② 及早中耕补肥、促进早发快长　玉米苗期叶尖部遭受低温冷害，生长势明显减弱，根系发育不良，施用适量 P 肥、叶面喷施生长调节剂或叶面肥，并及早进行中耕松土，提高地温。③ 苗期施用 P 肥能改善玉米生长环境，对缓解低温冷害有一定效果　也可用禾欣液肥 50ml，对水 500ml 拌种，可提高抗寒力。还可用生物 K 肥 500g 对水 250ml 拌种，稍加阴干后播种，增强抗逆性。④ 及早防控病虫。玉米苗期受冻后，抗逆性有所下降，应根据田间情况，密切关注天气变化，加强病虫的预测预报并及时做好防控。

（二）高温胁迫

1. 发生时期

随着全球气候变暖，高温对玉米生长发育的影响日益突出，在黄土高原地区异常高温天气现象的出现频率越来越高。在玉米整个生育期间，花期是对高温最敏感的时期，也是影响玉米稳产高产的重要因素之一。开花期是玉米营养生长和生殖生长并进的阶段，此阶段的适宜温度是 25~27℃，气温高于 32℃不利于授粉，特别是喇叭口期至抽雄前是玉米需水量最大时期，此时遇高温天气，雄穗提前抽出，雌穗因顶端优势作用推迟吐丝，加大开花与吐丝时间差，使其花期不遇，此时花粉生命力降低，花柱的柱头黏着力差，易枯萎，形成小穗、缺粒、空秆率高，进而导致产量降低。

2. 高温胁迫对玉米生长发育和产量的影响

（1）高温对玉米主要生理生化过程的影响　植物的外部形态表现出高温伤害以后，其生理生化过程受到明显的影响。一般来说，高温通过扰乱植物正常的生命活动而不利于最终的干物质生产。

① 高温对玉米光合及呼吸作用的影响　光合作用被认为是对高温最敏感的过程之一，在其他胁迫症状出现以前，可以完全被抑制。高温主要影响叶绿体内类囊体的物理化学性质和结构组织，导致细胞膜的解体和细胞组分的降解，其中，光系统Ⅱ（PSⅡ）对高温尤其敏感。对玉米苗期高温的研究表明，高温使玉米叶片叶绿素和类胡萝卜素含量降低，PSⅡ的效率（Fv/Fm）和籽粒产量（¢ PSⅡ）都下降，光合强度降低，但PEP羧化酶和RUBP羧化酶的活性均保持较高的水平；对玉米成株的研究还发现，在日均温15~31℃范围内，P650（光强650 μmol · m^{-2} · S^{-1}的光合强度）与作物生长速率呈高度正相关。与光合作用相比，呼吸作用受高温的影响要小一些，这与线粒体的热稳定性较叶绿体强有关。② 高温对玉米籽粒淀粉合成的影响　淀粉是禾谷类作物籽粒中最主要的组成物质，一般占籽粒干重的60%~70%。与淀粉合成有关的酶很多，但起关键作用的有可溶性淀粉合成酶（SSS）、ADP-葡萄糖焦磷酸化酶（ADPGppase）、淀粉粒结合型淀粉合成酶（GBSS）和分枝酶（BE），禾谷类作物获得最高产量的温度为20~30℃，高温条件下产量降低是由于淀粉合成的数量减少。

（2）高温对玉米生长发育的影响

① 高温对玉米生育前期生长发育的影响　苗期性状的研究发现，高温使玉米单株干重和叶面积变小，比叶重增大，叶片伸长速率减慢，根冠比在20~30℃范围内呈"V"形变化趋势；在营养生长与生殖生长共进阶段，高温使玉米生长速率（CGR）和叶面积比（LAR）增大，但净同化率（NAR）下降。② 高温对玉米生育后期生长发育的影响　玉米的开花期对高温非常敏感，开花期36℃以上的高温会使玉米的受精率急剧下降。这是因为玉米的花粉在高温下没有热激反应，容易失活。虽然雌穗较耐高温，在高温下有热激反应，但在授粉后却没有热激反应。开花后两周是籽粒胚乳细胞分裂和伸长的时期，对形成潜在的库容具有重要意义，高温会降低胚乳细胞的分裂速度，缩短分裂持续的时间，结果使胚乳细胞的数量减少。同时由于高温抑制淀粉的合成，降低了胚乳细胞的伸长速率，使胚乳细胞变小，部分籽粒败育，最终导致籽粒库容量变小。③ 高温对玉米籽粒生长发育的影响　激素是植物生长过程中的重要调节物质，细胞分裂素（CTK）能够促进细胞分裂，脱落酸（ABA）的作用则与CTK相反，CTK和ABA浓度平衡对玉米籽粒的正常生长发育是至关重要的。玉米籽粒发育期间高温会使籽粒中ABA含量增加，并在一段时间内维持较高水平，而玉米素（Zeatin）和玉米素核苷（Zeatin riboside）的含量降低，CTK和ABA之间的平衡被打破，对玉米

的籽粒的生长发育造成不良影响。

（3）高温对籽粒灌浆和产量的影响　赵丽晓等（2014）研究表明，灌浆速率的高低与灌浆持续期的长短是影响玉米粒重的重要因素。高温缩短了玉米的生育期及籽粒灌浆时间，虽然花期高温加快了灌浆速率，但不足以弥补因缩短灌浆时间而引起的产量下降。且有研究表明，玉米籽粒灌浆时间与生育期间的夜温有关，较高的夜温减少了籽粒灌浆时间。

张保仁等（2006）研究认为，高温对玉米产量影响的研究多集中在开花以后。花后高温使玉米籽粒灌浆速率加快，但灌浆持续期缩短，灌浆速率加快对产量提高的正效应不能弥补灌浆持续期缩短对产量的负效应，因而最终产量降低。极端高温条件下，不但灌浆持续期缩短，灌浆速率也降低。一般认为，玉米籽粒生长的适宜温度是25℃，温度每升高1℃，籽粒产量降低3%~4%。

李少昆等（2010）认为玉米因高温而减产的原因主要有：一是缩短了生育期和灌浆期，光合产物向穗部转移率下降；二是呼吸消耗增加；三是开花灌浆期遇35℃以上高温，阻止了花粉散发，降低了授粉率，且植株根系早衰，叶片功能下降，千粒重降低。

陶志强等（2013）总结了华北地区高温胁迫造成春玉米减产原因的主要包括7个方面：① 高温缩短了生育期，干物质累积量下降，籽粒灌浆不足，产量受损；② 高温降低了灌浆速率，致使粒重降低；③ 高温环境下，生殖器官发育不良，不能正常授粉、受精，降低了结实率；④ 高温改变了叶绿体类囊体膜结构和组织以及色素含量的正常生理生化特性，抑制了光合速率；⑤ 高温使根系和叶片的膜脂过氧化水平提高，根系和叶片的生长速度降低且衰老加快；⑥ 高温使叶片的水分状态偏离了正常水平，限制了叶片正常代谢的功能，同时也扰乱了玉米正常吸收和利用养分的功能；⑦高温易诱导植株发生病害。

3. 应对措施

（1）选用耐热品种，抵御高温伤害　应选择和种植高温条件下授粉结实良好、叶片短、直立上冲、叶片较厚、持绿时间长、光合积累率高的耐高温品种，这是抵御高温伤害的有效措施。一般含有四平头种质的品种耐热和耐湿性比较好，而部分在冷凉地区选育和含有热带种质的品种具有一定的风险，在高温易发区应当引起重视。

（2）因地制宜，调节播期，避开高温天气　通过调节播种期，使玉米幼苗最敏感的发育时期避开高温和干旱胁迫。黄土高原春播地区高温一般发生在7

月中旬至8月上旬，春播玉米可在4月上旬适当覆膜早播，使开花授粉期避开高温天气，从而避免或减轻为害。

（3）人工辅助授粉，有效提高结实率　在高温干旱期间，玉米的自然散粉、授粉和受精结实能力下降。如果在开花散粉期遇到38℃以上持续高温天气，可采用人工辅助授粉提高玉米结实率，减轻高温对作物授粉受精过程的影响。一般在早上8：00~10：00采集新鲜花粉，用自制授粉器授粉即可。

（4）降低密度，采用宽窄行种植　在低密度条件下，个体间争夺水肥的矛盾较小，个体发育较健壮，抵御高温伤害的能力较强，能够减轻高温热害。采用宽窄行种植有利于改善通风透光条件、培育健壮植株，使植体耐逆性增强，从而免受高温伤害。

（5）加强田间管理　营造田间小气候环境，提高植株耐热性，抵御高温伤害。通过加强田间管理，培育健壮的耐热个体植株，营造田间小气候环境，增强个体和群体对不良环境的适应能力，可有效抵御高温对玉米生产造成的为害。具体有如下几个方面。

① 科学施肥　重视微量元素的作用，以基肥为主，追肥为辅。叶面喷肥既有利于降温增湿，又能补充作物生长发育必需的水分及营养，但喷洒时须增加用水量，降低喷洒浓度。另外，叶面喷施ABA、Ca、SA和JA也可提高植株的耐热性。② 苗期蹲苗进行抗旱锻炼，提高玉米的耐热性　据研究，亚致死温度条件下的热胁迫不但能表现出品种间的耐热性差异，而且可以使作物获得并提高耐热性。利用玉米苗期耐热性较强的特点，在出苗10~15d后进行20d的抗旱和耐热性锻炼，使其获得并提高耐热性，减轻玉米一生中对高温最敏感的花期对玉米结实的影响。③ 适期喷灌水，改变农田小气候环境　高温天气一般发生在7月中旬至8月初，在此期间灌水，可直接降低田间温度。同时，灌水后玉米植株获得充足的水分供应可以加大蒸腾作用，使冠层温度降低，从而有效降低高温胁迫程度，也可以部分减少高温引起的呼吸消耗，减免高温热害。有喷灌条件的可以利用喷灌将水直接喷洒在植株叶片，降温幅度可达2~3℃。

三、土壤风蚀

（一）发生地区和时期

土壤风蚀是中国北方干旱、半干旱及部分半湿润地区土地退化的主要过程之一。其分布范围占国土面积的1/2以上，严重影响北方地区资源开发和社会经济的持续稳定发展。中国黄土高原土壤风蚀区大致分布在长城以北干旱、半干旱的广大地区，是中国乃至世界上生态系统脆弱地区之一，其中，甘肃定西、陕西北部、宁夏等地是土壤风蚀较为严重的区域。土壤风蚀的发生发展除了取决于特定的天气条件（大风、热力作用）以外，还与地理环境有很大关系。在黄土高原土壤风蚀区，天然降水较少，蒸发量较大，是毛乌素风沙区向陕北黄土高原丘陵区的过渡地带。随着人口的持续增长以及不合理的土地利用方式对生态环境压力的不断增强，使该区土地沙漠化扩展迅速，而且退化程度不断加剧。风蚀一般发生在冬春耕地农闲季节。

（二）防治措施

主要是通过对农田实行免耕、深松及作物秸秆、砾石覆盖地表等措施，从而减轻风蚀和水蚀，增强土壤蓄水保墒能力，改善土壤理化性状，提高作物产量和水分利用效率。

1. 砾石覆盖

砾石覆盖地表是防治风沙为害的主要措施之一，其抑制风蚀机理在于增加地表粗糙度，吸收和分解地表风动量，降低可蚀床面上的剪切力。另外，覆盖砾石还可减少风和地表土壤的直接作用面积，对地表形成保护。砾石覆盖层具有保水保墒、增加地温和保持地力的效果，在雨养条件下一般能保证作物丰产。

孙悦超等（2010）在内蒙古阴山北麓地区通过砾石覆盖试验研究表明：28% 左右的砾石覆盖度是有效抑制传统旱作农田地表风蚀比较合适的覆盖度，砾石覆盖度超过 28% 后，再增加覆盖度其抗风蚀效率提升幅度较小。

王志强等（2014）利用风洞模拟实验研究了砾石覆盖度和砾石粒径对土壤风蚀防护效率的影响。结果表明：一是在砾石粒径一定的条件下，砾石覆盖的防护效率与风速相关性不大，随砾石覆盖度的增加而增大。但当覆盖度大于 60% 后，近地层湍流开始发展，抑制了防护效率的进一步提升，防护效率趋于稳定。二是近地层湍流发展程度随覆盖砾石粒径增大而增强。因此在覆盖度一定的条件下，防护效率随砾石粒径增大而降低。三是对于工程应用，采用粒径为 1~2cm 的砾石，以 60%~80% 的覆盖度进行覆盖，在 18~26m/s 风速范围内防护效率均在 96% 以上。

秦百顺等（2012）进行了不同砾石覆盖保持土壤水分有效性的试验研究。结果表明：在起始条件相同的情况下，同一小区不同深度的土壤含水量是不同的，含水量随着土层深度的增加而增大；不同砾石覆盖厚度条件下，土壤含水量与砾石覆盖厚度成正相关关系；在相同覆盖厚度情况下，砾石粒径越小，覆盖抑制土壤蒸发效果越好，土层含水量也就越高。

2. 留茬免耕

免耕法是最大限度地减少土壤耕作和将作物残茬留于地表的一种耕作体系，是一种改良的、集约的、防治水蚀和风蚀的作物生产方法。秦红灵等（2008）利用风洞试验，分析土壤免耕条件下直立作物残茬对农田土壤风蚀的影响。研究表明：翻耕土壤地表风速、土壤风蚀侵蚀率均比免耕土壤高，而地表粗糙度免耕明显高于翻耕。在同样风速条件下，翻耕地土壤风蚀侵蚀率是免耕地的 3~8.2 倍，且随免耕年限的增加，土壤风蚀侵蚀率呈现递减的趋势。留有不同直立作物残茬免耕土壤地表粗糙度草谷籽 > 草玉米 > 莜麦 > 油菜，土壤风蚀侵蚀率呈现相反的趋势，地表粗糙度越大，风蚀侵蚀率越小。

刘汉涛等（2007）在内蒙古自治区武川县观测不同残茬高度条件下，农田土壤的风蚀情况。结果表明：土壤风蚀量和扬起沙尘的高度随风速的增加而增加，随着作物秸秆残茬高度的增加而降低，且风蚀量与高度变化符合指数函数关系，土壤颗粒主要集中在近地表层内运动。保护性耕作可明显地提高起沙风速，减少农田土壤损失。当秸秆高度为 30cm 时，风蚀量仅为传统耕地的 1/4 左右。

左燕霞等（2007）在张家口市涿鹿县的研究认为，在秋季作物收获后保留 20cm 的秸秆，能有效的减少大风引起的沙尘颗粒运动，大风作用下顺风耕作的土壤风蚀量是作物留茬地的 12 倍。因此，留茬免耕耕作方式，能减少冬春季农田土壤结构的扰动。

3. 残茬覆盖

残茬（秸秆）覆盖，就是在农田表面覆盖一层作物残茬（秸秆），形成地表太阳能、降水、气流相互作用的缓冲带，以减少土壤水分蒸发，调节土壤温度、提高土壤肥力和控制土壤侵蚀的一项新技术。残茬覆盖在防治风蚀过程中起着决定性的作用，主要是残茬覆盖可以隔离风力对土壤的直接作用和植物的根系对土壤有较好的穿插、固结和缠绕作用，其庞大的根系可使其周围的土体固定，最终达到抑制风蚀的效果。

赵永来等（2011）利用移动式风蚀风洞及其测试系统对内蒙古武川县上秃亥乡不同残茬盖度地表进行原位测试。结果表明：① 不同风速条件下，土壤风蚀量随作物残茬盖度的增加呈指数规律递减。因此从防治农田土壤风蚀的角度看，作物残茬盖度应保持在 30% 以上。② 传统耕作地表土壤颗粒起动风速为 5.58m/s，随作物残茬盖度的增大相应增大。当作物残茬盖度达到 40% 以上时，土壤颗粒起动风速提高到 10m/s 以上，其相应风蚀量也明显减少。③ 随着风速的增大，有效残茬盖度相应增大。在 10m/s 以上大风时，残茬盖度必须达到 40% 以上的水平才能避免风蚀；当风速达到 14~18m/s 时，有效抑制风蚀的残茬盖度须达到 60%~80% 的水平。

赵凤霞等（2005）对陕西渭北地区进行残茬覆盖对土壤的变化情况研究表明：① 残茬（秸秆）覆盖可减轻降水对土壤的拍打冲击淋洗，保持表土不被压实而下沉，并可以消除阳光曝晒引起的表土板结龟裂，保持土壤良好的结构；更为重要的是覆盖的秸秆还田后增加了土壤有机质，土壤中腐殖质物质和团粒结构的比重大大增加，为土壤良好结构形成奠定了物质基础，故使土壤的结构状况得以改善。同时，残茬（秸秆）覆盖后，由于土壤上层有机质的增加和含水量的提高，为蚯蚓提供了良好的栖息繁殖场所，致使农田蚯蚓大量增殖。蚯蚓的大量活动和增殖对改善土壤结构，提高土壤肥力有积极作用。② 残茬（秸秆）覆盖能有效地抑制土壤水分蒸发，同时可以阻挡日光直接曝晒地面，能降低土壤温度，减缓土壤水分汽化速度、降低土壤水分散失，因而能够起到良好的保墒效果。③ 残茬（秸秆）覆盖地表，既可阻止太阳直接辐射，也可减少土壤热量向大气中散发，同时还可有效地反射长波辐射。因此，残茬（秸秆）覆盖下土壤温度年、日变化均趋缓和，低温时有“增温效应”，高温时又有“低温效应”，这两重效应对作物生长十分有利，能有效地缓解气温激变对作物的伤害。

本章参考文献

白莉萍，隋方功，孙朝晖，等 .2004. 土壤水分胁迫对玉米形态发育及产量的影响 [J]. 生态学报（7）: 1 556–1 560.

白向历，孙世贤，杨国航，等 .2009. 不同生育时期水分胁迫对玉米产量及生长发育的影响 [J]. 玉米科学，17（2）: 60–63.

柏炜霞，李军，王玉玲，等 .2014. 渭北旱塬小麦玉米轮作区不同耕作方式对土壤水分和作物产量的影响 [J]. 中国农业科学，47（5）: 880–894.

陈捷 .2000. 我国玉米穗、茎腐病病害研究现状与展望 [J]. 沈阳农业大学学报，31（5）: 393–401.

陈渭南，董光荣，董治宝 .1994. 中国北方土壤风蚀问题研究的进展与趋势 [J]. 地球科学进展，9（5）：6-10.
崔凤娟，李立军，刘景辉，等 .2011. 免耕留茬覆盖对土壤呼吸和土壤酶活性及养分的影响 [J]. 中国农学通报，27（21）：147-153.
戴丽霞 . 2013. 甘肃省玉米红蜘蛛成灾原因及防治技术 [J]. 甘肃农业（22）：28-29.
杜守宇，田恩平，温敏，等 .1994. 秸秆覆盖还田的整体功能效应与系列化技术研究 [J]. 干旱地区农业研究，12（2）：88-94.
付增光，杜世平，廖允成 .2003. 渭北旱地小麦留茬深松膜侧沟播耕作技术体系研究 [J]. 干旱地区农业研究，21（2）：13-17.
高洁，祁新，蔚荣海，等 .2006. 玉米种质资源对丝黑穗病的抗性鉴定 [J]. 吉林农业大学学报，28（2）：142-147.
高亚男，曹庆军，韩海飞，等 .2010. 不同行距对春玉米产量和光合速率的影响 [J]. 玉米科学，18（2）：73-76.
高增贵，陈捷等 . 2000. 玉米灰斑病发生和流行规律及其发病条件的研究 [J]. 沈阳农业大学学报，10，31（5）：460-464.
巩毅刚，付艳 . 2011. 吉林省玉米丝黑穗病发病特点及综合防治技术 [J]. 现代农业科技（2）：196-197.
郭厚文 .2007. 玉米大斑病发病规律及防治技术 [J]. 河北农业科学，11（4）：62-64.
郭满库，王晓鸣，何苏琴，等 . 2011、2009 年甘肃省玉米穗腐病、茎基腐病的发生为害 [J]. 植物保护，37（4）：134-137.
韩金龙，王同燕，徐籽利，等 .2010. 玉米抗旱机理及抗旱性鉴定指标研究进展 [J]. 中国农学通报，26（21）：142-146.
韩思明，史俊通，杨春峰，等 .1988. 旱地残茬覆盖耕作法的研究 [J]. 干旱地区农业研究（3）：1-12.
胡荣海 . 1986. 农作物抗旱鉴定方法和指标 [J]. 作物品种资源（4）:30-33.
贾玉芳 . 2015. 玉米穗腐病的发病原因及防治措施 [J]. 中国农业信息（7）：51.
雷 虹 . 2002. 陕西省夏玉米田杂草发生及防治策略 [J]. 杂草科学（2）：31-33.
李春霞，苏俊 .2001. 黑龙江省玉米主要病害的发生因素分析及其防治对策 [J]. 黑龙江农业科学（6）：38-39.
李素玲，吴国定，刘海潮，等 .2000. 低温胁迫对玉米种籽发芽率的影响 [J]. 山西农业科学，28（2）：3- 6.
李英，钟文 . 2015. 玉米茎腐病的发生与防治 [J]. 农业灾害研究，5（5）：1-4.
刘连友，刘玉璋，李小雁，等 .1999. 砾石覆盖对土壤吹蚀的抑制效应 [J]. 中国沙漠，19（1）：61-62.
刘文玲 .2014. 玉米旋心虫发生与防治对策 [J]. 现代农业（7）：31.

刘巽浩，王爱玲，高旺盛 .1998. 实行作物秸秆还田促进农业可持续发展 [J]. 作物杂志（5）: 1–5.
罗珠珠，蔡立群，李玲玲，等 . 2015. 长期保护性耕作对黄土高原旱地土壤养分和作物产量的影响 [J]. 干旱地区农业研究，33（3）: 171–176.
孟英，李明，王连敏，等 . 2009. 低温冷害对玉米生长影响及相关研究 [J]. 黑龙江农业科学（4）: 150– 153.
钱荣，唐孝明 . 2014. 玉米蚜的识别与防治 [J]. 农业灾害研究，4（3）: 5–6.
秦百顺，李斌斌 . 2012. 不同砾石覆盖保持土壤水分有效性研究 [J]. 中国水土保持（6）: 46–48.
秦红灵，高旺盛，马月存，等 . 2008. 免耕条件下农田休闲期直立作物残茬对土壤风蚀的影响 [J]. 农业工程学报, 24（4）: 66–69.
秦一统，李敏权，胡冠芳，等 . 2013. 庆阳市全膜双垄沟播玉米田杂草种类及优势种群 [J]. 杂草科学, 31（2）: 34–38.
任海龙，张涛 . 2012. 玉米瘤黑粉病的发生与防治 [J]. 现代农业科技（6）: 190.
沈裕琥，黄相国，王海庆 . 1998. 秸秆覆盖的农田效应 [J]. 干旱地区农业研究，16（1）: 45–50.
苏艳红，黄国勤，刘秀英，等 . 2005. 旱地玉米抗旱措施研究进展 [J]. 江西农业学报, 17（1）: 56– 61.
孙悦超，麻硕士，陈智，等 . 2010. 砾石覆盖对抑制旱作农田土壤风蚀效果的风洞模拟 [J]. 农业工程学报, 26（11）: 151–154.
陶志强，陈源泉，隋鹏 . 2013. 华北春玉米高温胁迫影响机理及其技术应对探讨 [J]. 中国农业大学学报, 18（4）: 20–27.
王安乐，王娇娟，陈朝辉 . 2005. 玉米粗缩病发生规律和综合防治技术研究 [J]. 玉米科学, 13（4）: 114–116.
王富荣，石秀清，石银鹿 . 2000. 山西省玉米病害的发生现状及防治对策 [J]. 玉米科学, 8（3）: 79 –80.
王晓鸣，戴法超，朱振东 . 2003. 玉米弯孢菌叶斑病的发生与防治 [J]. 植保技术与推广,（4）: 37–39.
王晓鸣，戴法超，廖琴，等 . 2002. 玉米病虫害田间手册 [M]. 北京：中国农业科技出版社 .
王小燕，李朝霞，徐勤学，等 . 2011. 砾石覆盖对土壤水蚀过程影响的研究进展 [J]. 中国水土保持科学, 9（1）: 115–120.
王玉坤 . 1991. 袁庄麦田秸秆覆盖措施的研究 [J]. 灌溉排水 ,10（1）: 36–39.
王志强，富宝锋，何艺峰，等 .2014. 砾石覆盖对土壤风蚀防护效率的风洞模拟研

究 [J]. 干旱区资源与环境，28（9）：90–93.
王智威，牟思维，闫丽丽，等 . 2013. 水分胁迫对春播玉米苗期生长及其生理生化特性的影响 [J]. 西北植物学报，33（2）：343–351.
吴子恺 . 1994. 玉米抗旱育种 [J]. 玉米科学，2（1）：6–9.
杨小利，刘庚山，杨兴国 . 2006. 甘肃黄土高原主要农作物水分胁迫敏感性 [J]. 干旱地区农业研究，24（4）：90–93.
姚志刚 . 2013. 低温对灌浆期玉米生长发育的影响及抗低温栽培措施研究 [J]. 河北北方学院学报，29（4）：41–44.
张保仁，董树亭，胡昌浩，等 . 2006. 玉米的高温胁迫及热适应研究进展 [J]. 潍坊学院学报，6（6）：90–93.
张管世 . 2009. 春播玉米苗期蓟马发生及防治 [J]. 科学之友（32）：163.
张培坤 . 2001. 玉米青枯病研究进展概述 [J]. 广西植保（2）：19–20.
张淑杰，张玉书，纪瑞鹏，等 . 2011. 水分胁迫对玉米生长发育及产量形成的影响研究 [J]. 中国农学通报，27（12）：68–72.
张永科，孙茂，张雪君，等 . 2006. 玉米密植和营养改良之研究Ⅱ，行距对玉米产量和营养的效应 [J]. 玉米科学，14（2）：108–111.
张玉书，米娜，陈鹏狮，等 . 2012. 土壤水分胁迫对玉米生长发育的影响研究进展 [J]. 中国农学通报，28（3）：1–7.
赵凤霞，温晓霞，杜世平，等 . 2005. 渭北地区残茬（秸秆）覆盖农田生态效应及应用技术实例 [J]. 干旱地区农业研究，23（3）：91–94.
赵丽晓，雷鸣 ，王璞，等 . 2014. 花期高温对玉米籽粒发育和产量的影响 [J]. 作物杂志（4）：6–9.
赵美令 . 2009，玉米各生育时期抗旱性鉴定指标的研究 [J]. 中国农学通报，25（12）：66–68.
赵月强，袁刘正，等 . 2013. 漯河市玉米穗腐病的发生与防治 [J]. 现代农业科技（2）：147–148.
钟承茂 . 2008. 玉米小斑病发生规律与综合防治技术 [J]. 农技服务，25（2）：83–84.
左建英，李育才 .2011. 山西省玉米大斑病的发生特点和综合防治技术 [J]. 内蒙古农业科技（3）：123–128.

第五章
黄土高原特用玉米概述

第一节　特用玉米简介

一、特用玉米种类

特用玉米是相对于普通玉米而言具有特殊用途的一个类群，是根据不同需要培育出的适合特殊用途的优质玉米品种，具有专用性、优质性、高效性等特点，也称作遗传增值玉米。因其独特的内在遗传组分，表现出各具特色的籽粒结构、营养成分、加工品质和食用风味特征，有着各异的专门用途和市场需求，是普通玉米不可替代的优质饲料、优质淀粉、优质食用油和优质食品的重要原料。一般包括甜玉米（普通甜玉米、超甜玉米、加强甜玉米），糯玉米，高淀粉玉米，高油玉米，优质蛋白玉米，爆裂玉米，青贮玉米，笋玉米等。

本节以甜玉米，糯玉米，爆裂玉米，青贮玉米为例，予以简要介绍。

（一）甜玉米

甜玉米又称果蔬玉米，起源于美洲大陆，早在哥伦布发现新大陆之前，印第安人就已经在种植甜玉米。国外对甜玉米的研究及育种工作开展较早，美国于 1863 年育成第一个甜玉米杂交种“达林早熟”。1924 年琼斯育成第一个白粒甜玉米单交种并进入商品生产。1927 年史密斯育成单交种“高登彭顿”广泛栽培至今。此外，亚洲的中国、泰国、日本、韩国及欧洲的法国、匈牙利等国家甜玉米研究也得到较快的发展。

中国甜玉米的研究始于 20 世纪 50 年代。1963 年李竞雄、郑长庚两位教授从国外引进一批甜玉米材料，开始进行甜玉米育种系统研究。1968年，北京农业大学首次选育出“北京白砂糖”杂交种应用于生产。20世纪70年代后期，甜玉米的选育研究受到重视。进入80年代，中国相继育成若干普通甜玉米、超甜玉米和加强甜玉米杂交种。20世纪90年代以来，中国各省份相继开展了甜玉米育种项目，每年都有一定数量的甜玉米品种问世。

1. 甜玉米的种类

甜玉米根据甜味的遗传基因不同，可分为3种类型：普通甜玉米、超甜玉米、加强甜玉米。

（1）普通甜玉米　普通甜玉米即传统的甜玉米，其甜性是由第4染色体上的隐性*su*基因所控制，*su*隐性基因的纯合使成熟籽粒表现为皱缩透明。普通甜玉米籽粒含糖量6%~8%籽粒淀粉中有1/3的支链淀粉，这种淀粉溶解于水，为水溶性多糖。

（2）超甜玉米　超甜玉米籽粒中的含糖量高达18.5%~20%，比普通甜玉米高出1倍以上。超甜玉米胚乳中缺少水溶性多糖。超甜玉米干籽粒中的的蛋白质含量比普通甜玉米高30%。

（3）加强甜玉米　加强甜玉米是在普通甜玉米Su基因基础上引入一个增强甜度的隐形修饰基因Se所得的新型甜玉米。加强甜玉米综合了普通甜玉米和超甜玉米的优点，具有更大的开发前景。

2. 甜玉米的营养成分

（1）碳水化合物　甜玉米籽粒中碳水化合物的组成和含量是决定其品质的重要指标之一。乳熟期甜玉米籽粒中的主要成分为可溶性糖（蔗糖、葡萄糖、果糖）和淀粉等，主要的糖是蔗糖，还有少量的葡萄糖和果糖。刘勋甲等（1999）对华甜玉一号甜玉米进行了成分分析，发现仅蔗糖含量就高达21.93%，而淀粉含量只有19.63%。乐素菊等（2014）对超甜玉米乳熟期籽粒成分和食用品质进行了分析，发现籽粒可溶性糖和蔗糖含量在授粉后16~18d有一个峰值。乳熟期甜玉米籽粒中的可溶性糖、蔗糖的积累动态基本呈“S”形曲线变化，而还原糖的含量在籽粒发育初期较高，之后随籽粒灌浆的进行而逐渐下降。水溶性多糖的积累动态在不同类型玉米间差异较大，普通甜玉米经缓慢增长期后，水溶性多糖含量迅速增加；超甜玉米籽粒中水溶性多糖含量甚微，变化也很小，但淀粉含量增加迅速。甜玉米在授粉后20~25d含糖量最高，鲜重含糖量为10%~12%。刘学铭等（2010）研究发现，环境条件影响玉米籽粒中还原糖和蔗糖的含量，温暖年份还原糖含量低，蔗糖含量高；而冷凉年份则导致较高的还原糖含量和较低的蔗糖含量，但总糖含量并不受影响。当灌水量不低于最大灌水量的 50% 时，甜玉米便可获得较高的产量和较好的品质，甜玉米籽粒中糖分的积累不受干旱胁迫的影响。

（2）蛋白质　甜玉米籽粒中蛋白质含量一般在 13% 左右，其中，主要是水溶性蛋白。另外还有少量的碱溶性蛋白、醇溶性蛋白和盐溶性蛋白。蛋白质在甜玉米籽粒中的积累动态呈“高—低—高”的变化趋势。籽粒灌浆初期蛋白质含量最高，随着籽粒的发育，贮藏物质（主要是可溶性糖）逐渐增加，蛋白质含量相对降低。之后随着籽粒成熟度的提高，一些低分子化合物转化为大分子化合物，蛋白质质量又有所增加。

（3）氨基酸　甜玉米籽粒中氨基酸总含量比普通玉米和糯玉米含量都高，其中，赖氨酸含量是普通玉米的两倍，而色氨酸含量比普通玉米和糯玉米低，八种人体必需氨基酸组成比例比较平衡。甜玉米籽粒中谷氨酸含量最高，其次是亮氨酸和丙氨酸，但赖氨酸含量较低，而在籽粒湿样中丙氨酸含量最高，其次为谷氨酸和苏氨酸。甜玉米籽粒中氨基酸含量在灌浆初期达到高峰，之后急剧下降，乳熟后期又逐渐回升。

（4）脂肪　甜玉米籽粒中的粗脂肪含量达 10% 左右，比普通玉米和糯玉米高出 1 倍左右。

（5）维生素　甜玉米籽粒中维生素 C 和烟酸（维生素 B_3）的含量都比普通玉米高出一倍多，甜玉米核黄素（维生素 B_2）含量为 1.7mg/100g，而普通玉米几乎不含维生素 B_2。Kurilich 等（1999）发现甜玉米粒含丰富的叶黄素、玉米黄质和 γ－维生素 E，其含量随基因型不同而异。陈永欣（2013）发现甜玉米中多数水溶性维生素在灌浆期呈较明显的抛物线型动态变化，在授粉后 18d 前后达到高峰。

（6）其他营养成分　甜玉米籽粒中含有多种挥发性物质，其中，已鉴定出的重要芳香物包括 2－乙酸基－1－吡咯啉和 2－乙酰基－2－噻唑啉，还有二甲基硫醚、1－羟基－2－丙酮、2－羟基－3－丁酮及 2，3－丁二醇等。甜玉米还含有多种矿物质以及膳食纤维、谷维素、甾醇等成分。

3. 黄土高原甜玉米生产布局

中国甜玉米种植主要集中在南方，黄土高原地区多为零星种植。山西、陕西、甘肃均有少量种植，以鲜穗出售为主。山西和甘肃有部分企业进行真空和速冻保鲜加工，但种植面积不大。

（二）糯玉米

糯玉米是玉米的一个亚种，又称蜡质玉米，起源于中国的西南地区（云南的西双版纳和广西的亚热带地区），故有“中国蜡质种”之称。糯玉米作为栽培种也有 60 多年的历史。

糯玉米组分特殊，用途广泛。糯玉米是玉米第 9 染色体 wx 基因发生隐形突变导致胚乳中直链淀粉极端降低甚至缺失而产生的。糯玉米籽粒淀粉几乎完全是支链淀粉，而普通玉米籽粒的淀粉是由约 72% 的支链淀粉和约 28% 的直链淀粉构成。支链淀粉是一种重要的高分子原料，易溶于水而生成稳定的溶液，具有很强的黏度，而凝沉性很弱，淀粉在贮存中不发生沉淀，使其在食品加工业和工业生产中具有特殊的用途。随着人们生活水平的提高、膳食结构的不断改善以及籽粒成分特殊性能的深入开发，糯玉米已经成为不可缺少的营养食品、保健食品和食品加工、工业加工及饲料兼用型原材料。

1. 遗传基础

糯玉米的糯质特性是一个隐形基因 *wx* 控制的遗传性状。*wx* 基因位于玉米第 9 条染色体短臂，它编码一种 60kD 的蛋白质，能使尿苷二磷酸葡萄糖（VDPG）转移酶活性极度降低，因而不合成直链淀粉，所以纯合的 wxwx 玉米胚乳和带有 *wx* 基因的花粉粒都几乎没有直链淀粉合成。当 *wx* 基因与其他玉米胚乳基因结合产生相互作用时，可以使胚乳碳水化合物成分发生变化，提高糖分含量，改善食用品质和风味。

2. 营养价值

糯玉米含有人体所必需的蛋白质、脂肪、氨基酸及微量元素。糯玉米的赖氨酸、粗蛋白、粗脂肪、油酸、棕榈酸含量都高于普通玉米；与普通玉米相比，糯玉米的胚中含有较多谷氨酸、丙氨酸，胚乳中含有较多的赖氨酸。糯玉米胚乳中蛋白质占总重量 8%~9%，淀粉占 91%~92%；糯玉米还含有少量杂醇油，鲜糯玉米胚芽中富含维生素 E 和较多的纤维素。不同颜色的糯玉米营养价值也不同，如黄色糯玉米含有丰富的玉米黄质和叶黄素，而黑糯玉米中含有防癌抗癌的微量元素硒，且含有抗衰防病的水溶性黑色素。

3. 黄土高原糯玉米生产布局

糯玉米在各地均有种植，其中，山西和甘肃种植面积较大。山西忻州市有糯玉米加工企业 70 多家，全市种植面积超过 2 万 hm^2。山西五寨县是被中国粮食行业协会命名的“中国甜糯玉米之乡”，全县糯玉米种植面积达 1.2 万 hm^2，占全县玉米种植面积一半之多。

（三）青贮玉米

青贮玉米是指专门用于饲养家禽、家畜的一种玉米。其果穗、茎叶都可用作饲料。青贮玉米产量高、营养丰富，是用于生产奶、肉等畜产品最重要的饲料来源。

1. 青贮玉米的种类及特点

青贮玉米可分为青贮专用型、粮饲兼用型与粮饲通用型 3 种类型。青贮专用型玉米根据其器官不同可分为高大单秆型、分蘖多穗型两种。

青贮玉米与一般饲料相比具有以下特点：生长速度快，茎叶繁茂，生物产量高，一般生物产量不低于 60t/hm^2，干物质产量高于 200g/kg；营养丰富，非结构性碳水化合物含量高，木质素和纤维素含量低，适口性好，易于消化和吸收；茎秆粗壮，抗倒伏能力强。耐密性好。

2. 黄土高原青贮玉米生产布局

中国青贮玉米生产和加工利用近几年发展较快，山西、陕西、甘肃、河南、宁夏等省均有种植，但种植面积不大。

（四）爆裂玉米

爆裂玉米又称麦玉米，俗称爆花玉米，是玉米的一个亚种，也是最早的玉米栽培类型之一。爆裂玉米主要用于制作爆米花，其显著特点是具有极好的爆裂性，其籽粒爆花率在 80%~98%，膨胀系数可达 9~30 倍，在常压下，用锅炒即可爆花，这是普通硬粒玉米类型不具备的。爆裂玉米也是最早引入中国的玉米类型之一，迄今为止已有 400 多年的种植历史。

1. 爆裂玉米的主要特性

（1）农艺性状　爆裂玉米的果穗和籽粒较小，千粒重一般为 100~160g，籽粒光滑，种皮薄，谷重高，籽粒产量较低。根据籽粒形态，爆裂玉米可分为两种类型即米粒型和珍珠型。米粒型顶端有尖点，呈锥状；珍珠型顶端为一圆滑的冠型。

（2）爆裂原理　爆裂玉米的爆裂原理是利用果皮（俗称种皮）作为加压器，籽粒胚乳受热膨胀在种皮内产生压力，当压力超过种皮的抵抗极限时便发生爆裂。其种皮坚硬、耐压力强、导热系数高、密封性好，受热后能使籽粒内迅速升温，增压而不易燃烧变焦糊。

（3）营养价值　爆裂玉米的籽粒中胚占重量的 80%，其成分 90% 为淀粉，淀粉中有 75% 是角质淀粉，25% 粉质淀粉。粉质淀粉被角质淀粉包埋在籽粒中央。爆裂玉米比普通玉米的营养丰富，它富含人体所需的蛋白质、无机盐、维生素 B_1 和 B_2、盐酸等。据分析，爆裂玉米相当同等重量牛肉中所含蛋白质的 67%、Ca 的 110% 和同等量的 Fe。爆裂玉米还富含营养纤维、磷脂、维生素 A、B_1、E 及人体必需的脂肪酸等成分。50g 爆裂玉米相当于 2 个鸡蛋的能量。

2. 爆裂玉米的爆裂品质

（1）千粒重　爆裂玉米籽粒的千粒重越小，它的爆裂品质就越好。

（2）爆花率　爆花率是指一批玉米中所能爆裂的粒数百分比，爆花率越高，则爆裂品质越好。

（3）膨胀倍数　膨胀倍数是爆裂玉米爆花前后的容积比的倒数，膨胀倍数越大，爆裂品质越好。

（4）单花体积　单花体积是指一批玉米爆裂后体积与爆裂粒数的比，反映的是爆裂玉米爆裂单花的大小。

（5）爆花时间　爆裂玉米的爆花时间是指爆花试验时，一定数量的籽粒从爆花开始至爆花结束的这段时间的长度。爆裂玉米的爆花时间越短，说明爆花的一致性越强，其爆裂品质也越好。

（6）爆花花形　爆裂玉米爆裂后的花型随爆裂品种的不同而多种多样，但好的爆裂玉米爆裂后花形应该呈蘑菇状或蝴蝶状。

（7）色泽和香味　爆裂后的玉米花的色泽、香味和口感是其商品价值的直接体现，好的玉米花应色泽粉白或奶白，无稃壳，柔嫩酥脆和具有可口性。

3. 黄土高原爆裂玉米生产布局

中国爆裂玉米产业开发除了少部分科技企业组织生产以外，大多数处于民间自由发展状态。各地均有零星种植。

二、黄土高原特用玉米品种简介

（一）晋超甜 1 号

甜玉米新品种。是山西省农业科学院玉米研究所以自选系 TY32-111 为母本，自选系 TY37/7710 为父本组配而成。2014 年通过国家农作物品种审定委员会审定，审定号为国审玉 2014022。

黄淮海夏玉米区出苗至鲜穗采摘 73d，比中农大甜 413 早 1d。，成株叶片数 19 片。幼苗叶鞘绿色，叶片绿色，叶缘绿色。花药黄色，颖壳绿色。株型松散，株高 200cm，穗位 72cm。花柱绿色，果穗筒型，穗长 20cm，穗行数 14~16 行，穗轴白色，籽粒黄色、甜质型，百粒重（鲜籽粒）35.1g。中等肥力以上地块栽培，6 月中下旬播种，亩种植密度 3 500~3 800 株。隔离种植，适时采收。适宜北京、天津、河北、山东、河南、江苏北部、安徽北部、陕西关中灌区夏播种植。注意及时防治瘤黑粉病。

（二）中农大 413

是中国农业大学育种专家采用两个交系 BS621 为母本，BS632 为父本杂交选育而而成。母本 BS621，来源于 48-2 × 甜 401；父本 BS632，来源于美国杂交种。

成株叶片数 20~21 片。在黄淮海地区出苗至采收期 74.4d，比对照绿色先锋（甜）早 2d。幼苗叶鞘绿色，叶片绿色，叶缘绿色，花药绿色，颖壳绿色。株型松散，株高 200cm，穗位高 64cm。花柱绿色，果穗筒型，穗长 19cm，穗行数 16~18 行，穗轴白色，籽粒黄白双色，百粒重（鲜籽粒）25g。区域试验中平均倒伏（折）率 7.7%。

经黄淮海鲜食甜玉米区域试验组织专家品尝鉴定，达到部颁甜玉米一级标准。经河南农业大学郑州国家玉米改良分中心测定，还原性糖含量 11.36%，水溶性糖含量 25%，达到部颁甜玉米标准（NY/T 523—2002）。

每亩适宜密度 3 500 株左右，适宜在北京、天津、河北、河南、山东、陕西、江苏北部、安徽北部夏玉米区作鲜食甜玉米品种种植，注意防止倒伏和防治茎腐病、玉米螟。

（三）绿色超人

是北华玉米研究所选育的甜玉米品种。2008 年浙江省甜玉米区试平均鲜穗亩产 840.9kg，比对照超甜 3 号增产 10.6%，达极显著水平；2009 年浙江省区试平均鲜穗亩产 1 047.7kg，比对照超甜 3 号增产 13.8%，达极显著水平；两年区试平均鲜穗亩产 944.3kg，比对照增产 12.3%。2010 年浙江省生产试验平均鲜穗亩产 1 012.1kg，比对照增产 9.6%。

该品种生育期（出苗至采收）86.1d，比对照超甜 3 号长 2.8d。株高 247.6cm，穗位高 98.3cm，双穗率 7.6%，倒伏率 10.4%，倒折率 1.9%。果穗筒形，籽粒黄色，排列整齐，穗长 19.6cm，穗粗 5.1cm，秃尖长 2.6cm，穗行数 16.7 行，行粒数 34.7 粒，鲜千粒重 281.5g，单穗鲜重 266.8g。经农业部农产品质量监督检验测试中心检测，可溶性总糖含量 9.1%，感官品质、蒸煮品质综合评分 84.9 分，比对照超甜 3 号高 4 分，鲜穗外观品质较好，甜度较高，皮较薄。经东阳玉米研究所抗性接种鉴定，抗大、小斑病，高抗茎腐病，感玉米螟。该品种植株较高，注意防倒。

（四）甜单 5 号

该品种是由中国农业大学植物遗传育种系宋同明教授 1988 年培育成功的全加强甜玉米杂交种，是世界上最新一代甜玉米类型。是 Sw 基因和它的糖分加强基因 Se 的双隐性纯合体。

在北京春播抽丝期约 69d，采收期 87~92d。株高 210cm，穗位 55cm。茎秆坚韧，根系发达。绿色花柱，花药淡紫色。柱状果穗，穗行整齐。籽粒淡黄色。亩产鲜穗可达 750~1 150kg。适时采收的果穗（水分含量 25% ~27%），籽粒还原糖含量 7%，蔗糖含量 16%，麦芽糖含量约 1%，总糖含量 23% ~24%，比普通甜玉米高 50%以上。水溶多糖含量 32%，与普通甜玉米相当。维生素含量分别为：β 胡萝卜素 6.86mg/100g、维生素 E 75.7mg/100g、维生素 B_1 133.3mg/100g、B_2 380mg/100g、B_5 1.16mg/100g、B_6 100.0mg/100g、叶酸 145.5mg/100g。该品种高抗小斑病，中抗大斑病。高抗倒伏。适应性很广，全国各地均可种植，且具有较高的丰产潜力。甜单 5 号乳熟期以后，籽粒脱水较慢，适采收期比普通玉米长 3~5d。收获后的鲜果穗，糖分向淀粉转化的速度也比普通甜玉米偏慢，货架寿命也偏长。该品种果皮柔嫩，食用品质优良，甜度高，适口性好，在多次甜玉米综合品质评定中夺魁。适合作为鲜嫩玉米直接销售和食用，也是速冻加工和做甜玉米罐头的优良原料。

（五）迪甜糯 182 号

是以自交系京 140（其来源于中糯 1 号经二环系选育 8 代而成）为母本，自交系 1h36（来源于山西农科院高粱所超甜玉米材料与糯玉米材料杂交后选育 8 代而成）为父本，于 2010 年组配而成的糯玉米杂交种。

芽鞘紫色，株形半紧凑。株高 253cm，穗位 128cm，雄穗分枝 14~18 个，花粉黄色，花柱浅紫色，穗轴白色，穗行 14~16 行，穗长 22.0cm，穗粗 4.5cm，穗型长锥，粒色白，穗轴白色，在山西晋中生育期为 87d 左右，平均鲜穗重 301g 左右。

（六）晋单（糯）41 号（原晋鲜糯一号）

是由山西省农业科学院玉米研究所选育的早熟黄糯玉米型品种。2001 年山西省审定，审定编号：S344。2004 年获山西省科技进步二等奖。

一般春播出苗至采鲜穗 80~85d，干籽粒采收 105d。株高 212cm，穗位高 80cm，穗长 22cm，穗粗 4.80cm，穗行数 14~16 行；果穗长筒型，穗型美观，结籽到顶无秃尖，排列整齐，花柱易脱，籽粒金黄色；果穗鲜重 330g，亩产鲜果穗 1 100kg，产干籽粒 650kg。支链淀粉 100%，品质好。抗大小斑病、青枯病、丝黑穗病、矮花叶病。穗型美观、籽粒金黄、适口性佳、排列整齐、籽粒金黄，卖相好；糯中带甜、肉厚丰薄、柔软细腻、清香可口；早熟多抗适应性广；花柱易脱易加工；是鲜穗销售、保鲜加工、成熟籽粒加工的首选品种。

（七）京科糯 2000

由北京市农林科学院玉米研究中心选育成功、并于 2006 年通过国家审定。此前，是 2005 年于韩国通过审定的高产、稳产、抗病、优质糯玉米新品种，也是中国第一个在国外通过审定的新一代白糯玉米品种。母本京糯 6，来源于中糯 1 号；父本 BN2，来源于紫糯 3 号。

在西南地区出苗至采收期 85d 左右，与对照渝糯 7 号相当。成株叶片数 19 片。幼苗叶鞘紫色，叶片深绿色，叶缘绿色，花药绿色，颖壳粉红色。株型半紧凑，株高 250cm，穗位高 115cm，花柱粉红色，果穗长锥型，穗长 19cm，穗行数 14 行，百粒重（鲜籽粒）36.1g，籽粒白色，穗轴白色。在西南区域试验中平均倒伏（折）率 6.9%。

经四川省农业科学院植物保护研究所两年接种鉴定，中抗大斑病和纹枯病，感小斑病、丝黑穗病和玉米螟，高感茎腐病。经西南鲜食糯玉米区域试验组织专家品尝鉴定，达到部颁鲜食糯玉米二级标准。经四川省绵阳市农业科学研究所两年测定，支链淀粉占总淀粉含量的 100%，达到部颁糯玉米标准（NY/T524—2002）。经扬州大学检测支链淀粉占总淀粉的 98.52%，皮渣率 8.31%。

（八）晋鲜糯 6 号

由山西省农科院玉米研究所于 2001 年选育而成，2006 年通过湖南省审定，属中熟白糯玉米，审定编号为湘审玉 2006013。2013 年获山西省科技进步二等奖。

忻州春播出苗－采收 98~100d，全生育期 120d，属中熟糯玉米品种。总叶片 20 片。幼苗叶鞘紫红色，第一叶椭园形，第三叶长而直，基部叶片浅紫云，叶缘紫红色，生长势强。成株期根系发达，茎秆坚硬，叶片宽大半上冲，叶色深绿，生长整齐。株高 270cm，茎粗 2.60cm，穗位高 135cm，雄穗发达，分枝 13~15 个，花粉量大，护颖橙色，花药绿色，花柱粉红色。单穗型，果穗长筒型，穗大小均匀，商品性好，商品穗率高。穗长21.1cm，穗粗4.55cm，穗行数多为14~16行，排列整齐，行粒数41粒，结籽到顶，秃尖少。穗粒数620粒左右，单穗鲜重305g，亩产鲜果穗1 003kg，穗粒干重185g，千粒重290g，出籽率85%，亩产干籽粒600kg，籽粒纯白色，穗轴白色。食味口感好、果皮柔嫩、糯中带甜。

支链淀粉100%。抗倒性、抗旱性好。高抗粗缩病、矮花叶病、穗腐病，抗大斑病、小斑病，轻感茎腐病、感丝黑穗病，是适合鲜穗加工和干籽粒加工的白糯玉米品种。

（九）晋糯8号

是山西省农业科学院玉米研究所选育的黑糯玉米新品种，属早熟黑色糯性玉米（黄色种子，黑色F1代玉米果穗）。2008年山西省农作物品种委员会审定通过，定名为晋糯8号，审定编号为晋审玉2008020。

全生育期忻州春播110d，出苗至鲜穗采收85~90d。株高245cm，穗位高115cm，茎粗2.72cm。果穗长锥型，穗长18.6cm，穗粗4.51cm，行数16~18行，穗型美观，结籽到顶无秃尖；鲜果穗重285g，亩产鲜果穗3 379穗，785kg；品质好，支链淀粉98.3%，粗蛋白12.43%，粗脂肪3.76%，Se0.473mg/kg，氨基酸总量11.14%，赖氨酸0.33%，含糖量4.5%；糯中带甜，柔软细腻，口感极好。黑色特别（黄色种子，黑色果穗，穗轴和汁液紫红色，成熟后籽粒紫红色），属糯质玉米品种。授粉后5d开始上色，而且上色极快，采鲜期籽粒黑亮中透着紫红色，煮熟后色泽更佳为黑红色。抗大小斑病、青枯病、丝黑穗病、矮花叶病。

（十）其他

1. 中糯1号

是中国农业科学院作物育种栽培研究所于1991年育成的白色糯玉米单交种。2000年通过北京市农作物品种审定委员会审定。该品种是优良的鲜食菜用玉米新品种。从南到北自播种到采收青嫩果穗需75~95d。株高230cm，穗位高约90cm。果穗长锥型，长16~18cm，结实饱满，无秃尖。籽粒雪白色，品质好，蒸煮后皮薄无渣，软黏细腻，有适度甜味，口感好。千粒重270g，单果穗鲜重250~300g。亩产鲜穗约1 000kg。抗玉米大、小斑病及青枯病和纹枯病。

2. 晋单青贮 42

是由山西省强盛种业有限公司选育的青贮玉米新品种，审定编号：国审玉 2005032。母本 Q928，来源为（928 × 丹 340）×（联 87 × 丹 341）；父本为 Q929，来源为 929 ×（大 319-2 × V187）。

出苗至青贮收获 106d，比对照农大 108 晚 2d，成株叶片数 21 片，需有效积温 2 800℃以上。幼苗叶鞘紫色，叶片绿色，叶缘绿色，花药淡红色，颖壳淡绿色。株型半紧凑，株高 275cm，穗位高 130cm。花柱淡绿色，穗轴红色，籽粒黄色，半马齿型。平均倒伏率 4.5%。

经中国农科院品资所两年接种鉴定，高抗矮花叶病，抗大斑病、小斑病和丝黑穗病，中抗纹枯病。经北京农学院两年测定，全株中性洗涤纤维含量 41.25%~46.45%，酸性洗涤纤维含量 19.17%~21.31%，粗蛋白含量 7.66%~8.41%。在东北华北和南方地区种植，每亩适宜密度 3 500 株左右，在黄淮海地区种植，每亩适宜密度 4 500 株左右。注意适时收获。

3. 中农大青贮 67

是由中国农业大学国家玉米改良中心以美国 78599 × SynD.O.Cu 高油群体 Sy10469 杂交育成。

生育期 145d，出苗至最佳青贮收获期 120d。幼苗叶鞘浅紫色，叶片绿色，叶缘绿色。叶鞘浅绿色，株型半紧凑，植株高大，基部茎秆粗壮，株高 3.3~3.5m，基部茎粗 2.53cm，穗位 1.7m，叶茎张角 35°。23 片叶，叶片嫩绿，枯叶少，绿叶数多，一般收获期绿叶数 13~15 片，枯叶数 2~3 片。雄穗花粉量大，分枝 8~12，花药浅紫色，颖壳浅紫色，花柱浅紫色，果穗筒型，穗轴白色，穗长 22cm，穗行数 16 行，行粒数 40 粒，秃尖 1.2cm，籽粒黄色，硬粒型，千粒重 278.1g。经农业部谷物品质监督检验测试中心（北京）测定：全株青贮含水分 4.3%，粗蛋白 7.77%，粗脂肪 16mg/g，中性洗涤纤维 57.7%，酸性洗涤纤维 42.6%。保绿性好，子粒成熟期全株仍青枝绿叶、碧绿多汁。抗倒伏能力强，抗霜霉病、抗大、小斑病，耐红蜘蛛，轻感黑粉病。

4. 雅玉青贮 8 号

是由四川雅玉科技开发有限公司选育。2000 年四川省农作物品种审定委员会审定。在南方地区出苗至青贮收获 88d 左右。成株叶片数 20~21 片。幼苗叶鞘紫色，叶片绿色，花药浅紫色，颖壳浅紫色。株型平展，株高 300cm，穗位高 135cm，花柱绿色，果穗筒型，穗轴白色，籽粒黄色，硬粒型。

经中国农科院品资所接种鉴定，高抗矮花叶病，抗大斑病、小斑病和丝黑穗病，中抗纹枯病。经北京农学院测定，全株中性洗涤纤维含量45.07%，酸性洗涤纤维含量22.54%，粗蛋白含量8.79%。

5. 黄玫瑰2号

是中国农业科学院作物品种资源研究所1990年育成的单交种。

生育期105d。籽粒产量水平为200kg/亩，膨胀系数31，爆花率99%，爆花品质好，籽粒黄色，千粒重162g。适宜密度为4 000~5 000株/亩。适合各地种植。

6. 沈爆2号

是沈阳农业大学以沈农92-260为母本，以沈农92-67为父本，组配而成的爆裂玉米杂交种。1997年经辽宁省农作物品种审定委员会审定命名。

生育期130d。全株21片叶。幼苗芽鞘浅紫色，健壮，叶片淡绿色，叶缘有波曲。株高223cm，穗位114cm，株型中间型。雄穗较大，分枝15~18个，花粉量多，黄色花药，颖略呈紫色，雌穗花柱绿色，苞叶紧密。果穗长筒型，轴白色，穗长17.5cm，穗粗3.5cm，行数16行，每行41粒，平均穗粒重100g。属珍珠型品种，粒近扁圆形，表面光滑，顶端无刺，粒大，百粒重18.5g。胚乳100%为角质，爆花率100%。膨胀倍数30~34倍。花大而整齐，圆形或蝶形，香味浓郁，脆酥可口，无皮渣，无硬心，适口性好。根系发达，秆硬不倒。不早衰。较抗大、小斑病和黑穗病。抗金龟子和鸟害。

7. 津爆1号

天津市农业科学院农作物研究所玉米育种研究中心从辽宁农家品种别名“火苞米”和国外爆裂玉米品种中经多年选育出自交系W096和J97，经杂交，于1996年育成的爆裂玉米品种。2000年参加国家特种玉米区域试验。

春播时，播种~成熟的生育期为120d，出苗~成熟110d。总叶数18~19片。易分蘖。幼苗长势整齐健壮。叶鞘紫色，叶片浅绿窄长。株型半平展清秀。株高约220cm，穗位100cm左右。果穗细筒型，长20cm，粗3.5cm，穗行数16~20行，行粒数45粒。籽粒深黄色，硬粒型，出籽率84%~89%，千粒重130g。抗旱性较强。较耐盐碱。耐涝性一般。抗大、小斑病。籽粒营养价值和商品价值都很高。膨化率98%以上，膨胀系数达20.1。

第二节 特用玉米栽培特点

一、播种

（一）一穴双株点播

在特用主要进行速冻和真空保鲜加工的地区，为了田间操作和采收鲜穗方便，常用一穴双株法播种。甜玉米种子顶土能力差，一般每穴播 2~3 粒种子；糯玉米一般每穴播 2 粒种子，宽窄行覆膜种植，膜上株距 40cm，膜间株距 75cm。间苗时一般以“1–2–1”方式留苗。

（二）密度

甜玉米和糯玉米种植密度在 52 500~60 000 株 /hm^2；青贮玉米和爆裂玉米种植密度为 60 000~90 000 株 /hm^2，应根据当地的地力、气候和品种等情况具体掌握，因地制宜。

二、隔离种植

为保持特用玉米独特的口感、营养和品质，防止相互串粉杂交，必须隔离种植。一般采用时间隔离和空间隔离两种方法。

（一）时间隔离

甜玉米和糯玉米种植一般采用时间隔离，种植时比普通玉米提前覆膜播种 25d 左右或比普通玉米晚播 30d 左右，错开散粉期。

（二）空间隔离

在条件允许的情况下，甜玉米和糯玉米最好采用大面积连片种植或自然屏障隔离。一般平原地区为 400m 以上，如有树林、山岗、房屋、公路等天然屏障，隔离距离可适当缩短。

爆裂玉米一般雄穗发育快，雌穗发育慢，苞叶紧，容易产生雌雄花脱节现象，如遇不良环境条件，吐丝比抽雄晚 20d 左右，需错期播种，最好采用空间隔离。

三、田间管理

（一）甜、糯玉米田间管理

1. 间、定苗

甜、糯玉米一般在3~4叶期间苗，5~6叶期定苗。

2. 施肥

全部P、K肥及60%的N肥作为底肥一次施入，40%的N肥在小喇叭口期施入。

3. 浇水

在大喇叭口至采收前保证水分供应。

4. 去除分蘖

拔节期如发现分蘖，及时去除。

5. 病虫害防治

苗期主要是蝼蛄、地老虎，此后主要虫害是玉米螟、棉铃虫、蚜虫等。主要病害有大斑病、小叶斑病、茎腐病、锈病等。

（二）青贮玉米田间管理

1. 间定苗

于3叶期间苗，5叶期定苗，不得延迟，以防荒苗。间苗和定苗时不要去分蘖。

2. 拔除小弱株

在小喇叭口期及时拔除小弱株，提高群体整齐度，保证植株健壮，改善群体通风透光条件。

3. 化学调控

在拔节到小喇叭口期，对长势过旺的玉米，合理喷施安全高效的植物生长调节剂，以防止玉米倒伏。

4. 中耕松土

于苗期和穗期，结合除草和施肥及时中耕两次。

5. 施肥

高产青贮玉米的施肥一般分为三个时期，即底肥、苗肥和穗肥。在土壤耕耙时将N肥计划总量的10%和全部P、K、S、Zn肥作为底肥施入，以促根壮苗，促进分蘖；在玉米拔节期将N肥计划总量的30%~40%沿幼苗一侧开沟深施15cm左右，以促根壮苗，促进分蘖两级分化；在玉米大喇叭口其至开花期之间，追施 N 肥计划总量的 50%~60%，开沟深施以促进植株高大、蘖多、穗多。

（三）爆裂玉米田间管理

1. 促苗早管

早定苗、早中耕、早除草，早防虫，达到壮苗早发目的。

2. 合理施肥

施足基肥，分期追肥。

3. 病虫害防治

苗期防治地下害虫，后期防治蚜虫为害。

四、收获时期和标准

（一）甜玉米收获时期和标准

甜玉米一般以青穗鲜食或进行整穗或籽粒保鲜加工为主，果穗在吐丝后 22~25d 含糖量最高，皮最薄，最适宜采收。过早、过晚收获，都会影响甜玉米的品质和口味。

（二）糯玉米收获时期和标准

适宜的收获时间对鲜食型糯玉米来说是保证产品质量和风味品质最重要的环节，也是保证经济效益的重要时期。玉米的食味品质随玉米籽粒的生育过程不断变化，采收时期不同，相同玉米品种口感差异很大。过早采收玉米籽粒的含水量多，干物质少，糯性低，口感差，产量也较低，对保存条件要求高。采收过晚则玉米籽粒果皮变厚，香味降低，因糖分转化为淀粉导致口感糯而不甜。

用于鲜食的糯玉米在生产上一般可以凭生产经验查看，从而确定适宜采收期。处于适宜采收期的玉米籽粒外观饱满，色泽正常，挤压籽粒时有乳状或糊状物质流出。

收获干籽粒用于加工淀粉的糯玉米，应在籽粒完熟后采收。

（三）青贮玉米收获时期和标准

青贮玉米植株中营养成分含量受收获期影响较大。由于青贮玉米以营养生长占优势，收获过早虽营养成分含量高，但草产量低，鲜草含水率大，不利于青贮。收获过晚，受气候条件影响，营养物质不能再生产，且养分由源向库转移受到限制，导致产量和品质降低。熊积鹏等（2015）研究表明，青贮玉米的最佳收获时期决定于干物质含量和含水量，当含水量达到65%~70%时，达到青贮玉米的最佳收获时期。

（四）爆裂玉米收获时期和标准

理论上讲，爆裂玉米达到生理成熟后即可进行人工收获，可是生产上，一般爆裂玉米的收获时间比生理成熟时间晚收5~7d，此时果穗苞叶干枯已变松散，籽粒充分成熟、变硬发亮。如果收获过早，籽粒成熟度差，影响其爆裂性能；收获过晚，在田间会发生零星自爆现象或出现霉变，影响其品质。

第三节　特用玉米综合利用和加工

一、综合利用

特用玉米作为粮食作物，不仅具有重要的食用价值，同时还具有重要的饲用价值和工业用价值，同时还具有十分重要的药用价值。

（一）食用

特用玉米籽粒食用价值高，除了营养价值丰富，易消化吸收，口感好，还含有大量的营养保健物质。

1. 鲜食

鲜食玉米因其独特的甜、糯、嫩、香等特点，成为人们餐桌上不可或缺的重要食品，市场对鲜食玉米的需求也越来越大。

2. 粮食

玉米籽粒脂肪含量较高，在贮藏过程中会因脂肪氧化作用产生不良味道。经加工而成的特制玉米粉，含油量降低到1%以下，可改善食用品质，粒度较细。适于与小麦面粉掺和作各种面食。由于富含蛋白质和较多的维生素，添加制成的食品营养价值高，是儿童和老年人的食用佳品。

3. 菜用

鲜嫩的玉米笋和甜玉米粒已成为重要的菜用原料和配料。

4. 休闲食品

爆米花和玉米膨化食品已成为日常生活中重要的休闲食品。玉米膨化食品是20世纪70年代以来兴起而迅速盛行的方便食品，具有疏松多孔、结构均匀、质地柔软的特点，不仅色、香、味俱佳，而且提高了营养价值和食品消化率。玉米片是一种快餐食品，便于携带，保存时间长，既可直接食用，又可制作其他食品，还可采用不同佐料制成各种风味的方便食品，用水、奶、汤冲泡即可食用。

（二）饲用

世界上大约65%的玉米都用作饲料，发达国家高达80%，是畜牧业赖以发展的重要基础。

1. 玉米籽粒

玉米籽粒，特别是黄粒玉米是良好的饲料，可直接作为猪、牛、马、鸡、鹅等畜禽饲料；特别适用于肥猪、肉牛、奶牛、肉鸡。随着饲料工业的发展，浓缩饲料和配合饲料广泛应用，单纯用玉米作饲料的量已大为减少。

2. 玉米秸秆

也是良好饲料，特别是牛的高能饲料，可以代替部分玉米籽粒。玉米秸秆的缺点是含蛋白质和Ca少，因此需要加以补充。秸秆青贮不仅可以保持茎叶鲜嫩多汁，而且在青贮过程中经微生物作用产生乳酸等物质，增强了适口性。

3. 玉米加工副产品的饲料应用

玉米湿磨、干磨、淀粉、啤酒、糊精、糖等加工过程中生产的胚、麸皮、浆液等副产品，也是重要的饲料资源，在美国占饲料加工原料的5%以上。

（三）药用

1. 花柱

玉米花柱含有多种有用化学成分，在医药上有重要用途，有利尿、降血压、利胆、止血的作用。在临床上用来治疗慢性肾炎、急性溶血性贫血、肾病综合征以及高血压等。

2. 花粉

玉米花粉能促进脾脏、骨骼、淋巴结和胸腺免疫器官的发育，增强免疫细胞的活性，提高机体对抗细菌和病毒的能力；并有抗辐射、抗癌作用。同时玉米花粉能提供人体所需的多种营养成份，对于因缺少某种营养所引起的疾病，亦有良好的辅助疗效。因此玉米花粉在临床上有广泛的应用，并作为多种疾病的补充治疗品和日常营养的补充品。

3. 色素

黑糯玉米水溶性黑色素（花青素）含量特别高，据孟俊文等（2009）分析黑糯3号玉米品种，黑色素的90%为黄酮类化合物（又称生物类黄酮）。现已证实，生物类黄酮具有多种生理功能和药用价值。能够增强血管弹性，改善循环系统和增进皮肤的光滑度，抑制炎症和过敏，改善关节的柔韧性。有助于预防多种与自由基有关的疾病，包括癌症、心脏病、过早衰老和关节炎等。

（四）工业用

玉米籽粒是重要的工业原料，初加工和深加工可生产二三百种产品。初加工产品和副产品可作为基础原料进一步加工利用，在食品、化工、发酵、医药、纺织、造纸等工业生产中制造种类繁多的产品，穗轴可生产糠醛。

1. 玉米淀粉

玉米在淀粉生产中占有重要位置，世界上大部分淀粉是用玉米生产的。为适应对玉米淀粉量与质的要求，玉米淀粉的加工工艺已取得了引人注目的发展。特别是在发达国家，玉米淀粉加工已成为重要的工业生产行业。

2. 玉米的发酵加工

玉米为发酵工业提供了丰富而经济的碳水化合物。通过酶解生成的葡萄糖，是发酵工业的良好原料。加工的副产品，如玉米浸泡液、粉浆等都可用于发酵工业生产酒精、啤酒等许多种产品。

3. 玉米制糖

随着科技发展，以淀粉为原料的制糖工业正在兴起，品种、产量和应用范围大大增加，其中，以玉米为原料的制糖工业尤为引人注目。

4. 支链淀粉

支链淀粉可作为缓蚀剂、黏合剂、保湿剂、增稠剂等广泛应用于医药、香精、燃料、护肤品等领域。

二、加工

（一）保鲜技术

1. 冷藏保鲜技术

环境温度对采后甜玉米的品质具有重要影响。甜玉米采收以后如仍置于常温条件下，则其籽粒中的糖分会迅速转化成淀粉，风味与口感下降，甚至失去商品性。诸永志等（2010）通过对甜玉米在25℃、15℃、4℃条件下贮藏的相关酶系的变化情况分析表明，在较低贮藏温度下，甜玉米的丙二醛（MDA）含量较低，活性氧清除酶系统的超氧化物歧化酶（SOD）、过氧化氢酶（CAT）、抗坏血酸过氧化物酶（APX）活性较高，有利于延缓甜玉米的衰老进程，保持较高的商品品质。王清等（2010）研究了不同流通温度对甜玉米穗采后品质和营养成分的影响，结果显示，甜玉米在常温（20~25℃）下，其品质变化及营养成分损失较快，带苞叶处理的最佳流通时间为2d；在低温（5±1）℃条件下，能够有效减缓甜玉米的营养成分损失，带苞叶处理的最佳流通时间可达到5d。刘勋甲等（1999）认为，贮藏温度是影响甜玉米商品品质的关键因素，有冷冻条件的，在4℃左右贮藏，可有效地延缓鲜食品质的劣变；放入冷藏柜或冰冻室内，保存期可达14d左右。王道营等（2008）研究了在25℃、15℃、4℃不同贮藏条件下甜玉米的保鲜效果，结果表明，低温（4℃）下甜玉米的含糖量较高，呼吸速率和失水量较低，可以维持较高的食用品质。

2. 冰温保鲜技术

冰温保鲜是将果蔬置于0℃以下而高于产品冰点的温度范围内贮藏，使果蔬细胞始终处于活体状态。郑远荣等（2008）研究了冰温条件下的不同处理对甜玉米保鲜效果的影响，结果表明，玉米经4℃低温锻炼5d后进行冰温贮藏，在贮藏19d时甜玉米的色香味及口感俱佳，保持了优良的食用品质。

3. 气调保鲜技术

气调贮藏指的是在冷藏的基础上，通过调节贮藏环境中的气体（O_2、CO_2、N）浓度，抑制果蔬的呼吸作用，延缓其新陈代谢过程，更好地保持果蔬的新鲜度和商品性。将甜玉米贮藏在CO_2浓度为5~10kPa的气调条件下，能够抑制霉菌的生长，减少糖分与叶绿素的损失。而当CO_2浓度高于10kPa或O_2浓度低于2kPa时，甜玉米则会发生品质劣变和风味丧失等。Rodov等（2000）通过对甜玉米贮运保鲜包装的研究表明，将一对修整后的甜玉米放在托盘上，并用塑料衬套包裹，于2℃下贮藏14d，然后置于20℃下贮藏4d，其感官品质仍能够达到消费者接受的标准（期间自发气调CO_2浓度均控制在5~10kPa）。王春辉等（2011）研究了甜玉米在5℃条件下不同气体浓度对其贮藏品质的影响，结果表明，在最佳的气调条件（O_2浓度5%，CO_2浓度10%）下，与对照相比，甜玉米的呼吸速率降低了64.47%，可溶性糖的损失减少了17.15%，还原糖的保持率增加了19.32%，淀粉的积累量降低了63.19%，且感官品质明显优于对照。气调贮藏可使鲜食甜玉米的保质期延长至15d以上。

4. 涂膜保鲜技术

邵金良等（2007）研究了甜玉米在室温和低温贮藏条件下不同涂膜处理结合自发气调包装对其生理生化变化的影响，结果表明，甜玉米在低温（1~40℃）贮藏比室温（20~25℃）贮藏其保质期延长了约10d，而且涂膜处理结合小包装气调贮藏，可以有效延缓贮藏过程中鲜苞营养成分的损失及呼吸高峰的来临时间，延长其贮藏期。茅林春等（2000）研究了甜玉米在0℃下不同浓度壳聚糖涂膜处理对其保鲜效果的影响。结果发现，壳聚糖涂膜处理可以抑制果实的呼吸速率与乙烯生产量，其中，1%壳聚糖涂膜处理的保鲜效果显著优于0.5%壳聚糖涂膜处理，较好地保持了甜玉米的营养成分。

5. 微波处理技术

微波处理是将食品在短时间内迅速均匀受热，进而达到灭菌灭酶的目的。王春辉等（2011）研究了经过微波处理（微波功率750W、时间50s）的甜玉米采用聚乙烯袋包装后，在2℃下冷藏，其碳水化合物含量及其与调控糖分合成相关酶活性的变化，结果表明，经微波处理的甜玉米贮藏15d，呼吸速率比对照组低25%以上，但含水量与对照组相比无明显差异；微波处理样品的可溶性糖含量比对照组高29.47%，还原糖含量比对照组高19.32%，淀粉含量比对照组低10.97%；微波处理还促进了甜玉米中蔗糖磷酸合成酶和磷酸脂酶在贮藏后期的活性，有效延缓了甜玉米贮藏期间糖分的减少。

6. 辐照保鲜技术

辐照保鲜是利用一定剂量的射线（γ射线、X射线或电子射线等）照射农产品表面，杀灭引起品质劣变的微生物，延缓其成熟与衰老，延长保鲜期。Deúk等（1987）研究了辐照处理（^{60}Co）对甜玉米保鲜效果的影响，结果表明，辐照处理能够有效减少微生物的数量，延长其保鲜期。傅俊杰等（2002）研究辐照（^{60}Co γ射线）处理对甜玉米品质的影响。结果发现，与对照相比，辐照处理对淀粉、总糖、蔗糖和可溶性固形物含量没有明显影响，但室温（25±2）℃保鲜期可以延长7d，且甜玉米的色香味及口感没有明显变化。

（二）甜玉米饮料

甜玉米是一种可以称为水果的谷物，甜玉米饮料既是果蔬汁饮料也可称为蔬菜又是谷物饮料。甜玉米饮料使人们从吃谷物变成喝谷物，不仅保留了甜玉米中对人体健康有益的营养成分，还让消费者很方便的饮用到口感更好、吸收更容易的饮料。甜玉米饮料完全符合饮料的发展趋势和消费趋势。

1. 甜玉米木瓜复合饮料

（1）甜玉米汁的制备

甜玉米→去苞衣、去须→清洗→灭酶→冷却→刮粒、取粒→打浆→过滤→甜玉米汁

（2）木瓜汁的制备

木瓜原料→分选→清洗→去皮、去籽→捣碎、打浆→离心→木瓜汁

（3）甜玉米木瓜复合饮料的制备　① 混合调配。分别加入甜玉米汁、木瓜汁、白砂糖、柠檬酸、CMC 和琼脂进行混合调配，并通过单因素试验、正交试验及稳定剂的比较试验，确定最佳配比，从而制得酸甜适口、组织状态良好的产品。② 均质。为使复合汁中的颗粒微细化，甜玉米汁和木瓜汁要充分混合。将混合均匀的复合汁通过高压均质机均质，均质压力 25MPa，温度为 65℃。③ 脱气。进行真空脱气以除去氧气，真空度为 0.08MPa，温度为 60℃。④ 杀菌。采用高温短时对复合饮料进行杀菌，杀菌温度为 95℃，时间为 15s。⑤ 冷却、成品。杀菌后用冷水迅速冷却到室温，制得成品。

2. 甜玉米乳酸饮料

（1）发酵酸奶工艺流程

原料乳→杀菌（90~95℃，15min）→冷却（42~45℃）→接种→发酵}（8h）→后发酵（4h）→酸奶。

（2）甜玉米汁的制备工艺流程

甜玉米→分选→清洗→蒸煮（100℃，30min）→打浆（50℃）→过滤→甜玉米汁。

（3）甜玉米酸乳饮料工艺流程

酸奶→加甜玉米汁→加含稳定剂的糖浆→混合调配→冷却调酸（pH 值为 4 左右）→均质（温度 50~60℃，20MPa）→装瓶→杀菌（138℃，4s）→成品。

3. 鲜食糯玉米葡萄醋饮料

以鲜食糯玉米为主要原料，葡萄为辅料，综合运用米酒、果酒酿造技术以及醋酸发酵技术，制备鲜食糯玉米酒和葡萄酒。将二者按比例混合后进行醋酸发酵制备鲜食糯玉米葡萄醋，经调配后得到鲜食糯玉米果醋饮料。

鲜食糯玉米酒酿造工艺为：破碎玉米粒和玉米芯以 5∶1 比例混合，蒸煮糊化后，接入酒曲 5%，25℃发酵 5d；葡萄酒酿造工艺为：酵母接种量 5%，初始糖度 13.3%，发酵温度 30℃，发酵时间 4d；鲜食糯玉米葡萄醋醋酸酿造工艺为：将糯玉米酒和葡萄酒以 4∶1 混合后，接入 15% 醋酸菌，30℃，

$120r \cdot min^{-1}$，摇床发酵6d；鲜食糯玉米葡萄醋饮料配方为：原醋20%，蔗糖10%，柠檬酸0.2%。所得鲜食糯玉米葡萄醋饮料呈琉角色，澄清透明，具有玉米清香和葡萄香味，口感协调，风味独特。

4. 糯玉米甜酒酿

（1）工艺流程

糯玉米原料→去胚破碎→淘洗→浸泡→蒸煮→淋饭→冷却→接种（拌药），搭窝→糖化发酵→杀菌→成熟甜酒酿

（2）制作要点　① 糯玉米渣的制备。将糯玉米脱皮、去胚、破碎。粒度为2.7mm.。② 浸米。使淀粉粒吸水膨胀，淀粉颗粒间逐渐疏松，便于蒸煮糊化。米酒较为适宜的吸水率在125%~130%。③ 蒸煮。取经浸泡的糯玉米渣，用少量水冲洗，然后放入蒸锅蒸煮。蒸煮程度：使糯米饭粒达到内外熟透，均匀一致，比较糯软。④ 淋饭冷却。从蒸锅取出后立即用冷水淋冷（淋饭用水应为无菌水）。⑤ 接种（拌药）。待糯玉米渣冷却后，均匀拌入酒曲。⑥ 糖化发酵　将发酵容器密封，保温发酵。待出现甜酒液时，加入已灭菌的蔗糖溶液，搅拌均匀继续发酵。

5. 糯玉米膳食纤维牛奶

（1）工艺流程

原料验收→过滤、净化→标准化→均质→排气→杀菌→冷却→灌装→检验→成品

（2）制作要点　① 原乳料的验收。对牛奶的色泽、质地、杂志情况及滋味气味等方面进行检验。② 过滤或净化。除去鲜乳中的尘埃和杂质。③ 原料选择。选择色泽新鲜、颗粒饱满的糯玉米，这样的糯玉米口感滑润，营养丰富。④ 预处理。把糯玉米的衣、叶去掉，洗净直接加热预煮。其目的是使颗粒的组织软化，有利于可溶性物质溶出，并能钝化酶类，以防止打浆时变质。⑤ 打浆。打浆时糯玉米与水按1∶1的比例制成糯玉米浆，将纤维彻底打碎以保证其营养成分。⑥ 调配。先将稳定剂和白砂糖混合，加入定量热水搅拌溶解，而后加入到牛奶和糯玉米的混合液中，充分搅拌使其混合均匀。⑦ 均质。使脂肪颗粒经过精打、粉碎，借以达到脂肪能充分溶解于水和蛋白质中。经过均质处理的牛奶既有利于人体的消化和吸收，也在一定程度上避免了不应有的浪费。⑧ 杀菌。采用85℃，10~15s的巴氏杀菌。⑨ 冷却。虽然绝大部分微生物都已消灭，但是在以后各项操作中还是有被污染的可能，为了抑制牛乳中细菌的生长，延长保存性，仍需进行冷却。

（三）玉米糁

玉米糁含有丰富的营养素。近年来，在美国和其他一些发达国家，玉米已被列为谷类食物中的首位保健食品，被称为“黄金作物”。经研究发现玉米中含有大量的卵磷脂、亚油酸、谷物醇、维生素 E、纤维素等，具有降血压、降血脂、抗动脉硬化、预防肠癌、美容养颜、延缓衰老等多种保健功效，也是糖尿病人的适宜佳品。

1. 玉米渣糖稀

（1）工艺流程

玉米→清选→破碎→去皮、去胚→粉碎→淘洗→浸泡→煮制（液化）→发酵（糖化）→过滤→熬制→灌装

（2）操作要点　① 玉米糖的制备。选用粉质玉米为原料，经清选去杂后，先用破碎机破碎，除去玉米皮和胚，然后再粉碎成小米粒大小的玉米粒。② 淘洗、浸泡。取 100kg 玉米糙，用清水淘洗 2 遍，倒人浸泡缸内，加入 150kg 水。将 200g 淀粉酶、200g 氯化钙分别用温水化开，倒人浸泡缸内，混合均匀，浸泡 2~3h。③ 煮制。在大锅内加入 100kg 水，然后将水烧开。把浸泡好的玉米糖从浸泡缸内取出，倒入沸腾的锅内进行煮制。继续加热至沸腾，再煮 30~40min，然后停止加热，在煮制过程中需不停地搅拌，以防糊锅。④ 发酵。向锅内加入 90kg 左右冷水，搅拌均匀，待玉米糊的温度降到 60~70℃时，加入预先用温水化开的淀粉酶（冬天加 200g，夏天加 300g），搅拌均匀，然后把玉米糊料转移到发酵缸内。在 60℃下发酵 2~3h。⑤ 过滤。发酵完成后用细布袋将料液进行挤压过滤，过滤出的即为糖液，把糖液倒人熬糖锅。滤出的糖含有相当高的蛋白质，可做畜禽饲料。⑥ 熬制。用大火将糖液加热至沸腾，待沸滚的稠汁呈现鱼鳞状时，改用小火熬制。当浓度达到 35’ 波美度时（若无波美度计，可用小木棍挑起稠汁观察，其不滴汤而拔丝时，即符合要求），立即停止加热。也可根据用途的不同按实际需要熬制成相应的浓度。在熬制中要不断搅拌，避免糊锅，否则熬制出的糖稀颜色深，有苦味。⑦ 灌装。熬制好的糖稀起到缸内，充分冷却后，即可装在卫生、干燥的桶内。

2. 玉米糁粥

赵晨霞（2013）教授及她所带领的课题组研发团队获得一项发明专利：一种糯玉米粥及其加工方法（专利号：ZL201010148683.7）。此项发明专利是针

对特色玉米深加工而研发的一种糯玉米方便粥及其加工技术，其以糯玉米、大米、白糯米为主料，再配以包括红枣、枸杞、芸豆等7种营养辅料，以绵白糖作为调味剂，通过成品品质评价，筛选优化原料配比并确定加工关键参数，研发出的糯玉米粥色泽对比协调，黏稠度适当，固形物分布均匀，香甜可口。

（四）支链淀粉加工

糯玉米含有70%~75%的支链淀粉，以其为原料生产支链淀粉，可以省去普通玉米作原料的分离及变性工艺，大幅提高淀粉产量和质量，提高经济效益。支链淀粉是一种优质淀粉，是现代工业的重要原料，其膨胀系数为直链淀粉的2.7倍，加热糊化后黏性高，强度大，广泛用于食品、纺织、造纸、黏合剂、制药、铸造和石油钻井等工业部门。在食品工业上，糯玉米淀粉主要用于食品的增黏保型；在纺织工业上，用于各种纤维的上浆剂；在造纸工业上，作为纸张的增强剂和涂覆料；在制药工业上，是打片的赋型剂；在铸造工业上，是铸造沙型的黏结剂；石油钻井上，用于防止泥浆中水分流失，保护井壁；在建筑行业上，是各种粉刷墙壁涂料的黏着剂，另外也是贴标壁纸封箱带等的涂胶的生产原料。

（五）玉米苞叶工艺品

用来加工编织工艺品的玉米苞叶，必须是白色，不发霉，且软硬厚薄适宜。在玉米收获时去掉外面一层老的和紧贴玉米粒的嫩皮，中间部分便是理想的草编原料。选好后应注意及时晒干，然后捆成大捆，放在干燥通风且不易熏黑的地方。

1. 熏白

熏白的目的是提高玉米叶的白净度和编织性能，保持所编织产品的天然色泽。熏白的方法是用陶缸进行硫黄熏制。首先将要熏白的玉米苞叶洒少许清水使其湿润，将放在碗内的硫黄点燃后放入缸底，用铁丝网或竹编制品罩住，然后将玉米苞叶松散地放入缸内，12h后可启封。硫黄的用量一般控制在20g/kg以内。

2. 选料

将熏白的玉米苞叶分为两大类，纺经皮用的一般是小的、短的、软的、色泽稍差的；用于编织的选用大的、长的、色泽白的。将苞叶分成小捆，放入塑料袋内，以免干燥。

3. 染色

在编织不同图案时，将玉米苞叶染成红、黄、蓝、黑等不同颜色。

4. 纺织

将拣好的纺织皮剪去毛尖，然后用简易的小纺车纺成经绳，添皮时就将苞叶撕成 1cm 左右的条子，光面向片，纺成直径约 2.5mm 的经强，表面应当滑无刺。

5. 编织

编织是草编最基本的方法。“编”就是用一根或几根原料，按一定规律盘绕、掩压以构成无明显经纬分别的形式。“织”则要先立经，然后逐渐编纬形成。编织方法有平编、绞编、勒编、扣编、编花等，配以不同颜色的苞叶设计成五彩。

本章参考文献

陈骁熠，吴谋成 . 2000. 速冻保藏对甜玉米蛋白质、脂肪、维生素的影响 [J]. 食品研究与开发，21（5）：45–47.

丁照华，孟昭东，张发军，等 . 2006, 我国糯玉米育种现状及发展对策 [J]. 玉米科学，14（3）：46–48.

杜志宏，张福耀，平俊爱，等 . 2010, 我国青贮玉米育种研究进展及发展趋势 [J]. 山西农业科学，38（2）：85–87,70.

傅俊杰，冯凤琴，包志毅，等 . 2002, 甜玉米辐照保鲜研究 [J]. 核农学报，16（3）：144–147

高成文 . 2012，爆裂玉米栽培技术 [J]. 吉林农业（10）：108.

郝继伟，王连翠 . 2003, 爆裂玉米的经济价值与栽培技术 [J]. 中国农学通报，19（6）：97–98.

焦艳平，康跃虎，万书勤，等 . 2007. 干旱区盐碱地覆膜滴灌条件下土壤基质势对糯玉米生长和灌溉水利利用效率的影响 [J]. 干旱地区农业研究，27（6）：144–151.

金英燕，卢华兵，胡贤女，等 . 2013. 甜玉米汁饮料营养成分分析 [J]. 农业科技通讯（6）：105–107，273.

李祥艳，唐海涛，张彪，等 . 2014. 我国鲜食甜、糯玉米产业现状及前景分析 [J].

农业科技通讯（8）：5-8.

李艳茹，吉士东，郑大浩 . 2003. 糯玉米的营养价值和发展前景 [J]. 延边大学学报，25（2）：145-148.

雷志刚，梁晓玲，阿布来提•阿布拉，等 . 2010. 不同类型青贮玉米品种产量分析 [J]. 新疆农业科学，47（3）：550-553.

刘大文 . 1998. 爆裂玉米爆裂品质研究 [J]. 西南农业学报，11（2）：34-39.

刘学铭，陈智毅，唐道邦 . 2010. 甜玉米的营养功能成分、生物活性及保鲜加工研究进展 [J]. 广东农业科学（12）：90-94.

刘勋甲，徐尚忠，李建生，等 . 1999. 超甜玉米乳熟期营养成分及不同贮藏处理的含糖量与口感变化 [J]. 长江蔬菜（11）31-33，48.

龙丽萍，于立芝，夏德君，等 . 2001. 特用糯玉米杂交种主要农艺性状及籽粒营养成分的研究 [J]. 莱阳农学院学报，18（3）：206-209.

茅林春，Holly T W. 2000. 壳聚糖涂膜对甜玉米品质和生理活性的影响 [J]. 中国粮油学报，15（6）：34-37.

孟俊文，白书文，崔永霞 .2009. 优质高产黑糯玉米新品种晋黑糯 3 号及其高产栽培技术 [J]. 农业科技通讯（2）：102-103 .

聂术君，陈发波 .2014. 我国糯玉米种质资源的研究现状 [J]. 安徽农业科学，42（3）：694-695,764.

屈绳娟，沈益新 .2009. 氮肥与密度对青贮玉米产量和品质的影响 [J]. 江苏农业学报，25（3）：596-600.

曲文姬 .2015. 鲜食糯玉米的育种方法及选育方向探究 [J]. 现代农业（6）:52-53.

邵金良，刘家富，黎其万，等 .2007. 甜玉米鲜苞采后贮藏保鲜技术研究 [J]. 玉米科学，15（5）：14-147.

史振声，王志斌，李凤海 .2003. 我国爆裂玉米的品种评价与区域性分析 [J]. 玉米科学，11（4）：12-14,18.

王春辉，王清章，严守雷，等 . 2011. 气调对甜玉米贮藏品质的影响 [J]. 安徽农业科学，39（4）：2 305-2 307.

王道营，诸永志，曹建民，等 .2008. 贮藏温度对甜玉米品质的影响 [J]. 江西农业学报（6）：82-83 .

王利明，宋同明，陈绍江，等 .2002. 近等基因背景下有色与无色糯玉米的营养成分分析 [J]. 作物学报（4）：13-16.

王清，高丽朴，郭李维，等 .2010. 不同流通温度与包装方式对采后甜玉米穗品质的影响 [J]. 保鲜与加工，10（6）：24-28.

王永宏，赵健，沈强云，等 .2005. 青贮玉米生物产量及营养积累规律研究 [J]. 玉米科学, 13（4）: 81–85.

王义发，汪黎明，沈雪芳，等 .2007. 糯玉米的起源、分类、品种改良及产业发展 [J]. 湖南农业大学学报（8）: 97–102.

王志斌，史振声 . 2011, 我国爆裂玉米科研及产业发展问题探讨 [J]. 玉米科学，19（6）: 142–144.

温晓艳 . 2014. 糯玉米高产栽培及加工技术 [J]. 试验研究，12（B）: 38–39.

徐敏云，李建国，谢帆，等 . 2010. 不同施肥处理对青贮玉米生长和产量的影响 [J]. 草业学报, 19（3）: 245–250.

徐敏云，谢帆，李运起，等 . 2011. 施肥对青贮玉米营养品质和饲用价值的影响 [J]. 动物营养学报, 23（6）: 1043–1051.

杨国航，吴金锁，张春原，等 . 2013. 青贮玉米品种利用现状与发展 [J]. 作物杂志（2）: 13–15.

姚坚强，鲍坚东，朱金庆，等 . 2013. 中国糯玉米 *wx* 基因种质资源遗传多样性 [J]. 作物学报, 39（1）: 43–49.

姚文华，韩学莉，汪燕芬，等 .2011. 我国甜玉米育种研究现状与发展对策 [J]. 中国农业科技导报, 13（2）: 1–8.

印志同，薛林，陈国清，等 .2006. 糯玉米育种概况及育种方法探讨 [J]. 玉米科学, 14（2）:33–34,39.

张胜恒，杨华，蔡治荣，等 .2008. 我国糯玉米育种进展 [J]. 西南农业学报（4）: 1 173–1 177.

张世忠，徐晓红，王青蓝，等 .2005. 我国爆裂玉米选育的状况和展望 [J]. 安徽农学通报, 11（3）: 10–11.

张海艳 . 2009. 爆裂玉米籽粒品质及淀粉粒形态分析 [J]. 华北农学报，24（增刊）: 307–308.

赵久然，杨国航，孙世贤，等 .2008. 国家青贮玉米品种区域试验现状及发展趋势 [J]. 作物杂志（1）: 85–89.

郑远荣，邵小龙，李云飞 .2008. 甜玉米冰温贮藏保鲜研究 [J]. 食品工业科技，29（12）203–206,209.

诸永志 , 王静 , 王道营 , 等 .2010. 不同贮藏温度条件下甜玉米相关酶系的变化研究 [J]. 西南农业学报 , 23（1）:74–76.

Deúk T,Healon E K,Hung Y C, el al.1987.Extending the shelf life of fresh sweet corn by shrink wrapping,refrigration,and irradiation[J].Journal of Food Science, 52

(6) :1 625-1 631.

Rodov V,Copel A,Aharoni N, et al.2000.Nested modified-atmo-sphere packages maintain quality of trimmed sweed corn during cold storage and the shelf life period[J].Postharvest Biology and Technology, 18 (3) :259-266.

附录Ⅰ

黄土高原玉米品种名录（陕甘宁）

最近 10 年在黄土高原范围内推广应用的玉米品种。

品种名称	育成单位	审定时间
郑单 958	河南省农业科学院粮食作物研究所	2000
先玉 335	美国先锋公司	2006
强盛 101	山西强盛种业有限公司	2006
京科 968	北京市农林科学院玉米研究中心	2011
先玉 696	铁岭先锋种子研究有限公司	2006
农华 101	北京金色农华种业科技有限公司	2010
大丰 26	山西大丰种业有限公司	2009
豫玉 22 号	河南农业大学玉米研究所	2000
丹玉 69	丹东农业科学院	2006
陕单 609	西北农林科技大学	2011
榆单 9 号	陕西大地种业有限公司	2008
登海 605	山东登海种业股份有限公司	2010
永玉 3 号	河北省冀南玉米研究所	2005
吉单 137	吉农高新北方农作物优良品种开发中心	2003
榆单 88	陕西大地种业有限公司	
秦龙 14	陕西秦龙绿色种业有限公司	2012
科河 8 号	巴彦淖尔市科河种业有限责任公司	2006
登海 9 号	山东登海种业股份有限公司	2005
三北 6 号	三北种业有限公司	2000
正大 12	襄樊正大农业开发有限公司	2004
金凯 3 号	甘肃省金源种业开发有限公司	2008

续表

品种名称	育成单位	审定时间
兴玉 998	陕西兴民种业有限公司	2009
户农 406	户县农业技术推广中心	2009
陕单 902	陕西省农业科学院粮食作物研究所	2009
陕单 911	陕西省农业科学院粮食作物研究所	1992
沈单 10 号	沈阳市农业科学院玉米研究所	1995
沈玉 17	沈阳市农业科学研究院	1999
农大 108	中国农业大学	2003
沈单 16	沈阳市农业科学院作物所	1998
富农 1 号	甘肃富农高科技种业有限公司	2003
登海 3521	山东登海种业股份有限公司	2007
长城 799	中种集团承德长城种子有限公司	2011
吉单 261	吉林吉农高新技术发展公司	2004
武科 1 号	武威市农业科学研究所	2004
武科 2 号	武威市农业科学研究所	2005
金穗 3 号	甘肃白银金穗有限公司	2005
金穗 10 号	甘肃白银金穗有限公司	2009
晋单 60	山西原平市平玉种业有限公司	2003
酒试 20	酒泉市农科所粮作部	2004
垦玉 10 号	甘肃农垦良种有限责任公司	2012
甘玉 23	甘肃种业有限公司	2012
乾泰 1 号	白银市平川区种子公司	2010
奥玉 2 号	北京奥瑞金种业股份有限公司	2004
正德 304	张掖德光农业科技开发有限责任公司	2008
中农大青贮 67	中国农业大学	2004
登海 1 号	山东省莱州市农业科学院	1999
屯玉 1 号	山西屯留玉米种子专业公司	2000
宁单 9 号	宁夏农林科学院农作物研究所	2002
宁单 11 号	宁夏农林科学院农作物研究所	2007
宁单 15 号	宁夏西夏种业有限公司	2012
鲁单 9067	山东省农业科学院玉米研究所	2010
辽单 565	辽宁省农业科学院玉米研究所	2004
沈玉 21	沈阳市农业科学院	2006
中单 909	中国农业科学院作物科学研究所	2011

附录Ⅱ

黄土高原近十年玉米推广名录（山西）

品种名称	选育单位	审定时间	适宜地区
晋单 42	山西省强盛种业有限公司	2000	山东、河南、辽宁、甘肃等
郑单 958	河南省农业科学院粮食作物研究所	2000	河南、河北、山西等
沈单 16	沈阳市农业科学院作物所	2001	辽宁、河北、山西等
长城 706	中种集团承德长城种子有限公司	2005	内蒙古、山西等
长城 799	中种集团承德长城种子有限公司	2006	山西、河北等
长城 315	中种集团承德长城种子有限公司	2006	内蒙古、河北等
长城 1142	中种集团承德长城种子有限公司	2006	内蒙古
同单 38	山西省农业科学院高寒区作物研究所	2006	山西、河北、内蒙古等
先玉 335	铁岭先锋种子研究有限公司	2006	河北、山西、内蒙古等
京科 308	北京市农林科学院玉米研究中心	2006	河北
兴垦 10 号	内蒙古丰垦种业有限公司	2006	内蒙古、河北等
承玉 20	河北承德裕丰种业有限公司	2006	内蒙古
京单 28	北京市农林科学院玉米研究中心	2007	河北
利合 16	山西利马格兰特种谷物研发有限公司	2007	内蒙古、河北等
吉东 28	吉林省吉东种业有限责任公司	2007	吉林、内蒙古等
雷奥 1 号	沈阳市雷奥玉米研究所	2007	辽宁、吉林、内古蒙等
泽玉 17	沈阳市雷奥玉米研究所	2007	辽宁、吉林、内蒙古等
海禾 17	辽宁海禾种业有限公司	2007	河北、山西、辽宁等
宁玉 309	南京春曦种子研究中心	2007	河北、山西、辽宁等
齐单 1 号	山东鑫丰种业有限公司	2007	河北、山西、内蒙古等
丹玉 96	丹东农业科学院	2007	辽宁、河北、山西等
利民 3 号	松原市利民种业有限责任公司	2007	吉林、河北、山西等

续表

品种名称	选育单位	审定时间	适宜地区
京玉 16	北京市农林科学院玉米研究中心	2008	河北
利民 33	松原市利民种业有限公司	2008	内蒙古
吉农大 578	吉林农大科贸种业有限责任公司	2008	内蒙古
宁玉 525	南京春曦种子研究中心	2008	内蒙古
三北 338	三北种业有限公司	2008	河北、山西等
吉单 88	吉林省农林科学院玉米研究所	2008	河北、山西等
齐单 6 号	山东鑫丰种业有限公司	2008	内蒙古、河北、山西等
天泰 33	山东天泰种业有限公司	2008	北京、天津、河北等
辽单 527	辽宁省农业科学院玉米研究所	2008	河北、山西、吉林等
沈玉 26 号	沈阳市农业科学院	2008	河北、山西、陕西等
联创 5 号	河南科泰种业有限公司	2008	河北、山西、山东等
京科 389	北京市农林科学院玉米研究中心	2009	河北、山西、山东等
元华 116	曹丕元、徐英华	2009	内蒙古、河北、陕西等
雷奥 150	沈阳市雷奥玉米研究所	2009	内蒙古、辽宁等
宽诚 60	河北省宽诚种业有限责任公司	2009	内蒙古、河北、山西等
承玉 358	河北承德裕丰种业有限公司	2009	内蒙古、河北、山西等
铁研 124	铁岭市农业科学院	2009	内蒙古、河北、山西等
中农大 4 号	中国农业大学	2009	河北、山西、辽宁等
中地 77 号	中地种业有限公司	2009	河北、山西、宁夏等
登海 662	山东登海种业股份有限公司	2009	山东、河北、山西等
华农 18	北京市农林科学院玉米研究中心	2010	北京、天津、河北等
浚研 18	浚县丰黎种业有限公司	2010	北京、天津、河北等
京单 68	北京市农林科学院玉米研究中心	2010	北京、天津、河北等
京单 58	北京市农林科学院玉米研究中心	2010	北京、天津、河北等
盛单 219	大连盛世种业有限公司	2010	内蒙古、河北、山西等
良玉 188	丹东登海良玉种业有限公司	2010	内蒙古、河北、山西等
伟科 606	郑州市伟科农作物育种研究所	2010	内蒙古、河北、山西等
农华 101	北京金色农华种业科技有限公司	2010	河北、山西、山东等
登海 605	山东登海种业股份有限公司	2010	河北、山西、山东等
蠡玉 37	石家庄蠡玉科技开发有限公司	2010	河北、河南、山西等
辽禾 6	大连盛世种业有限公司	2011	内蒙古
吉东 49 号	吉林省吉东种业有限责任公司	2011	内蒙古、吉林等
华农 18	北京华农伟业种子科技有限公司	2011	内蒙古、吉林、河北等
金山 27 号	通辽金山种业科技有限责任公司	2011	山西、陕西、内蒙古等

续表

品种名称	选育单位	审定时间	适宜地区
良玉 208	丹东登海良玉种业有限公司	2011	天津、山西、内蒙古等
东裕 108	沈阳东玉种业有限公司	2011	河北、山西、内蒙古等
京科 968	北京市农林科学院玉米研究中心	2011	山西、内蒙古、吉林等
佳禾 158	围场满族自治县佳禾种业有限公司	2011	河北、吉林、宁夏等
登海 6702	山东登海种业股份有限公司	2011	山西、山东、河北等
德利农 988	德州市德农种子有限公司	2011	山东、河南、河北等
中单 909	中国农业科学院作物科学研究所	2011	山西、山东、河北等
浚单 29	浚县农业科学研究所	2011	河南、河北、山西等
屯玉 808	天津科润津丰种业有限责任公司	2011	河南、河北、山西等
沈玉 33 号	沈阳市农业科学院	2011	甘肃、宁夏、内蒙古等
龙作 1 号	黑龙江省农业科学院作物育种研究所	2012	黑龙江、辽宁、内蒙古等
丹玉 606 号	丹东农业科学院	2012	辽宁、内蒙古、黑龙江等
京农科 728	北京农科院种业科技有限公司	2012	北京、天津、河北等
奥玉 3801	北京奥瑞金种业股份有限公司	2012	北京、天津、河北等
蠡玉 86	石家庄蠡玉科技开发有限公司	2012	河北、内蒙古、山西等
泽玉 709	长春市宏泽玉米研究中心	2012	吉林、河北、内蒙古等
农华 032	北京金色农华种业科技有限公司	2012	吉林、河北、山西等
良玉 99	丹东登海良玉种业有限公司	2012	天津、河北等
美豫 5 号	河南省豫玉种业有限公司	2012	山西、内蒙古、河北等
大丰 30	山西大丰种业有限公司	2012	山西、内蒙古、河北等
伟科 702	郑州伟科作物育种科技有限公司	2012	吉林、山西、内蒙古等
五谷 704	甘肃五谷种业有限公司	2012	甘肃、宁夏、内蒙古等
明玉 19	葫芦岛市明玉种业有限责任公司	2013	辽宁、河北、山西等
奥玉 3804	北京奥瑞金种业股份有限公司	2013	河北、山西、内蒙古等
京科 665	北京市农林科学院玉米研究中心	2013	河北、山西、辽宁等
铁研 358	铁岭市农业科学院	2013	辽宁、河北、山西等
潞玉 36	山西潞玉种业股份有限公司	2013	山西、河北、内蒙古等
宇玉 30 号	山东神华种业有限公司	2014	河北、山东、山西等
强盛 369	山西强盛种业有限公司	2014	山西、山东、河北等
华农 138	北京华农伟业种子科技有限公司	2014	山西、山东、河北等
梦玉 908	合肥丰乐种业股份有限公司	2014	河北、山东、山西等
大成 168	宝丰县农业科学研究所	2014	山东、河北、山西等
NK971	北京市农林科学院玉米研究中心	2014	山东、河北等
并单 36	山西省农科院作物科学研究所	2015	山西、河北等

续表

品种名称	选育单位	审定时间	适宜地区
佳禾 18	围场满族自治县佳禾种业有限公司	2015	河北、吉林、内蒙古等
元华 8 号	曹冬梅、徐英华	2015	河北、吉林、内蒙古等
先达 101	先正达（中国）投资有限公司隆化分公司	2015	河北、吉林、内蒙古等
吉东 81 号	吉林省辽源市农业科学院	2015	辽宁、吉林、内蒙古等
沈玉 801	沈阳市农业科学院	2015	辽宁、吉林、内蒙古等
农华 205	北京金色农华种业科技股份有限公司	2015	河北、内蒙古、山西等
承 950	承德裕丰种业有限公司	2015	河北、内蒙古、山西等
东单 119	辽宁东亚种业科技股份有限公司	2015	山西、辽宁、内蒙古等
裕丰 303	北京联创种业股份有限公司	2015	河北、山西、内蒙古等
登海 685	山东登海种业股份有限公司	2015	山东、山西、河北等
农大 372	北京华奥农科玉育种开发有限公司	2015	河北、山东、山西等
伟科 966	郑州伟科作物育种科技有限公司	2015	河北、山东、山西等
联创 808	北京联创种业股份有限公司	2015	河北、山东、山西等
农华 816	北京金色农华种业科技股份有限公司	2015	河北、山西、山东等
郑单 1002	河南省农业科学院粮食作物研究所	2015	山西、河南、山东等